Prefácio
Thereza Abraão

Uma das grandes oportunidades que tive na vida foi a de trabalhar em uma instituição financeira que adotou a sustentabilidade como direcionamento para a sua forma de crescimento nos negócios e posicionamento na sociedade – o Banco ABN Amro Real. Muito mais do que uma nova forma de atuação profissional, esta experiência provocou uma grande mudança em minha visão de mundo e atitudes em todos os meus papéis: cidadã, mãe, esposa, cliente e voluntária.

Ao tomar contato com a ampla e consistente abordagem de Chris Laszlo nesta obra, convidando-nos a incorporar a sustentabilidade em todas as práticas da organização, me perguntei: teria existido um "gatilho" disparador deste processo? Creio que sim; as práticas diárias do banco no desenvolvimento de diferentes negócios, do ponto de vista de produtos, processos, programas, posicionamento de marca, dentre outros, me levou a desenvolver o olhar sistêmico sobre as ações dos indivíduos e da própria organização. Passei a enxergar o impacto dos nossos atos em todas as dimensões, assim como a responsabilidade da empresa pelos seus impactos em todos os públicos de interesse, incluindo aí o meio ambiente e as futuras gerações. A partir dessa visão ampliada, a tendência é de um reposicionamento, que no caso da organização tende a se voltar para a inclusão de questões sociais e ambientais juntamente com os objetivos relacionados ao lucro financeiro. O que até então era motivo de dilema e entrave para a integração da sustentabilidade à nossa vida e ao negócio, segundo a visão cartesiana e linear, que exclui a complementaridade – o mundo do "ou" deixa de existir, para entrarmos no mundo do "e", que é diverso, múltiplo, integrador, flexível e próprio dos sistemas humanos.

Chris Laszlo provoca esta visão sistêmica através da reflexão sobre como uma empresa pode criar valor, adequando-se às necessidades da sociedade do século XXI. Para tal, ele conecta alguns componentes deste cenário, como a incontestável redução dos recursos naturais, os impactos gigantescos que temos causado ao meio ambiente, os avanços da comunicação, a conectividade facilitada pelas redes virtuais em um meio de crescentes expectativas dos públicos de interesse das empresas – seus funcionários, clientes, acionistas e órgãos reguladores.

O desafio se tornou complexo, indo muito além do lucro financeiro para os acionistas: é preciso criar valor para todos os públicos, ao mesmo tempo. No Banco ABN Amro Real, nosso então presidente, Fábio Barbosa, chamava de relação ganha-ganha-ganha. Se algum desses públicos for prejudicado pelas nossas decisões, deveremos buscar uma nova solução, pois certamente haverá uma maneira de contemplar todas as partes. Laszlo organizou essas ideias de forma bem clara por meio de uma matriz, no Capítulo 2, na qual nos deixa claro o que é valor sustentável e como ele traduzirá para a sociedade a visão e posicionamento do negócio.

Imaginemos quantas são as decisões tomadas por uma instituição financeira ao longo de um dia, de um mês, de um ano.... Como garantir que todos tomarão decisões que contemplem o lucro, a preservação da natureza e os aspectos sociais? Além disso, estamos devidamente preparados para este tipo de desafio? Temos as competências necessárias para isso? Ou ainda estamos atrelados às competências do modelo linear, ao mundo de abundâncias, ao paradigma dos custos (mais foco em controlar custo do que em buscar novas oportunidades) e à exclusiva satisfação dos acionistas no curto prazo?

Com certeza, seria ingenuidade pensar que os modelos mentais que dão conta deste desafio já se encontram presentes nas equipes de funcionários. Em minha experiência profissional é fundamental trabalhar fortemente com a liderança, em programas de desenvolvimento que proporcionem expansão do autoconhecimento para que as pessoas percebam a forma como tomam decisões, como inspiram a criação de novas soluções, como integram as novas tendências, como incluem a diversidade de olhares e a colaboração dos diversos públicos no processo de criação, como tratam os recursos e a questão do ganha-ganha-ganha para todos os públicos. Como cita Chris Laszlo, a sustentabilidade não pode se limitar a um departamento: ela tem que estar presente em todos os negócios, em todo o ciclo do produto ou serviço, bem como estendida a fornecedores, clientes e demais públicos envolvidos. Para isso, a empresa deverá ter seus direcionadores estratégicos muito claros e bem comunicados, além de contar com a parceria da área de Recursos Humanos para desenvolver ações que efetivamente trabalhem a liderança segundo esta visão. E é exatamente aí, quando a sustentabilidade passa a se expressar em todas as frentes do negócio, percebida como parte do DNA da empresa, que ela deixa de ter o caráter de *greenwashing*, ou seja, "sustentabilidade de fachada", sem consistência.

Esta trajetória de mudanças transforma a cultura da empresa, levando-a a um novo patamar de competitividade, a partir de negócios absolutamente inovadores e coerentes com os novos tempos.

Tenho observado um aumento significativo no nível de engajamento dos funcionários e demais públicos diretamente envolvidos com a empresa quando esta atua focada na inovação, direcionada pela sustentabilidade. A perspectiva de que estamos construindo uma organização e um mundo melhores nos energiza e nos conecta com valores muito poderosos e que favorecem fortemente as estratégias de retenção da empresa.

Finalmente, quero agradecer a Chris Laszlo por ter ido bem além da sensibilização para esta nova ordem do século XXI, apresentando-nos um conjunto de orientações sobre como adotar a prática da sustentabilidade de forma transversal nos negócios, criando uma verdadeira plataforma de oportunidades para o desenvolvimento de pessoas, organizações e da própria sociedade.

Boa leitura e grandes aprendizados!

Thereza Abraão
Diretora de Sustentabilidade da ABRH Nacional

Prefácio
Greg Babe[1]

Um século atrás, Gifford Pinchot – um dos primeiros e mais importantes defensores do movimento ambientalista – escreveu:

> O fruto da conservação, seu inevitável resultado, é a eficiência nacional. Na imensa luta comercial entre as nações que eventualmente determinará a riqueza global, a eficiência nacional será o fator decisivo. Então, de todos os pontos de vista, a conservação é uma coisa boa para o povo americano.[2]

As palavras de Pinchot eram sem dúvida alguma mistificadoras para seus leitores do século XX.

Como poderia a conservação – um importante componente do que hoje chamamos de sustentabilidade – promover a "eficiência" no sentido que Frederick Winslow Taylor, pai da eficiência industrial, popularizou? "As ideias de Pinchot sobre conservação e preservação da vida selvagem devem ter parecido para muitos como distantes, em sentido literal e figurado", do mundo dos estudos de movimentos de Taylor no chão de fábrica.

De fato, foram necessários quase 100 anos para que alcançássemos o ponto no qual podemos realmente entender a visão de Pinchot de sustentabilidade como parte de uma luta mais ampla pela competitividade mundial em todos os sentidos da palavra. Hoje, quando as empresas trabalham para se recuperar da maior recessão desde a Grande Depressão, aqueles que olham para a sustentabilidade, não apenas como uma moda passageira, um *fad du jour* gerencial, mas como a chave para a prosperidade futura, estão conquistando rapidamente uma poderosa vantagem sobre seus competidores domésticos e internacionais.

O conceito de sustentabilidade amadureceu dos conceitos conservacionistas do século XX para uma concepção de proteção em todas as suas formas – social, econômica e ambiental. A verdadeira sustentabilidade envolve aplicarem-se sistemas de pensamento para antecipar as consequências indesejáveis que podem ocorrer quando o sistema como um todo não é levado em conta.

Neste livro, Chris Laszlo e Nadya Zhexembayeva oferecem um guia prático para o poder e a necessidade de integrar a sustentabilidade ao DNA de uma organização.

Eles mostram como, com o passar dos anos, três tendências outrora distintas – o declínio dos recursos naturais, a maior transparência das práticas empresariais e uma onda crescente de expectativas sociais e comerciais – convergiram para tornar a sustentabilidade o assunto mais urgente na agenda empresarial contemporânea. Neste sentido, eles são herdeiros do legado de Pinchot e Taylor. Mas eles trazem à sua causa um século depois, um senso ainda maior de urgência.

Os professores Laszlo e Zhexembayeva compreendem perfeitamente que integrar a sustentabilidade à cultura corporativa – o que significa dizer aos corações ementes de funcionários, clientes, fornecedores, acionistas e outros stakeholders – representa uma longa e árdua jornada. E embora nossa jornada de sustentabilidade na Bayer norte-americana ainda esteja longe do seu final, já aprendemos muito no caminho. Essas lições podem ser resumidas em três palavras: consciência, envolvimento e inovação.

Consciência. As empresas precisam iniciar sua jornada para a mudança com o reconhecimento de que a reputação é seu maior bem, ou seu maior prejuízo. As empresas que falham em aderir ao pensamento e aos princípios de sustentabilidade – em qualquer lugar e sempre – podem receber, praticamente da noite para o dia, a atenção negativa da mídia, a perda da confiança dos stakeholders e enormes custos não planejados. O desastre da BP no Golfo do México é o exemplo mais recente e caro deste fenômeno, mas está longe de ser o único. Como os autores argumentam, "gerenciar os riscos corporativos referentes à sustentabilidade não está tão relacionado a gerar valor quanto a se evitar sua destruição" (pág. 79). Este é um ponto importante.

A Bayer lançou um programa de educação corporativa para incrementar a sustentabilidade dentro da organização. É chamado de PEPS (STEP, em inglês) – de Programa de Educação para o Pensamento Sustentável. Chris Laszlo foi essencial no desenvolvimento do PEPS e na preparação dos executivos da Bayer para o papel decisivo de liderança que deveriam ter para tornar o programa bem-sucedido.

Envolvimento. Além da Consciência, integrar a sustentabilidade significa mobilizar o envolvimento ativo, não apenas dos funcionários, mas de todos os stakeholders na adoção de práticas sustentáveis de negócio. Os autores citam o exemplo dos vinhos Yellow Tail, da Austrália, que "aumentaram o envolvimento dos pontos de venda relativos aos vinhos de mesa (pág. 111), criando, no processo, um produto praticamente além de sua categoria. No momento em que escrevo este prefácio, o Yellow Tail é o vinho mais vendido nos EUA, superando todos os produtores franceses reunidos. A sustentabilidade está integrada à imagem da marca Yellow Tail, que inclui a reciclagem de toda a água de irrigação, papelão e vidro. E o envolvimento tanto dos funcionários quanto dos consumidores em seus esforços sustentáveis é um dos segredos do sucesso da empresa.

Da mesma forma, uma ideia que aguarda registro de patente criada por um funcionário da Bayer treinado em controle de processos levou a uma diminuição de emissões de gases de efeito estufa equivalente a 13.000 toneladas de carbono por ano. Esta única mudança economizou para a companhia cerca de US$ 2 milhões em custos operacionais, anualmente.

Inovação. À medida que aumentamos a consciência da sustentabilidade e envolvemos nossos stakeholders em nossa visão, percebemos que também liberamos o poder da inovação em toda a empresa. Na Bayer Material Science, isso levou, por exemplo, a produtos inovadores para a adaptação de edifícios com o objetivo de torná-los mais eficientes em termos energéticos e para combater uma das maiores fontes de emissões de gases de efeito estufa na América do Norte. Em nosso grupo CropScience, desenvolvemos tecnologias de processamento de sementes que ajudam os agricultores a produzirem mais por hectare de terra sem insumos adicionais. Aumentar a produção

XII Sustentabilidade Incorporada

por hectare significa utilizar menos recursos naturais como a água e terras agricultáveis para alimentar uma população cada vez maior.

Nosso grupo de saúde também desenvolveu produtos igualmente inovadores como o medidor USB Contour para pacientes em tratamento com insulina. Ajudá-los a controlar melhor sua enfermidade ao longo da vida significa não apenas mais qualidade de vida para o indivíduo, mas menores custos para a sociedade como um todo.

A jornada para a sustentabilidade incorporada não pode ser percorrida em alguns trimestres ou mesmo vários anos. Mas as ideias que subjazem a ela evoluíram ao ponto em que podemos compreendê-las e empregá-las integralmente para transformar tanto os negócios quanto a sociedade.

Da mesma forma, o significado da sustentabilidade em si vai continuar a evoluir no tempo. Como Gifford Pinchot escreveu:

> Embora no começo a conservação se aplicasse apenas às florestas, vemos agora que ela se estende até mesmo para além dos recursos naturais... Lembro muito bem como, nos primeiros tempos dos incêndios florestais, eles eram considerados simplesmente e somente atos de Deus, contra os quais qualquer oposição era inútil e qualquer tentativa de controle era não apenas inútil, mas também infantil. Era considerado certo que eles vinham da ordem natural das coisas, tão inevitáveis quanto as estações do ano ou o nascer e o pôr do sol. Hoje entendemos que os incêndios florestais estão totalmente ao alcance do controle humano. Da mesma forma, estamos começando a compreender que a prevenção do desperdício em todas as direções é uma simples questão de boa prática empresarial. O primeiro dever da raça humana é controlar a terra em que vive.[3]

Chegou a hora de as empresas entenderem seu papel e, mais importante, agir de acordo.

Greg Babe
Presidente e CEO
Bayer Corporation and Bayer MaterialScience LLC

Prefácio
Andrew J. Hoffman[4]

Este livro reconhece uma realidade acachapante: a sustentabilidade representa uma mudança de mercado. O fato é que você pode ser completamente cético a respeito da ciência envolvida em vários assuntos ambientais como a mudança climática e ainda assim encará-los como questões de negócio, que alteram o ambiente de mercado.

Considere o tema das mudanças climáticas; as empresas descobrirão que os custos com as matérias-primas e a energia vão aumentar à medida que os governos desenvolvam políticas para reduzir as emissões de gases de efeito estufa (seja como créditos de carbono, novos padrões de construção, eficiência energética ou economia de combustível, padrões de portfólios renováveis, subsídios para fontes de energia renováveis ou simplesmente pela regulação de CO_2 como poluente). Além disso, os consumidores estão ficando cada vez mais conscientes da conservação de energia, os investidores estão começando a se interessar pelo potencial de investimentos do mercado renovável, e os recém-formados nas universidades examinam mais cuidadosamente os valores da empresa (seja ambientalmente ou em geral) antes de aceitar um emprego. Jeffrey Immelt admite francamente que a iniciativa Ecomagination de sua empresa aumentou imensamente a capacidade da GE de atrair e reter os melhores candidatos. E ao repensarmos a questão das mudanças climáticas como uma mudança de mercado, ela se torna essencialmente um problema de estratégia empresarial.

As mudanças de mercado criam vencedores e perdedores; e as empresas precisam inovar para sobreviver. Precisam abandonar certos negócios, adquirir outros e alterar aqueles que mantêm. A questão "é rentável ser verde?" fica sem sentido. É o mesmo que perguntar "é rentável ser inovador?", a resposta depende de quem, quando e como. Como explicado neste livro, para responder essas perguntas, o executivo deve pôr de lado as considerações "verdes" e se concentrar nos fundamentos do negócio. Então, quando se trata de empregos "verdes", estamos falando de novos padrões demográficos e competências diante das novas realidades competitivas. Quando falamos de "tecnologia verde", falamos de novas oportunidades de inovação e investimento. E quando falamos de "edifícios verdes", falamos de edifícios que usam novas tecnologias que levam a custos operacionais mais baixos e forças de trabalho mais produtivas.

Mas o problema é que o verde está por toda parte! Para muitas empresas, virou uma moda, sem muita substância por trás. "Empregos verdes", "tecnologia verde", "edifícios verdes", e por aí vai! A CSX se gaba sobre quão verde é o seu transporte ferroviário, a IBM elogia seus computadores verdes, companhias de transporte privilegiam carrocerias duplas como forma de reduzir a emissão de gases de efeito estufa. Assim como o termo genérico "sustentabilidade", todo mundo está pegando carona no "verde" e usando o termo *ad nauseam*. Para muitos, o termo "verde" está ficando indistinto, ambíguo e universal. E para outros, o termo é o mesmo que balançar uma bandeira vermelha na frente de um touro, gerando resistência e antagonismo explícito. Por exemplo: evangélicos que começaram a tratar o tema das mudanças climáticas como uma questão moral odeiam ser chamados de "ambientalistas", que eles consideram sinônimo da agenda esquerdista e liberal – na concepção deles, eleva a natureza acima dos homens e desrespeita os direitos de propriedade para protegê-la. Ao invés disso, preferem ser chamados de "criacionistas preocupados".

Da mesma forma, na área da arquitetura verde, pesquisas constataram que muitos consumidores e executivos respondem "não" quando perguntados se desejam uma "construção verde", mas respondem "sim" quando perguntados se desejam uma construção supereficiente ou inteligente. E a preocupação com a vulgarização vai além da semântica. Em 2009, o *New York Times* mostrou que, numa mesma loja de material de construção era possível encontrar um pincel que se dizia "verde" porque não usava madeira de árvores em seus cabos de plástico, ao lado de outro com cabo de madeira, que se dizia "verde" porque não era feito de combustíveis fósseis.

Isso só pode gerar confusão, cinismo e rejeição, tanto no público em geral quanto no setor empresarial. O problema se tornou vívido para mim em 2008, quando conversei com um executivo da indústria automobilística (antes de a crise fiscal atingir o mercado). Ele me disse que o mercado dos carros híbridos era uma coisa temporária, porque não fazia sentido em termos econômicos. Seu raciocínio era que quando os consumidores percebessem que jamais recuperariam o investimento inicial do motor híbrido somente com a economia de combustível, eles parariam de comprá-los.

Argumentei que a psicologia da compra de um carro híbrido não era diferente da de outros carros. Estava ligada a um processo decisório; não era apenas uma escolha econômica. Nesse ponto, eu disse a ele que ele devia ver pouca diferença entre sua empresa vender um carro híbrido para alguém que deseja projetar seus valores ambientais e vender um Corvette para um sujeito de meia-idade que quer atrair as garotas. Ele sorriu, mas senti que não conseguia ultrapassar a resistência dele de que toda aquela conversa de "verde" não era apenas uma moda liberal, destinada a ser extinta em breve. Agora ficou óbvio que ele estava errado.

O problema é que a contínua cantilena do "verde" eterniza o tipo de resistência que essa experiência ilustra. Certamente, o setor automotivo estaria bem melhor agora se tivesse investido em carros mais eficientes em termos energéticos (sem ignorar outras questões como saúde e pensões). Mas, ao encarar os híbridos como uma simples moda "irracional" momentânea difundida por uma agenda social e anticomercial, os executivos da indústria automobilística não puderam ver a mudança de mercado chegando. É uma reminiscência da famosa predição de Thomas Watson, CEO da IBM, de "um mercado mundial de quatro ou cinco computadores", ou de H. M. Warner, CEO da Warner Bros. Perguntando "quem diabos vai querer ouvir os atores falando?"; por suas próprias razões, esses líderes empresariais lendários não conseguiram ver a mudança de mercado acontecendo.

Hoje em dia, estamos no meio desta transição: e creio que as novas gerações vão lembrar desse período como o renascimento energético. Então, ao invés de falar de empregos "verdes", temos de falar da próxima geração de inovações em cada um desses setores. Isso não é uma questão de "responsabilidade social corporativa". É uma questão de economia de mercado e de estratégia de negócios. No fim das contas, quanto mais o verde se vulgariza, menos "verde" ele fica. Quando a Clorox apresenta sua nova linha de produtos de limpeza Green Works, a GE desenvolve turbinas segundo seu programa Ecomagination, a Toyota desenvolve seus trens híbridos Synergy Drive ou a Matsushita aumenta a produção de baterias e íon-lítio, esses não são exemplos de produtos "verdes"; são exemplos de empresas atacando novos e lucrativos segmentos de mercado e acelerando a mudança de mercado em andamento. Posso ver isso nas minhas aulas de MBA sobre estratégia ambiental: esse não é mais o domínio de um grupo limítrofe de alunos com consciência social. A procura explodiu com a entrada de estudantes voltados para os negócios que encaram as questões ambientais como decisivas para o sucesso corporativo assim como o de suas carreiras. Está se tornando o jeito certo de se fazer negócio. Essa é a principal mensagem deste livro.

Andrew J. Hoffman
Professor da cátedra Holcim de Empreendedorismo Sustentável
Universidade de Michigan
Ann Arbor, Michigan

Agradecimentos

Este livro é a culminância de centenas de conversas e interações que ajudaram a modelar nossa pesquisa e trazer lampejos sobre o futuro dos negócios sustentáveis. Tudo começou como uma pesquisa sobre novas respostas para as novas perguntas insistentemente colocadas por nossos colegas, clientes e alunos, muitos dos quais gastaram horas incontáveis lendo os manuscritos em seus estágios iniciais, dando apoio e contribuições rigorosas.

Somos especialmente gratos a Henry Mintzberg, professor da cátedra Cleghorn de Estudos de Gestão na Escola de Gestão Desautels da Universidade McGill; Jim Ellert, ex-reitor acadêmico e professor de Estratégia e Finanças, diretor do IMD e EMBA na Escola de Administração IEDC, Jean-Pierre Lehmann, professor de Economia Política Internacional, IMD e diretor fundador no The Evian Group; Derek F. Abell, presidente fundador e professor emérito da European School of Management and Technology e ex-professor da Harvard Business School, IMD; Andrew J. Hoffman, professor da cátedra Holcim (EUA) de Empreendedorismo Sustentável na Universidade de Michigan; Ervin Laszlo, presidente fundador do Clube de Budapeste e chanceler da Universidade de Mudança Global Giordano Bruno; Ira A. Jackson, reitor da Escola Peter F. Drucker e Masatoshi Ito de Pós-Graduação em Gestão, da Universidade Claremont; Vijay Sathe, professor de Estratégia na Escola Peter F. Drucker e Masatoshi Ito de Pós-Graduação em Gestão, da Universidade Claremont; James Wallace, professor adjunto de Finanças na Escola Peter F. Drucker e Masatoshi Ito de Pós-Graduação em Gestão, da Universidade Claremont; Valerie Patrick, chefe de Sustentabilidade na Bayer Corp.; Wilfried Grommen, Escritório Regional de Tecnologia, CEE; Arnold Walravens, diretor do Conselho Supervisor, Eureko e membro do Conselho Supervisor, Rabobank Holanda; Mason Carpenter, professor da cátedra M. Keith Weikel de Liderança, na Escola de Administração da Universidade de Wisconsin; Alexander Laszlo, cofundador e presidente da Syntony Quest; Martin Flash, diretor do Programa de Gerenciamento Geral (PGG), da CEDEP-INSEAD; Ante Glavas, professor assistente na Escola de Administração da Universidade de Nossa Senhora de Mendoza; Lindsey N. Godwin, professora assistente de Gestão, na Universidade, Morehead State; Nigel Topping, executivo-chefe de Inovação no Projeto Carbon Disclosure; Andreja Kodrin, presidente fundador da Challenge: Future Youth Think Tank; e Garima Sharma, candidato ao Ph.D., na Universidade Case Western Reserve.

Somos profundamente gratos a todos os programas e escolas de administração pioneiros em incluir a sustentabilidade em seus currículos de gestão e que nos permitiram atuar em suas instalações: Escola de Administração Weatherhead na Universidade Case Western Reserve (EUA), Escola de Gestão IEDC-Bled (Eslovênia), INSEAD (França), CEDEP-INSEAD (França), o Centro de Treinamento em Gestão Tata (Índia), Escola de Gestão Darden da Universidade de Virgínia (EUA) e a Escola de Gestão Johnson na Universidade de Cornell (EUA).

A Escola Weatherhead, no Centro Fowler de Valor e Sustentabilidade – de cujo Conselho Consultivo ambos fazemos parte –, foi uma poderosa fonte de ideias e contatos. Somos gratos ao Centro e a seus professores associados por terem nos dado a oportunidade de colaborar e por permitir que fizéssemos parte de um fascinante grupo de pensadores; nossos mais calorosos agradecimentos são para David Cooperrider, fundador do Centro, que, dentre os muitos papéis que desempenhou para conosco, generosamente concordou em escrever o Posfácio, Roger Saillant, Ron Fry, Dean Mohan Reddy e Sayan Chatterjee, por sua contínua parceria de pensamentos e pelo conhecimento acadêmico inspirador. Um agradecimento especial a Erin Christmas pela pesquisa em todos os estágios deste livro e a Erin Fields, que deu vida ao braço de mídia social do livro.

Também somos imensamente gratos aos líderes da Escola de Gestão IEDC-Bled, que nos deram a chance de testar nossas ideias em seus cursos e programas – e ousaram integrar a sustentabilidade profundamente em seu currículo de gestão. Somos especialmente gratos a Danica Purg, presidente e reitora, por seu apoio aos nossos pensamentos e esforços de sustentabilidade, e a Nenad Filipovic, pelo contínuo apoio e aconselhamento, além de Gorazd Planinc, por seu apoio contínuo e sua presença online.

Diversas empresas líderes na indústria desempenharam papel-chave com seu espírito de parceria inquisitiva ou disposição para aprender conosco em programas de educação executiva. Em ordem alfabética, eles são: Arch Chemicals, Bayer Corporation, British American Tobacco, Celanese, Clarke, Coca-Cola, Erste Group Bank, Fairmount Minerals, Gojo Industries, L'Oréal, Microsoft, Orange, Portland General Electric, Renault/Nissan, Saint-Gobain, Tata, UBS Bank, Unilever e Walmart. Agradecemos a esses líderes e gestores pioneiros de todos os níveis que nos ajudaram a avançar com as ideias e experiências descritas neste livro.

Fomos presenteados com uma equipe editorial que desde o início reconheceu o poder da sustentabilidade incorporada, mesmo quando estava apenas começando a surgir como ideia para um livro. Nossa gratidão a John Stuart e Dean Bargh da Greenleaf Publishing e a Margo Beth Crouppen e Geoffrey Burn da Stanford University Press, por seu contínuo apoio durante o projeto de dez meses. John e Dean nos deram uma rara parceria editorial, ajudando-nos em cada passo do caminho, seja na forma ou no conteúdo.

Uma maravilhosa rede de professores, colegas, clientes, alunos e amigos dispersos através dos continentes merece um agradecimento especial, pois todos contribuíram conosco de uma forma ou de outra. São eles: Nancy Adler, Sandra Waddock, Han van Dissel, David Orr, Richard Boyatzis, Bonnie Richley, Jean-François Laugel, Joe Bozada, Andrew Winston, William Shephard, Linda Robson, Peter Whitehouse, Michel Avital, Tojo Thatchenkery, Rafael Sanches Neto, Marco A. Oliveira, Dorival Donadão, Antonio Zuvela, Saidul Rahman Mahomed, Alban Aucoin, Federico Balzola, Laurent Guy, Michael Heurtevant, Mark Milstein, Karen Christensen, Loïc Sadoulet, Ram Nidumolu,

Marc Major, Lauren Heine, Rich Liroff, Tony Bond, Diana Riverburgh, George Eapen, Jens Meyer, Nicholas Dungan, Bob Willard, Santiago Gowland, Rick Ramirez, Todd Baldwin, Dennis Church, Leslie Pascaud, Mike Nightingale, James Blakelock, Jennie Galbraith, Maggie Parker, Jacqui Earl, Tina Taylor, Stephen F. Grey, Rita Muci, Zaida Monell, Alibek Belyalov, Roman Finadeev, Yulia Dubrovsky, Barbara Ferjan, Judy Rodgers, Mary Grace Neville, Irina Redicheva, Olga Veligurska, Deniz Kirazci, Olga Nikulin, Svetlana Zakharchenko, Misha Uchitel, Sergey Vecher, Yulia Oleinik, Alex Meyboom, Emily Drew e Jeanne du Plessis.

Por fim, há uma boa chance de que nossas famílias tenham contribuído mais para este projeto do que podemos reconhecer. Somos imensamente gratos aos nossos cônjuges: Lakshmi Laszlo e Vladimir Jernovoi, por suas reações ávidas, incontáveis correções e almoços frequentes generosamente oferecidos a este projeto. Carita Laszlo, Ervin Laszlo, Alexander Laszlo, Kathia Laszlo, Lydia Zhexembayeva, Timur Zhexembayeva, Tatyana Nurgazina, Marat Zhexembayeva, Vladimir Zhexembayeva, Olga Zhexembayeva, Emma Jernovoi, Enessa Gucker e Hans Gucker continuam a ter um papel importantíssimo em apoiar e dar forma a nossas vidas e mentes. E para as três meninas que para sempre vão dar força à nossa busca por sentido, felicidade e esperança, dedicamos todo o nosso amor: Jenna Laszlo, Ishana Laszlo e Lila Jernovoi.

Sumário

A vespa e o sapo: uma introdução, XXIII

Parte I: A Sustentabilidade no limite dos negócios, 1

1. Reconstruindo a realidade dos negócios: as três GRANDES tendências, 3

2. Ida e volta ao deserto: uma breve história sobre o valor, 37

Parte II: O que isso significa para a estratégia de negócios, 67

A árvore do lucro: introdução à Parte II, 69

3. O que um estrategista faria?, 73

4. Estratégias quentes para um mundo aquecido, 97

5. Sustentabilidade incorporada, 129

Parte III: Fazendo acontecer, 161

As raízes da mudança: introdução à Parte III, 163

6. Competências quentes para um mundo aquecido, 167

7. Gerenciando a mudança: o retorno, 197

8. Juntando tudo, 227

Parte IV: Salto para o futuro, 249

Frutos do futuro: introdução à Parte IV, 251

9. O mundo de 2014: uma entrevista de emprego, 255

10. Questionamento de sustentabilidade, 277

Posfácio. Sustentabilidade estratégica (e não estratégia de sustentabilidade), 303

Notas Finais, 315

Sobre os autores, 337

A vespa e o sapo
Uma introdução

George Orwell, refletindo sobre as atrocidades que a humanidade cometera nos anos 1930, escreveu...

> ... apliquei uma troça terrível a uma vespa. Ela sugava a geleia do meu prato, e eu a cortei ao meio. Ela não deu atenção, prosseguindo com sua refeição... Somente quando tentou alçar voo foi que percebeu a coisa terrível que lhe ocorrera. Acontece o mesmo com o homem moderno. Aquilo que lhe foi extirpado de sua alma, e que durante um período – talvez de 20 anos –, ele nem percebeu.[5]

Esta metáfora foi usada para descrever a abordagem da administração sobre a questão ambiental nos anos 1990. Um foco tremendamente rígido na regulação e na contenção da imputabilidade de um lado, e no lucro, de outro, levou a uma total separação entre os assuntos ambientais e o núcleo duro dos negócios.

A esta analogia, acrescentamos outra: a história do sapo mergulhado em água gelada que é aquecida tão gradualmente que não percebe o fato e eventualmente morre cozido. As empresas que tiveram êxito em unir as questões ambientais, de saúde e sociais com as estratégias de negócio o fizeram usando conceitos de estratégia e processos de gestão crescentemente desatualizados. A entrada gradual da sustentabilidade nos mercados levou os líderes empresariais e os acadêmicos a adaptarem os modelos de estratégia de um modo que lembra os esforços de Ptolomeu para manter a Terra como centro do universo, adicionando os epiciclos. Vantagem competitiva hoje pode ser descrita essencialmente nos mesmos termos que há 30 anos, simplesmente unindo novos fatores de competição como economia de energia, aspectos verdes nos produtos e responsabilidade social da marca. A sustentabilidade acabou se tornando um detalhe, apesar das boas intenções e embora o mercado externo não seja apenas um pouco mais ecológico e preocupado, as regras do jogo mudaram completamente. As empresas que não perceberam este fato, da mesma forma que o sapo da fábula, estão colocando seu futuro em risco. Nossa premissa é que os recursos declinantes, a transparência radical e as expectativas crescentes atingiram um ponto crítico no qual as regras do jogo se alteraram. A sustentabilidade incorporada não é apenas uma estratégia ambientalmente mais adequada; é uma resposta à diferença radical do mercado, que unifica as esferas do lucro, da ecologia e do social em um espaço único e integrado de geração de valor.

Valores e aspirações emergentes quanto a um mundo sustentável estão criando uma convergência de interesses entre os negócios e a sociedade. Esforços para ampliar a consciência do público quanto a questões globais, como a mudança climática e a escassez da água, estão levando a expectativas cada vez maiores que, por sua vez, aumentam a demanda por produtos que sejam de baixo custo, alta qualidade e benéficos para o mundo. Consumidores, investidores e funcionários possuem tanto o desejo quanto os meios tecnológicos para verificar se suas expectativas estão sendo atendidas. Líderes industriais globais estão abraçando a sustentabilidade, não apenas como forma de servirem aos consumidores verdes, mas como maneira de alcançar a liderança do mercado. Eles estão colocando a sustentabilidade no centro de suas estratégias de negócio. Aqueles que criam valor para a sociedade e o meio ambiente sem trade-offs têm a oportunidade de criar ainda mais valor para seus consumidores e stakeholders do que fariam de outra forma.

Em contraste, outras iniciativas sustentáveis exigem que a razão do negócio seja redefinida, como a Corporation 20/20, que busca impor novos princípios de design, conclamando todas as empresas a servirem melhor ao interesse público ao mesmo tempo que distribuem a riqueza de forma equânime, agindo de forma mais responsável. Essas iniciativas geralmente propõem limitar os lucros ou restringir a competição através da persuasão moral e da regulação. No entanto, acreditamos que será difícil mudar os propósitos essenciais das empresas consideradas instituições geradoras de lucro. Enquanto os mercados capitalistas existirem, as empresas vão perseguir o lucro com meta primária, mesmo que possam ter missões societais mais amplas.

Uma abordagem estratégica sobre os desafios globais automaticamente cria uma plataforma mais efetiva para a responsabilidade corporativa. Uma teoria da estratégia que permita uma empresa a perseguir o lucro com sustentabilidade incorporada em seu núcleo duro reforça uma maior responsabilidade, resguardando a motivação do lucro em prol de soluções baseadas no mercado para os problemas globais.

Nosso livro é organizado em torno dos temas centrais da estratégia de negócios e da mudança empresarial, com dois finais. Os capítulos de estratégia (3 a 5) colocam a sustentabilidade em modelos que foram aceitos como "ferramentas de trabalho", oferecendo uma explicação completa, sistemática e rigorosa de como a sustentabilidade incorporada cria valor para o negócio. Os capítulos de mudança empresarial (6 a 8) apresentam os métodos, competências e processos para integrar a sustentabilidade à organização e ao seu sistema de negócios expandido. O final em aberto se justifica pelas megatendências que dirigem o novo ambiente de negócios. O final fechado descreve uma visão futura dos negócios, perseguindo oportunidades de lucro ao tratar dos muitos desafios globais que atingem momentos de crítica instabilidade. Ele conclui com um questionamento quanto ao contexto de mudança nos negócios, levantando grandes questões sobre assuntos como o desejo de crescimento, a regulação governamental e a transformação espiritual.

Embora a metáfora da vespa e do sapo seja um comentário bastante sombrio sobre o comportamento humano, a história da sustentabilidade incorporada é altamente positiva e inspiradora. Ela fala sobre oportunidades de negócios mais lucrativos e mais responsáveis. Como Patrick Cescau, ex-CEO da Unilever, declaro, não é apenas sobre se dar bem ao fazer o bem, é sobre fazer algo mais.

Chris Laszlo e Nadya Zhexembayeva

PARTE I

A SUSTENTABILIDADE NO LIMITE DOS NEGÓCIOS

1
Reconstruindo a Realidade dos Negócios
as três GRANDES tendências

Folheando as páginas acadêmicas de Michael Porter[6] e C.K. Prahalad[7], ou flanando pela seção de entretenimento da revista *Glamour*[8] e da MTV[9], você poderia pensar que o mundo ficou obcecado com problemas sociais e ecológicos. Com assuntos que vão das emissões de CO_2, direitos sobre as águas e desmatamento até trabalho infantil, paz e igualdade social, as necessidades da sociedade e do meio ambiente são como um furacão passando sobre os executivos de hoje em dia: complexos, desorientadores e enlouquecedoramente imperscrutáveis A revista *Fortune* pode até já ter declarado o "verde" como o assunto dos negócios no século XXI,[10] mas para muitos executivos, até mesmo os assuntos mais básicos permanecem como contenciosos.[11] Que temas merecem consideração? Como alguém vai entender este vasto panorama de preocupações que não parecem estar ligadas? E, no fim das contas, por que isso é importante para os negócios?

Examinando mais profundamente as pressões econômicas, sociais, de saúde e ecológicas abrigadas sob o guarda-chuva da sustentabilidade, pode-se encontrar três tendências diversas, mas interconectadas: recursos declinantes, transparência radical e expectativas crescentes. Juntas, essas tendências estão se tornando uma força majoritária que está redefinindo a maneira pela qual as empresas competem. Isso atingiu agora um ponto crítico, alterando as regras de lucro e crescimento em quase todos os setores da economia.

Aqui estão as peças desse novo quebra-cabeça empresarial.

Recursos declinantes

Takeharu Jinguji tem observado um declínio constante do atum-rabilho nas águas japonesas com o passar dos anos. Seu barco de pesca compete com o pessoal da pesca com redes que também capturam espécies menores, e, para Takeharu, a questão do atum e de sua cadeia alimentar é vital para sua sobrevivência: "...o número total de peixes diminuiu muito. Logo, o maior problema para mim é que minha renda se reduziu".[12] Suas observações refletem uma realidade brutalmente nova: o atum-rabilho foi pesadamente pescado em todas as águas, menos na Antártica, contando hoje com menos de 10% do que eram antigamente.[13] Se você está pensando em ir a um restaurante japonês comer um maguro ou toro, vai precisar de muita sorte... ou dinheiro. Hoje, o atum-rabilho ficou tão raro que um único exemplar adulto de tamanho ideal foi vendido recentemente por US$ 396.000,00 no maior mercado de Tóquio.[14] Logo logo, admirar a foto de um peixão adulto vai ser nossa única opção...

Quando contamos a história de Takeharu Jinguji em conferências e seminários executivos, geralmente percebemos uma certa reserva. Um executivo recentemente nos disse que esses exageros e mitos enfraquecem a causa da sustentabilidade. "Eu simplesmente me recuso a acreditar que a população do atum-rabilho diminuiu 90%", foi sua resposta.

E ainda assim o atum-rabilho é apenas a ponta do iceberg. De acordo com uma pesquisa da Universidade de Stanford, o excesso de pesca pode tirar todos os frutos do mar do cardápio por volta do ano 2048. "A não ser que se mude fundamentalmente a maneira como se manejam todas as espécies oceânicas de uma forma global, como ecossistemas integrados, este século (o século XX) será o último século dos frutos do mar", aponta o biólogo marinho Stephen Palumbi, da Universidade de Stanford.[15]

As empresas ao longo de diversas indústrias e continentes estão sendo crescentemente afetadas pelo rápido declínio dos recursos naturais. A atenção sobre este assunto não é novidade. Muito antes do Natural Step – um modelo de sustentabilidade desenvolvido nos anos 1980 que colocava os recursos declinantes no centro do debate sociedade-empresas[16] – este tema da escassez de recursos tinha recebido a atenção do lado acadêmico e prático. De fato, a noção de crescimento ilimitado num mundo finito é tão antiga quanto a própria economia,[17] chegando até à subordinação proposta por Platão entre o tamanho da família e o bem comum[18] e, em tempos posteriores, aos alertas de Thomas Malthus sobre os perigos do crescimento populacional descontrolado.[19]

Mais recentemente, explorações aprofundadas como a Escassez e Crescimento, de Harold Barnett e Chandler Morse[20], em 1963, concluíram que a escassez de recursos era virtualmente inexistente, conclusões que foram fortemente questionadas pelo estudo de 1972 "Limites para o Crescimento", do Clube de Roma.[21] Desde então, os dois grupos opostos têm debatido incessantemente a (in)exaustão dos recursos. Primeiramente, há aqueles que propõem o crescimento ilimitado, algumas vezes chamados de "cornucopianos", em referência à cornucópia, ou o chifre da fartura, um símbolo de abundância que vem da Grécia antiga. A maioria dos seguidores dessa filosofia acredita nos milagres da economia neoclássica e do progresso tecnológico. Os cornucopianos se contrastam com a tribo dos neomalthusianos, que acreditam que os limites para o crescimento são impostos pelo ambiente. A disputa entre as duas facções segue até hoje.[22]

Muito embora o debate não seja novo, os anos mais recentes testemunharam o surgimento de preocupações renovadas a respeito do rápido declínio dos recursos naturais, vocalizados por organizações internacionais como o WWF. Seu relatório Planeta Vivo adverte: "a possibilidade da recessão financeira é tíbia diante da ameaça da derrocada do crédito ecológico"[23]. Embora o nível de declínio em certos recursos como o petróleo permaneça sendo acaloradamente debatido,[24] outros dados são menos contestados.[25] Mesmo uma pesquisa breve sobre estudos mais recentes sugere uma forte e clara tendência em nível planetário.

- A oferta de água potável tem observado desníveis significativos em relação à demanda,[26] especialmente na Ásia, África e Europa.[27] Estima-se que 1,1 bilhão de pessoas carecem de acesso a água potável, enquanto 2,6 bilhões de pessoas carecem de saneamento básico adequado, e 1,8 milhão de pessoas morrem anualmente de doenças relacionadas, incluindo 90% de crianças abaixo dos 5 anos.[28]

- A segurança alimentar está se tornando um problema central no novo milênio, com o preço dos alimentos[29] e a volatilidade dos preços[30] refletindo o estado de incerteza quanto ao suprimento alimentar mundial. Mas ainda que comida suficiente seja produzida para alimentar a todos, parece que o valor nutricional das colheitas está em declínio: um estudo recente demonstra uma queda média de 6% nas proteínas, 16% em cálcio, 9% em fósforo, 15% em ferro, 38% em riboflavina e 20% em vitamina C de 1950 a 1999, num conjunto de 43 variedades de colheitas agrícolas.[31]

- A segurança energética é igualmente problemática, com novas demandas de energia, em maior parte derivadas do crescimento dos países do BRIC (Brasil, Rússia, Índia e China). A volatilidade dos preços e a dependência geopolítica de poucos países produtores, localizados majoritariamente no Oriente Médio, são consideradas fatores de risco.[32] Por volta de 2030, a demanda básica de energia no mundo é estimada assustadoramente em 40% maior do que em 2007.[33]

- A biodiversidade tem sofrido um rápido declínio. A Avaliação dos Ecossistemas do Milênio[34] relata que, nas últimas centenas de anos, os humanos aumentaram a extinção das espécies para 1.000 vezes mais do que as taxas costumeiras ao longo da história da Terra; o atum-rabilho é apenas uma das muitas espécies à beira da extinção.[35]

Poderíamos continuar esta lista infinitamente, correndo o risco de levar o leitor a um estado de frustração e apatia, da mesma forma que uma grande parcela do movimento ambientalista antes de nós. Também poderíamos acrescentar a esta lista os muitos recursos "sociais" que adicionam pressões ao mercado, seja em termos de segurança física, saúde, educação ou igualdade social. Nosso propósito, no entanto, é diverso. Estamos comprometidos em divulgar uma história excitante mas ainda bastante ignorada sobre a mudança na condução dos negócios. Nessa nova narrativa, o lado sombrio e pessimista dos recursos declinantes também é o fundamento para a oportunidade, um paradigma emergente dos negócios que pode ser mais sustentável e lucrativo.

A mudança de paradigma está contida na história da TerraCycle, uma empresa conhecida por criar o primeiro produto feito 100% com lixo reciclado, mas mais famosa por seu nome peculiar de "Caca de Minhoca" – um fertilizante orgânico criado pelo processamento do lixo orgânico por milhões de minhocas, e que é embalado em garrafas de refrigerantes recicladas. Perto de 200 outros produtos foram desenvolvidos desde a introdução da Caca de Minhoca, e a empresa agora opera em cinco continentes. Para além do esforço de gerar nichos de mercado, a sombra do declínio dos recursos chega a histórias de companhias muito bem estabelecidas, como a Shaw, uma das maiores fornecedoras de pisos, que agora é propriedade da Berkshire Hathaway, de Warren Buffett. Na operação de ciclo fechado da Shaw Evergreen, antigos pedaços de carpete e pisos usados são reprocessados em componentes orgânicos básicos, com o náilon e outras matérias-primas preciosas sendo reciclados indefinidamente em novos carpetes, sem qualquer perda estética ou de propriedades de performance.

Conforme ilustrado pela TerraCycle e a Shaw, a escassez do recurso é transformada em novas oportunidades de negócio. À medida que marcha pelas indústrias e continentes, uma nova onda de pensamento está penetrando a mente dos negócios.

O declínio dos recursos pode ser manchete desde 1798, ano da publicação do ensaio de Malthus sobre a população. Então qual a importância dessa tendência agora? Surpreendentemente, a diferença é bastante estarrecedora: nunca antes testemunhamos a rapidez, a extensão ou a magnitude na perda de recursos que observamos agora. Seja em termos de solos, água, nutrientes, clima estável ou igualdade social, medida pelo abismo entre ricos e pobres, a lista de recursos declinantes é um problema relevante para praticamente toda a economia global, e nenhuma companhia estará a salvo. Isso, por sua vez, cria uma mudança fundamental na forma como as empresas competem para criar valores duradouros.

Considere apenas uma coisa: desde que podemos lembrar, três fatores principais – os três Cs – vêm guiando as estratégias de negócio: consumidores, capital e competição. Se atender as necessidades do consumidor representa o grande prêmio, com acesso ao capital como lubrificante indispensável e o posicionamento competitivo mostrando o caminho certo para a vitória, agora há um fator inteiramente novo a se considerar: a segurança na cadeia de valores. Uma empresa pode ter o melhor produto para o consumidor certo, pelo preço adequado, mas uma quebra no fornecimento de recursos repercute cadeia acima, podendo eliminar totalmente o lucro, ou mesmo todo o mercado. Pense no atum-rabilho: se nos colocarmos no lugar dos pescadores, não é apenas com os amantes dos frutos do mar, os mercados de atacado ou com os companheiros pescadores que temos de nos preocupar. Agora é o plâncton e os pequenos peixinhos escondidos na cadeia alimentar do atum-rabilho que determinarão se vamos ou não afundar.

E isso é apenas o começo.

Transparência radical

Embora a perda de recursos esteja atingindo proporções históricas, seu impacto vem sendo amplificado por uma segunda grande tendência que, por si mesma, está remodelando o ambiente de negócios – a transparência radical. Alimentada pelo crescimento sem precedentes da sociedade civil e capacitada pelos rápidos desenvolvimentos no campo das tecnologias de informação, a transparência tornou-se uma força dinâmica, imediata e substantiva na moderna vida corporativa.

Agora, pode ser que estejamos usando palavras fortes demais, e, por isso, vamos parar um minuto e examinar alguns fatos. O que está acontecendo, exatamente, para trazer essa transparência radical e como ela se torna relevante para os negócios?

Primeiro de tudo: a força dos números

Entre os muitos desenvolvimentos importantes que têm tornado os negócios cada vez mais transparentes, a ascensão da sociedade civil deve ser considerada como *primus inter pares*. Desde o início humilde na *societas civilis* de Cícero até o poder de influência global dos dias atuais, o número de organizações de caráter voluntário e não-lucrativo dedicados a questões sociais ou ambientais ultrapassou a marca de 1 milhão.[36] Para efeitos de simplificação, vamos imaginar que cada uma dessas organizações reúne os esforços de apenas 10 pessoas – sejam voluntárias ou empregadas. Isso significa que neste exato momento, pelo menos 10 milhões de ativistas em tempo integral(!) estão colocando a sustentabilidade no centro de suas vidas – muitos deles perseguindo visões de igualdade social e ecologia saudável com tanta estratégia, eficiência, rigor e inovação quanto qualquer negócio bem administrado. É precisamente esta força da coletividade que leva observadores como Paul Hawken a se referirem a esta onda de ativismo civil como "o maior movimento da Terra". Autor de inúmeros best-sellers, incluindo seu trabalho inspirador "A Ecologia do Comércio", Hawken explora a influência crescente do setor não lucrativo nos negócios e na sociedade em seu livro "Blessed Unrest: How the Largest Movement in the World Came into Being, and Why No One Saw it Coming", de 2007[37] uma grande fonte de informações e uma leitura muito agradável para quem se interessar pela ideia. Mas seja pelas páginas de visionários passionais ou pelos encontros diários com ONGs influentes, uma coisa fica bem clara: em todo o mundo, milhões de mentes estão se dedicando neste momento a medir, registrar, tornar visíveis e, em última medida, melhorar o bem-estar social e ambiental da sociedade como um todo. E os negócios estão entre seus pontos de apoio preferenciais.

Em segundo lugar: a mágica da comunicação de baixo custo.

Enquanto o número de ONGs cresce exponencialmente, isso também ocorre com a quantidade e a sofisticação dos instrumentos a seu dispor. Tecnologias de comunicação global cada vez mais baratas somadas com as soluções de mídia social imensamente populares criaram um nível de conectividade nunca antes visto ou imaginado. Consideremos a história da Kiva.org, uma ONG que combina o conceito de microcrédito com o poder da internet. No exato instante em que escrevemos estas palavras, Greta, uma cientista do Colorado, nos EUA, está usando o website da Kiva para apoiar o sonho de Priyanka, de Hikkaduwa, no Sri Lanka, de abrir seu próprio negócio de produção e venda de alimentos. Greta está entre os 9 financiadores do Canadá, Países Baixos e dos EUA que se ofereceram para financiar o orçamento de 225 dólares de Priyanka.

Durante o trabalho neste livro, conhecemos tanto Priyanka quanto Greta nas páginas da Kiva.org, e você pode se interessar em conhecê-las também (veja a seguir).

Até meados de 2010, a Kiva tinha facilitado mais de 135 milhões de dólares em empréstimos, conectando mais de 346.000 empreendedores com mais de 450.000 financiadores, e assegurando uma taxa admirável de 98,57% de pagamentos.

O empoderamento da sociedade civil para facilitar ações como as da Kiva e de outros é uma das muitas formas pelas quais as tecnologias baratas de comunicação estão mudando o mundo em que vivemos. Uma outra forma é dar acesso instantâneo

a informações que eram inacessíveis ou severamente restritas. O exemplo da Gapminder ilustra muito bem esse aspecto. Um recurso online gratuito e livre, o Gapminder, foi projetado para "desmistificar a beleza da estatística para oferecer uma visão do mundo baseada em fatos". Quer determinar a emissão de CO_2 desde 1820? Está preocupado com as taxas de mortalidade infantil? O Gapminder combina dados confiáveis com tecnologia e design intuitivos, servindo como ponto de partida para quem busca estatísticas confiáveis num leque amplo de assuntos relacionados a temas sociais e ambientais.[38]

Embora o alcance da Kiva.org, do Gapminder e de outros semelhantes possa ser limitado e de foco bastante reduzido, com ambas as organizações não sendo mais do que um negócio caseiro, esforços como esses já penetraram e influenciaram a mídia de massa convencional. Como resultado, empresas jornalísticas têm buscado informações que estavam disponíveis apenas por meio de nichos ou canais muito pouco conhecidos. Vejamos, por exemplo, o tema da poluição. Duas décadas atrás, os fatos sobre a poluição em todo o planeta estavam disponíveis apenas por meio de canais altamente especializados, conduzidos por organizações internacionais ou não governamentais. Cortando para o tempo presente, temos a revista *Time* fazendo este serviço, ao publicar matérias sobre assuntos como os lugares mais poluídos da Terra.

É precisamente esta combinação de ativismo civil e comunicação global de baixo custo, ao lado de apoio maciço da mídia, que está criando um novo campo de jogo. Se já houve o tempo em que o impacto social e ambiental de uma empresa podia passar despercebido, agora é somente uma questão de dias, senão de horas ou mesmo segundos, antes que um acontecimento em Punta Arenas, no Chile, se torne notícia de primeira página em Paris, na França, ou Topeka, no Kansas.

Em terceiro lugar: o fim do nós-contra-eles

Do mesmo modo que os manda-chuvas do movimento pela sustentabilidade mudaram, e seis instrumentos de trabalho evoluíram, o mesmo aconteceu com o seu relacionamento com o mundo dos negócios. Foi-se o tempo das ONGs que serviam apenas como abrigo para o sentimento radical anticapitalista. A imagem dos jovens ativistas se acorrentando aos portões das fábricas ou pilotando seus barquinhos contra petroleiros ou plataformas – simplesmente para serem repelidos facilmente por canhões de água – já era. O Greenpeace percorreu uma longa estrada desde os tempos do Rainbow Warrior, um navio adaptado utilizado para desafiar os testes nucleares e a pesca de baleias (e que, eventualmente, levou o governo francês a despachar uma tropa de operações especiais para afundá-lo, em 1985).

Em 2010, o Greenpeace Internacional anunciou que estava contratando o findador do ForestEthics, Tzeporah Berman, como diretor de sua campanha global de clima e energia. Sua visão pró-negócios era um sinal de uma nova era no ativismo. "A noção de ativistas *versus* empresas, do bem contra o mal, não se aplica mais... É tudo sobre criar diálogo, e encontrar soluções que sejam mutuamente benéficas para todos"[39] Outra ONG importante, o Environment Defense Fund (EDF), agora se utiliza de parcerias empresariais como uma de suas quatro estratégias centrais. "O meio ambiente é nosso cliente", diz o EDF em seu website, "enquanto as empresas são nossas aliadas na busca de objetivos em comum."[40]

Financiadores e fiscais das ONGs vigiam essas organizações em busca de resultados construtivos. Moldar o futuro dos mercados e influenciar positivamente o comportamento dos negócios são hoje considerados um resultado muito mais desejável do que simplesmente condenar as companhias a encerrarem suas atividades.

Quarto: a cultura da conectividade

Embora o custo decrescente da comunicação e da colaboração crie uma importante infraestrutura técnica, a cultura emergente da conectividade guia o que escolhemos fazer com ela. Seja via BlackBerry, Twitter, Facebook, Friendster (muito popular no sudeste asiático) ou muitos outros meios, não há como negar que passamos a contatar – e contar com a conexão permanente com – pessoas em nosso espaço virtual. Escrever este livro, por exemplo, teria sido bem mais difícil e demorado por ser um projeto transcontinental, se não fossem os novos e disponíveis meios de conexão – com títulos de capítulos sendo discutidos via Skype, desacordos conceituais resolvidos no BlackBerry entre um voo e outro, revisão por pares conectados via LinkedIn e as ideias-mestras testadas no Facebook.

À medida que exploramos o novo e hiperconectado mundo no qual os negócios, também, devem operar, o trabalho de Howard Rheingold serve como referência útil. Em 2002, Rheingold publicou uma pesquisa sobre uma nova onda tecnocultural que permite que todos possamos nos conectar a qualquer um, em qualquer lugar, a qualquer momento. Smart Mobs: The Next Social Revolution[41] levanta um argumento relevante sobre o casamento de duas tecnologias – celulares e internet – que produziu uma forma totalmente nova de comunicação. O que Smart Mobs ilustra muito bem é a emergência de um novo agente de mudança – o homem comum. Se os heróis sociais e ambientais do século XX eram os ativistas, líderes de ONGs, os astros da mídia e líderes do governo, a virada do milênio assistiu ao surgimento de um novo poder, num mundo cada vez menor – a sabedoria coletiva de todos nós, profunda e instantaneamente conectados. Numa era na qual mandar um SMS para toda a sua lista de contatos leva só alguns cliques, e vídeos virais causam mais impacto do que comerciais cuidadosamente orquestrados, é a coletividade conectada que traz a sustentabilidade a cada lar – e a cada mercado.

Diante das inúmeras abordagens sobre o assunto da transparência que vemos na mídia e na opinião pública, precisamos fazer uma distinção importante. Temos repetidas vezes nos defrontado com a visão de que a transparência é uma escolha que as empresas devem considerar, uma estratégia a utilizar, ou mesmo uma competência a se construir e nutrir. Embora fiquemos deliciados de ver tanta atenção direcionada a esse assunto, temos certeza absoluta de que a transparência radical que observamos hoje em dia não é uma escolha, mas uma realidade compartilhada, queiram os executivos ou não. A questão é: vamos escolher surfar na onda de mudança nos nossos termos, ou vamos nos tornar vítimas quando o tsunami atingir nossas praias? É essa a escolha que temos no atual mundo da transparência radical.

Não é nenhuma surpresa, então, que a transparência tenha sido escolhida como assunto de capa da edição de abril de 2010 da *Harvard Business Review*. Christopher Meyer e Julia Kirby analisam a diferença que a transparência radical está fazendo, comparando a história recente da indústria de alimentos com a história de décadas passadas da indústria do tabaco. Foi praticamente ontem que testemunhamos as manchetes que revelavam os esforços dos executivos do tabaco para esconder os estudos científicos que apontavam os danos à saúde causados pelo fumo. Avancemos algumas décadas, e a imagem não podia ser mais diferente: diante das evidências cada vez maiores dos riscos das gorduras trans, muitas empresas, como a Kraft, Nabisco e Nestlé, decidiram reformular suas receitas bem antes que surgisse qualquer regulação.[42]

Outro exemplo da indústria de alimentos: as bananas orgânicas certificadas da Dole agora vêm com uma etiqueta mostrando um código de origem único que permite que qualquer consumidor interessado possa verificar online exatamente onde as bananas foram plantadas e as certificações orgânicas das instalações.

Acessando o website da Dole Organic Banana e digitando o código, o consumidor pode até mesmo "ver" a plantação, usando Google Earth. Isso é que é transparência!

O mundo dos negócios nessa realidade de transparência radical é uma arte a ser dominada. Alguns, como os líderes da indústria de alimentos, escolheram resguardar o poder da transparência, promovendo a inovação, a lealdade dos consumidores e a consciência da marca em troca de resultados crescentes. Outros podem torcer para que sua medíocre performance social fique perdida no mar caudaloso das informações, e que jamais tenham que acordar com algum escândalo, boicote de consumidores ou mesmo uma queda vertiginosa das vendas.

Mas se existe alguma dúvida sobre os riscos para os negócios de se tentar esconder performances medíocres, fale com a Toyota sobre o problema com os pedais em 2010.

Expectativas crescentes

Se o declínio dos recursos traz para a linha de frente as questões de segurança em toda a cadeia de valor, ao mesmo tempo em que a transparência divulga cada movimento da empresa ao escrutínio global instantâneo, a terceira tendência convida as empresas a repensar a própria essência da demanda de mercado. Investidores, reguladores, empregados e, mais importante, consumidores e clientes esperam cada vez mais da performance social e ambiental dentro de um mercado, o que, por conseguinte, impõe novas pressões sobre as empresas e cria novas oportunidades de lucro e crescimento.

A ascensão do consumidor

Em nossa busca por entender a realidade atual do mercado, a história de Daniel Lubetzky e o sucesso de sua iniciativa, PeaceWorks, são um bom lugar para começarmos. Criada em 1994 como uma "organização-não-apenas-não-lucrativa", a PeaceWorks produz comidas especiais, como pastas de vegetais e barras de cereais, juntando vendedores e compradores separados por conflitos, como os israelenses e os árabes. Com um crescimento significativo nas vendas, na linha de produtos e na cadeia de distribuição, além do contínuo apoio da comunidade, incluindo quatro prêmios Fast Company Social Capitalist consecutivos, o histórico da empresa diz muito sobre as novas expectativas de clientes e da sociedade como um todo.[43]

De modo admirável, empresas como a PeaceWorks, uma empresa de nicho que depende de preços especiais, não são a história real por trás dos movimentos tectônicos da demanda de mercado. A história verdadeira é que os consumidores de uma série de mercados e áreas geográficas estão exigindo cada vez mais uma atuação social e ambiental consistente por parte das marcas, empresas e produtos que escolhem. E, mais importante, eles desejam isso sem qualquer acréscimo no preço típico de produtos "verdes" ou "sociais". Os consumidores comuns desejam produtos mais em conta, com melhor desempenho, mais saudáveis, que durem mais, com apelo adicional – ou, em outras palavras, eles procuram algo "inteligente" mais do que "verde" ou "mais responsável".

Ao refletir sobre a declaração acima, você tem todo o direito de se fazer aquela perguntinha incômoda que está lá no fundo da sua mente: tudo bem, mas pode me dar alguns exemplos? Então, aqui vai um breve apanhado dos dados por trás de nossa afirmação: algumas palavras sobre pesquisa de mercado e o que eles significam (ou não).

- Os consumidores parecem estar dizendo uma coisa... Por volta de 2006, uma pesquisa da National Consumers League e da Fleishman-Hillard com consumidores nos EUA mostrou que a responsabilidade da empresa era o fator número um para determinação da lealdade de marca (com 35% de respostas), bem à frente do preço e da disponibilidade dos produtos (cada um com 20% dos votos). Quatro anos mais tarde, ficou bem claro que a preocupação ambiental não se limitava aos consumidores dos países desenvolvidos; o relatório de 2010 do Fórum Econômico Mundial sugere que essas preocupações são fortes no mundo emergente, "e em algumas áreas elas são mais fortes tanto quanto essas são áreas mais diretamente afetadas, como pela poluição das águas, por exemplo."[44] Um estudo recente da Deloitte sugere que, embora muito do comportamento do consumidor ainda seja ditado pelo preço, qualidade e conveniência, acachapantes 95% dos consumidores nos EUA relatam que estariam dispostos a comprar "produtos verdes".[45] Uma outra pesquisa, da BBMG[46], combinou uma consulta nacional de 2.000 consumidores com entrevistas etnográficas que reforça os achados da Deloitte: cerca de sete em cada dez norte-americanos (67%) concordam que "mesmo em épocas recessivas é importante comprar produtos com benefícios sociais e ambientais".

- ... mas todas as pesquisas acima – sugerindo a existência do consumidor verde – são bastante encorajadoras, MAS... o nível relativamente alto de interesse em produtos verdes não parece ser apoiado pela ação. Na pesquisa da Deloitte, apenas 10% concordam fortemente que estariam dispostos realmente a pagar mais pelos produtos verdes. A grande maioria dos consumidores claramente se recusaria a deixar mais dinheiro na caixa registradora.[47]

Se a sustentabilidade aparece na tela do radar das expectativas do consumidor, por que não se traduz na abertura das carteiras durante o ato de compra? A partir de uma revisão de estudos de consumidor, concluímos que a distância entre as expectativas declaradas e o ato de compra existe por três razões.

1 *Percepções*. A maioria dos consumidores pesquisados percebe os produtos verdes como sendo mais caros, menos disponíveis e de baixa qualidade, quando comparados com seus correspondentes convencionais.[48]

2 *Confiança*. Existe um hiato entre o interesse dos consumidores em produtos verdes e sua confiança nos argumentos do marketing verde. De acordo com o estudo da BBMG, cerca de um em cada quatro consumidores (23%) declara que "não tem como saber" se um produto verde faz exatamente o que diz a propaganda.

3 *Linguagem de pesquisa*. Existe muita evidência de que as próprias pesquisas destinadas a medir as expectativas ajudam a induzir o mito do "verde" e do "premium". Veja uma manchete típica: "53% dos consumidores dizem que estariam dispostos a pagar mais por televisores com atributos verdes."[49] Quem quer pagar mais? E o que é, na verdade, um atributo verde? Os consumidores são confrontados com duas declarações que devem digerir e aceitar – a sustentabilidade tem um preço e, em troca, eles recebem os benefícios da responsabilidade social. Por outro lado, os líderes do mercado de sustentabilidade oferecem produtos com preços competitivos, mais inteligentes, sejam os sprays limpantes da Clorox, que são biodegradáveis e mais seguros para a saúde, ou as locomotivas híbridas da GE, que economizam 15% em custos de combustíveis para a empresa ferroviária. Fazer a pergunta "você compraria um produto verde?" é bem diferente de oferecer produtos mais inteligentes a preços competitivos – com mais qualidade e melhores para a saúde humana e para o meio ambiente.

Não é surpresa o fato de a Walmart ter vendido 190.000 roupas de yoga de algodão orgânico em dez semanas[50] em seu lançamento. Uma vez que a empresa ouse deixar de lado o mito de que o verde e o social devem ser mais caros e passam a oferecer produtos com desempenho sustentável, com qualidade e a preços competitivos, os consumidores são rápidos em escolhê-los ao invés das alternativas convencionais – oferecendo uma vantagem difícil de se imitar num mundo tão competitivo.

É óbvio que as expectativas do consumidor estão mudando. Ainda assim, servir apenas aos consumidores da elite é apenas parte do negócio; de forma crescente, as empresas localizadas no meio da cadeia de valor descobrem cada vez mais pressão vinda de seus consumidores diretos nas relações B2B. IBM, Pepsi, Ikea, Ford e Kaiser Permanente estão entre as empresas que buscam padrões novos e mais exigentes. A Procter & Gamble lançou seu próprio programa de avaliação do desempenho de fornecedores[51] após ser submetida a anos de análise de desempenho como fornecedora da Walmart, o que não era de todo inesperado. Mas temos de admitir que recebermos uma carta de uma empresa fabricante de mísseis, uma de nossas clientes de consultoria, explicando as novas exigências de sustentabilidade para todos os fornecedores de sua empresa, foi pelo menos levemente surpreendente.

As expectativas de consumidores e clientes vão muito além das questões sobre o uso do produto final. Alimentados pelas informações sobre o declínio dos recursos e capitalizados diariamente por ONGs e grupos de ativistas, clientes e consumidores vêm exigindo um relacionamento totalmente novo por parte de seus fornecedores de produtos e serviços. A mera satisfação com preço, qualidade e disponibilidade já não é o suficiente – os consumidores esperam ser cocriadores em quase todos os aspectos do negócio, desde o desenvolvimento de produtos e a fabricação até a embalagem e a venda. Não, eles não estão dispostos a abrir mão da qualidade e do preço, mas estão prontos a pagar por soluções inteligentes que tragam inteligências social e ambiental integradas.[52] O website Trendwatching.com listou as "10 tendências cruciais para os consumidores", que colocam isso de forma mais clara:

> O capitalismo selvagem saiu de moda muito antes da crise. Este ano, prepare-se para o "não são apenas negócios". Pela primeira vez há um entendimento global, ou mesmo um sentimento de urgência, de que a sustentabilidade, em todos os significados possíveis do termo, é a única forma de avançar. Como isso deveria ou não impactar as sociedades-consumidoras ainda é, obviamente, parte de um debate acalorado, mas pelo menos há um debate. Enquanto isso, nas sociedades maduras, as empresas terão de fazer mais do que apenas abraçar a ideia de boa cidadania corporativa. Para prosperar de verdade, terão de "seguir a cultura". Isso pode significar demonstrar maiores transparência e honestidade, ou dialogar mais, ao invés de utilizar propagandas unidirecionais, ou ainda defender a colaboração ao invés da mentalidade "nós contra eles".[53]

A mudança monumental das expectativas de clientes e consumidores pode ser mais bem descrita da seguinte forma: estamos nos movendo cada vez mais de um foco em produtos verdes para a oferta de soluções orientadas para o cliente, e isso faz toda a diferença. Vamos concluir essa parte da "ascensão do consumidor" com um exemplo de um domínio totalmente diferente – os bens de consumo rápido. Imagine se você fosse uma empresa especializada em produtos de higiene pessoal, e estivesse considerando desenvolver um novo shampoo. Olhando pela perspectiva do produto, um shampoo possui características bem claras e distintas – é líquido, embalado num frasco conveniente e usado para "limpar, enxaguar e repetir". Agora, o que aconteceria se olhássemos o shampoo da perspectiva da solução total? A Lush, uma empresa de cosméticos inglesa, respondeu essa pergunta com o desenvolvimento de um shampoo sólido que limpa de uma forma inacreditável, e oferecendo o poder de limpeza equivalente a três frascos de 250 mililitros. Veja como seria ter alguns shampoos sólidos na prateleira do banheiro:

Produzido sem a embalagem plástica (e, portanto, eliminando toda a matéria-prima, design e custos de processamento relativos à embalagem), o shampoo sólido é distribuído no atacado e economiza toneladas de espaço nas gôndolas – seriam necessários 15 caminhões de shampoo líquido para distribuir o equivalente a um caminhão do sólido. Como se vê, não é mais um produto convencional, mas sim uma solução complexa, que entrega um universo de benefícios finais aos clientes, lojistas, fabricantes e à sociedade em geral.

Mike Brown, consultor de sustentabilidade, descreve essa mudança do foco nos produtos para os benefícios finais da seguinte forma:

A vanguarda real, aquilo que tem mais força, é o esforço para vender serviços mais do que produtos. É uma mudança de perspectiva que pode transformar os negócios. As empresas que forem capazes de mudar seus negócios de dentro para fora desta forma descobrirão que abordar as questões de sustentabilidade pode se transformar de um peso ou custo em uma oportunidade para eficiência e lucro.[54]

De uma forma ou de outra, o consumidor está ascendendo, abrindo novas portas para aquelas empresas que estejam prontas para atravessá-las.

O engajamento dos empregados

Enquanto o declínio dos recursos e a transparência radical continuam a alimentar a pressão dos consumidores sobre os negócios de dentro para fora, outra onda de expectativas pressiona as empresas de dentro para fora. Esta nova onda vem dos empregados.

Em 1997, a McKinsey & Co publicou o resultado de um estudo de um ano envolvendo 77 empresas e cerca de 6.000 gerentes. Este famoso relatório previu que uma extensa guerra de talentos aconteceria mais de 20 anos depois de sua publicação – na qual os profissionais inteligentes, adeptos da tecnologia, com consciência global e astutos operacionalmente seriam um recurso altamente valorizado.[55] Com a demanda superando significativamente a oferta, a McKinsey recomendava quatro estratégias para atrair os melhores profissionais:

- "Fique com o vencedor" – atraindo aqueles que desejam se juntar a uma empresa de alto desempenho.

- "Grandes riscos, grandes recompensas" – apelando aos que procuram por desafios e riscos.

- "Estilo de vida" – centrado naqueles atraídos por um equilíbrio mais flexível entre trabalho e vida privada e que buscam qualidade de vida.

- "Salve o mundo" – crucial para aqueles levados por uma missão inspiradora e senso de propósito.

Quase três quartos do tempo previsto já passaram, e é interessante perceber se "Salve o mundo" ainda continua a figurar entre os maiores "atrativos" para os candidatos. "Sim, continua!", diz o Net Impact, uma associação de MBAs focados em sustentabilidade. Já em meados de 2006, a NET Impact pesquisou 2.100 alunos de MBA em 87 programas dos EUA e Canadá, descobrindo que quase 80% dos futuros MBAs declararam o desejo de encontrar empregos socialmente responsáveis em algum momento da carreira, enquanto 59% declararam que buscariam uma oportunidade assim imediatamente após a formatura.[56]

Embora a Net Impact tenha se centrado nos talentos do mundo ocidental, Douglas Ready, Linda Hill e Jay Conger voltaram sua atenção para os mercados emergentes. Seu relatório de 2008, publicado na Harvard Business Review, sugere quatro fatores decisivos para determinar o sucesso de uma empresa em atrair os mais talentosos empregados[57] : "marca", "oportunidade", "cultura" e "propósito".

Parece familiar? De fato, o relatório da HBR de 2008 traz muitos paralelos com a pesquisa de 1997 da McKinsey. Esses e muitos outros estudos[58] estão todos começando a formar um consenso: a contribuição de uma empresa para um mundo melhor aparece com destaque entre os fatores que determinam se um esforço de recrutamento vai ter sucesso ou não. E mais, um compromisso da empresa com forte desempenho social e ambiental importa ainda mais depois que os candidatos ideais são finalmente recrutados. Nesse ponto, uma dimensão totalmente nova de emprego aparece: o engajamento.

Engajamento representa, talvez, o termo mais delicado e nebuloso do vocabulário de administração e, por isso, vamos dar uma definição rápida. Um "empregado engajado" é aquele que "está totalmente envolvido, e entusiasmado, com seu trabalho, e, portanto, agirá de forma a promover os interesses da sua organização".[59] Estima-se que se perdem 300 bilhões de dólares em função de empregados desengajados.[60] Por outro lado, o engajamento tem sido responsável por levar a um aumento da autoeficácia e quase um terço de aumento no desempenho relacionado ao trabalho.[61] Por exemplo, estudos sobre o engajamento de profissionais de processamento de dados mostram um aumento de 10 vezes na produtividade de empregados engajados.[62] Empregados engajados também apresentam 38% a mais de probabilidade de sucesso em medidas de produtividade e 44% a mais de sucesso em lealdade de consumidores e retenção de empregados.[63]

Agora, se o engajamento dos empregados é tão importante quando se pensa no desempenho da empresa, como podemos aumentá-lo? O interessante é que integrar considerações sociais e ambientais aos objetivos da empresa pode ser exatamente o que se precisa. Embora a relação exata entre o compromisso com a excelência social e ambiental por parte da empresa e o engajamento dos empregados seja assunto de um longo debate, foi apenas muito recentemente que essa relação começou a ser medida de forma estruturada, provando que, quando os empregados percebem que a empresa investe em cidadania corporativa, seu engajamento, em conjunto com o envolvimento criativo e relacionamentos mais profundos e de alta qualidade, é incrementado.[64] Bob Stiller, Diretor do Conselho da Green Mountain Coffee Roasters, descreveu esta conexão entre sustentabilidade do negócio e engajamento dos empregados:

> Aprendi que as pessoas são motivadas e estão mais dispostas a se dedicar um pouco mais para tornar a empresa um sucesso quando há um bem maior associado a isso. Não é mais apenas um emprego. O trabalho se torna significativo e isso nos torna mais competitivos. Todos percebem que não podemos fazer o bem a não ser que sejamos lucrativos. As duas coisas andam juntas.[65]

Estejamos nós falando sobre atração, retenção ou engajamento, a sustentabilidade parece ser a pedra de toque das novas expectativas dos empregados. Motivados pelo rápido declínio dos recursos disponíveis e equipados com as informações instantâneas e altamente focadas sobre sustentabilidade, os empregados apresentam novas demandas às empresas. Algumas delas são mais rápidas em integrar o desempenho social e ambiental às suas estratégias e políticas de recursos humanos, criando assim uma fonte para a diferenciação num mercado de talentos altamente competitivo. A Timberland, a ING e a Ford são apenas algumas das milhares de empresas que oferecem a suas equipes mais de 40 horas remuneradas de tempo livre para trabalhos voluntários a cada ano.

A Target vai ainda mais longe, patrocinando a www.volunteermatch.org,[66] que facilita que uma empresa envolva seus empregados ou consumidores em esforços voluntários; ao mesmo tempo que a ONG Junior Achievement produz um extenso relatório que defende razões de negócios para oferecer esses benefícios aos empregados.[67] Mas programas voluntários estão entre as formas menos inovadoras de usar o comprometimento de uma empresa com a sustentabilidade como nova forma de atração, retenção e engajamento de talentos preciosos. Inúmeras ideias diferentes podem ser consideradas para o pacote de "compensação" da sua empresa: a Burt's Bee calcula os abonos em parte de acordo com o desempenho da empresa em suas metas de conservação de energia,[68] que são determinadas por empregados e dirigentes em conjunto. O resultado é a redução dos custos, o engajamento dos empregados e o comprometimento, porque eles tomam parte na determinação das metas de economia de energia e, obviamente, dar algo em troca ao meio ambiente. A firma de auditoria tributária KOMG premia 16 empregados comprometidos com serviços com uma doação de 1.000 dólares para sua ONG de escolha.[69] A GAP virou notícia recentemente por oferecer uma série de "bolsas" que sustentam o trabalho filantrópico de seus empregados.[70] A Pepsi leva ainda mais fundo e oferece milhares de dólares para financiar ideias para um mundo melhor, que podem ser enviadas por qualquer pessoa – e é o voto da comunidade que faz a diferença na seleção dos projetos.[71]

E as inovações "caça-talentos" continuam a aparecer.

O chamado ao investidor

De uma pequena margem nos anos 1970 até os trilhões de dólares em ativos em bolsa totais nos dias atuais,[72] o aumento dos investimentos em responsabilidade social (IRS) é notável. Uma abordagem ampla em termos de investimento que inclui seleção, defesa dos acionistas e investimento na comunidade, os IRS são talvez a mais conhecida forma de crescimento rápido nos fundos que excluem as chamadas "ações-pecadoras" como tabaco, armamento e jogos de azar. Em alguns países, os IRS agora significam 11% do total de ativos em bolsa[73] – uma boa fatia do mercado de investimentos.

Ainda assim, são os outros 89% do mercado de investimento que fazem as notícias do dia. O nível de atenção que chega do investidor "comum" é o que as empresas subitamente começaram a prestar atenção.

O envolvimento da comunidade de investimentos no campo das mudanças climáticas ilustra essa nova realidade. Um assunto altamente contestado, causador de tensões, as mudanças climáticas dificilmente seriam o que incitaria ações do tipo "salve o mundo" e canções hippies no universo financeiro dos ternos bem cortados. Ainda assim, foi a comunidade de investimentos, representada pela rede Ceres de investimentos no risco climático (INCR) que relatou orgulhosamente o recorde de 95 resoluções de acionistas relacionadas às mudanças climáticas registradas em março de 2010, um aumento incrível de 40% sobre os anos anteriores.[74] Unindo gestores de fundos, os tesouros estaduais e municipais e as controladorias, fundos de pensão e aposentadoria públicos e privados e outros investimentos institucionais, o INCR com sede nos EUA representa um grupo investido com quase 10 trilhões de dólares em ativos. O correspondente britânico do INCR, o Carbon Disclosure Project, atua em benefício de 475 investidores representando ativos totais de 55 trilhões – e usa seu poder para forçar as maiores empresas no mercado de ações a revelarem suas emissões. Em 2009, 409 das 500 maiores empresas responderam ao chamamento do Carbon Disclousure Project, mais do que as 383 do ano anterior. Enquanto França, Alemanha, Japão, Inglaterra e EUA representam 70% de todas as emissões relatadas, a taxa de resposta dos países do BRIC dobrou desde 2008, chegando a 44%, com o Brasil atingindo 100% de taxa de resposta.[75]

Os esforços dos investidores são pesadamente influenciados pela indústria de seguros, que pode simplesmente ser o mais importante vetor por trás da nova afeição das empresas com ações de combate às mudanças climáticas. Imagine só se você fosse uma seguradora dos EUA, revisando os seguintes dados: As seguradoras americanas...

> ... experimentaram crescimento em perdas relacionadas a catástrofes climáticas da ordem de cerca de 1 bilhão de dólares por ano nos anos de 1970 até uma média de 17 bilhões de dólares anuais durante a última década, superando em muito o crescimento dos prêmios, das populações e da inflação durante o mesmo período.[76]

Qual seria sua reação?

Enquanto você recupera o fôlego, aqui está a resposta da Allstate: fuja! Em 2005, a Allstate se recusou a renovar apólices de 95.000 proprietários de imóveis particulares e de 16.000 proprietários de imóveis comerciais na Flórida. O CEO da Allstate, Ed Liddy, deixou bem clara a lógica por trás da dolorosamente clara decisão: "estamos nos preparando para a destruição da próxima temporada de furacões. A novidade é que a intensidade desse ciclo (de tempestades) pode ser muito pior do que qualquer coisa que já tenhamos visto antes".[77] Se as seguradoras estão fugindo, não é de se estranhar que os investidores estejam reclamando, e enquanto a divulgação de regras como os Princípios do Equador ilustram muito bem, as mudanças climáticas são apenas uma das muitas preocupações sociais e ambientais na lista dos investidores. Esses princípios, lançados em 2003 com as dez principais instituições financeiras globais – ABN AMRO, Barclays, Citigroup, Crédit Lyonnais, Credit Suisse, First Boston, HVB Group, Rabobank Group, The Royal Bank of Scotland, WestLB AG e Westpac Banking – oferecem padrões para se determinar, avaliar e gerenciar riscos sociais e ambientais em projetos de financiamento. Setenta empresas com atuação global assinaram os Princípios do Equador em seus primeiros seis anos de existência.[78]

Para alguns, aumentar a expectativa dos investidores pode ser algo difícil de engolir, mas outros são mais rápidos em transformar desempenho social e ambiental notável em novas formas de atrair capitais. Os intermediários também estão tomando consciência – conectando os investidores social e ambientalmente responsáveis com as empresas com melhor desempenho – e ganham muito dinheiro com isso.

A regulação agindo

Em 2008, a China lançou um surpreendente ataque contra as sacolas plásticas, banindo simplesmente a produção de alguns modelos e proibindo as lojas de dar sacolas.[79] Isso foi apenas um ano depois que San Francisco se tornou a primeira cidade dos EUA a banir as sacolas plásticas dos supermercados.[80] Também em 2008, Calgary se tornou a primeira cidade do Canadá a tornar ilegal a utilização de gorduras trans em restaurantes e cadeias de fast food[81], enquanto o estado brasileiro do Mato Grosso foi o primeiro estado latino-americano a aprovar uma lei específica contra o lixo eletrônico [82]. Em 2009, a US National Association of Insurance Commissioners tornou a divulgação de riscos climáticos obrigatória para todas as empresas de seguros com apólices anuais acima de 500 milhões de dólares.[83] Em 2010, o Reino Unido lançou seu primeiro esquema de créditos de carbono obrigatório, inicialmente chamado de Carbon Reduction Commitment, e mais tarde rebatizado de CRC, Esquema de Eficiência Energética.[84] Também em um único mês de 2010, a África do Sul aprovou 47 emendas e extensões para sua legislação e regulação sobre sustentabilidade,[85] indo desde manejo de resíduos químicos a emissões atmosféricas ou fertilizantes, incluindo tudo o que fica entre eles.

Os dados falam por si, mas vamos tentar deixar tudo ainda mais explícito: seja um ato de liderança ou uma reação desesperada às pressões das ONGs e dos eleitores ativistas, os governos estão levando a sério as questões sociais e ambientais, criando novas leis e regulamentações para pressionar e moldar o ambiente dos negócios. A questão é: sua empresa vai surfar na onda de mudanças legislativas para obter uma vantagem ou vai esperar até que a força das águas a leve para o fundo?

De todo modo, a Whirlpool Corporation vem tentando manter a cabeça acima d'água (sem trocadilho!) enquanto busca a amizade e a aliança do governo. Fabricante de eletrodomésticos, e a empresa vem preparando consistentemente regulações muito restritivas – exigindo cada vez mais eficiência energética e no uso de água – e recebe do governo apoio para suas pesquisas e esforços de desenvolvimento pró-sustentabilidade.

Em 2009, a Whirlpool recebeu 19,3 milhões em incentivos de um programa dos EUA para o desenvolvimento de eletrodomésticos "inteligentes" com a capacidade de se comunicar com a rede elétrica, cortando o uso de energia durante as horas de pico e usando o máximo potencial durante as horas de baixa demanda. Mas não são apenas os produtos do futuro que garantem a essa empresa uma vantagem por conta do seu relacionamento com a regulação pró-sustentabilidade: no mesmo ano, a Whirlpool lançou um extenso website do tipo "dinheiro por aparelhos"[86] para ajudar os consumidores americanos a receberem reembolsos do governo.[87]

Será que a mera aceitação das regras não é mais suficiente? Chegou a hora de reajustar as atitudes empresariais para acelerar (ao invés de retardar) a regulação sobre a sustentabilidade?

Sejam consumidores, empregados, investidores, governos ou a sociedade como um todo que estejam pressionando por mudanças, as expectativas dos negócios estão aumentando rapidamente.

À medida que o declínio dos recursos continua a ocupar o centro do palco num mundo cada vez mais transparente, a sustentabilidade está se tornando rapidamente a norma – um novo padrão para as empresas seguirem, atingirem e excederem.

Peças do quebra-cabeça

Encaixe todas juntas e você vai ver como é incrível a forma como as três tendências dos recursos declinantes, transparência radical e as expectativas crescentes estão redefinindo a maneira como as empresas criam valor. Embora somente uma década atrás as preocupações com a sociedade e o meio ambiente fossem alegremente repassadas ao departamento de saúde, ambiente e segurança, ou aparecessem em destaque no relatório de Responsabilidade Social Corporativa, a ser trabalhado pelo pessoal das Relações Públicas, hoje elas estão em todas as linhas de trabalho dos gestores. Design de produtos, pesquisa e desenvolvimento, operações, compras, marketing, vendas, logística, finanças... é difícil encontrar um ramo dos negócios que tenha sido poupado dos efeitos da mudança do ambiente externo.

Como as três tendências estão tão intimamente interconectados e interdependentes, elas formam um perfeito quebra-cabeça com cada peça impactando a figura final. Aqui vai uma forma de visualizar as três tendências juntas:

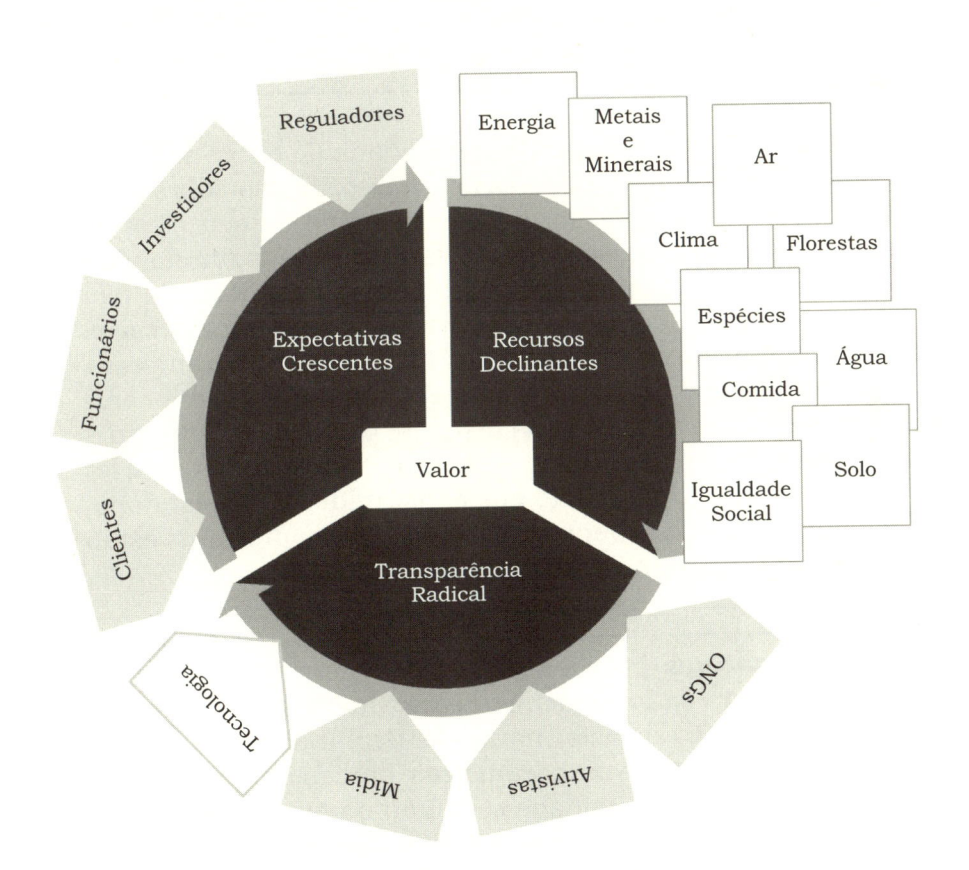

Recursos declinantes se refere ao abuso e em alguns casos exaustão de recursos como combustíveis fósseis, metais e minerais, o solo, água potável, ar limpo, florestas tropicais, diversidade de espécies e habitats naturais. Segundo algumas medições, 60% dos ecossistemas do planeta que nos fornecem regulação climática, água potável, ar limpo, solos férteis e alimentos já foram degradados ou estão sendo usados de forma não-sustentável. Mesmo recursos controversos como o petróleo, sobre os quais o debate continua a respeito do quanto ainda resta, não pode haver dúvida de que o estamos consumindo mais rapidamente do que a natureza pode recuperar. Estabilidade no regime de manejo e segurança pública também podem ser considerados recursos declinantes dada a crescente desigualdade social (como o aumento da distância entre ricos e pobres) e a injustiça social.

A **transparência radical** é a capacidade de obter de forma completa, apurada e instantânea a informação sobre uma empresa ou produto em qualquer estágio de seu ciclo de vida, desde a extração da matéria-prima até o fim da vida do produto. Há um componente tecnológico baseado nas ferramentas de comunicação virtual que tornam possível para qualquer um em qualquer lugar "ver" uma empresa ou produto por dentro. Há também um componente comportamental emergindo da crescente consciência quanto a questões sociais e ecológicas. A maior consciência está levando ao desejo por parte dos consumidores, investidores e empregados de saber como as empresas e produtos estão impactando o mundo que os cerca.

As **expectativas crescentes** – dos consumidores, investidores, empregados e demais constituintes da cadeia de negócios – estão transformando as demandas de mercado ao introduzirem novos parâmetros de desempenho como o silêncio, saúde, igualdade social ou o respeito ambiental para cada produto ou serviço em cada setor da economia.

> Não queremos apenas qualquer produto de limpeza; ele tem que ser atóxico e biodegradável. Bebemos café "comércio-justo" e levamos bolsas reutilizáveis para o supermercado. E não aceitamos mais pagar mais caro por produtos verdes ou socialmente responsáveis.

O valor está no centro do quebra-cabeça – e não é por acidente. O aumento das pressões sociais e ecológicas não representa mais o que os economistas chamam de externalidades – os subprodutos positivos e negativos da operação da empresa que podem ser negligenciados ao se tomar as decisões de negócio. Os impactos de sustentabilidade estão avançando para dentro dos limites do mercado – queiramos ou não – impondo questionamentos que as empresas jamais tiveram de responder.

Considere, por exemplo, o impacto do declínio dos recursos, da transparência radical e das expectativas crescentes numa empresa que atende às suas necessidades neste instante: o negócio de móveis. Cerca de uma década atrás, o produtor da cadeira na qual você está sentado tomava decisões sobre o design do produto, a matéria-prima, a produção, embalagem, distribuição e utilização com pouca ou nenhuma consideração pela sustentabilidade social ou ambiental. Hoje, este mesmo produtor é confrontado com dilemas de um tipo totalmente diferente. Será que os materiais escolhidos continuarão disponíveis a um preço aceitável? Há materiais tóxicos de uso proibido ou que estão sendo boicotados pelos consumidores? Os fornecedores utilizam trabalho infantil ou outras práticas trabalhistas injustas? E o que dizer do peso da cadeira – há como melhorar os custos de transporte? Qual a quantidade de energia e água usada na produção de cada cadeira e esse nível é comparável ao dos concorrentes? E o que acontece com a cadeira quando os consumidores não a utilizam mais – seus materiais podem ser reutilizados, ou ela vai aparecer num lixão qualquer, fotografada por alguma ONG em busca de novos símbolos do nosso mundo superpovoado, dominado pelo consumo?

Em contraste com esta empresa de móveis com medo-de-ser-vista-como-maligna, considere uma nova espécie de empresas que centrasse sua atenção na oportunidade de ser vista promovendo o bem geral. Chamada simpaticamente de A Piece of Cleveland (Um Pedaço de Cleveland), a APOC projeta e constrói móveis e acessórios de qualidade a partir de materiais de demolição obtidos na área de Cleveland. Serve como forma de preservar a história da cidade e de seus edifícios, recuperando materiais de velhas construções e transformando-os em produtos úteis que contam uma história.[88] Essencialmente, a APOC transforma recursos declinantes, transparência radical e expectativas crescentes de ameaça em oportunidade, anunciando de certa forma um novo futuro.

Como muitos outros exemplos relatados neste capítulo, a APOC nos oferece uma visão de uma nova história, ainda invisível em grande parte, das três GRANDES tendências e de como elas estão remodelando os negócios.

Agora dê uma olhada nas duas empresas de calçados a seguir e na mensagem que acompanha:

Você está vendo 16.600 litros (a quantidade de água de uma piscina tamanho família de 1,20 m de profundidade e 5 m de largura) reunidos no couro usado para fabricar esse par de sapatos.[89] À medida que a segurança do suprimento de água potável vira uma questão importante, um mundo radicalmente transparente torna o assunto dolorosamente visível – e acionável – para todo o mundo. Muitas fontes, como a Hydrolosophy, criada por um estudante de Harvard,[90] já fornecem dados sobre a pegada de água dos produtos, e é claro que mais dia, menos dia, todos os produtos deverão ter uma etiqueta de pegada de água. Num mundo de recursos declinantes, transparência radical e expectativas crescentes, uma simples etiqueta pode ser a diferença entre vitória e derrota na competição do mercado.

Depois da história da água, vamos contar outra – a história das coisas. Sourcemap.org é uma plataforma colaborativa on-line de código-livre que defende uma maior transparência na cadeia de suprimentos e na avaliação do ciclo de vida dos produtos.[91] Neste exato segundo, você e qualquer pessoa no mundo podem ir ao site da Sourcemap.org e ver exatamente de onde vem a cama Sultan Alsarp da Ikea, e que tipo de impacto ambiental seus componentes causam ao longo do processo. Em questão de alguns cliques, você pode ver que para produzir uma única cama, são usados 10 kg de compensado de madeira, com 130,28 kg de CO_2 integrados na produção do compensado. Aço galvanizado da Rússia (39,6 kg de CO_2), tecido de algodão da África (3,5 kg de CO_2), aglomerado de madeira da China (37,6 kg de CO_2)... os dados estão lá, esperando por você.

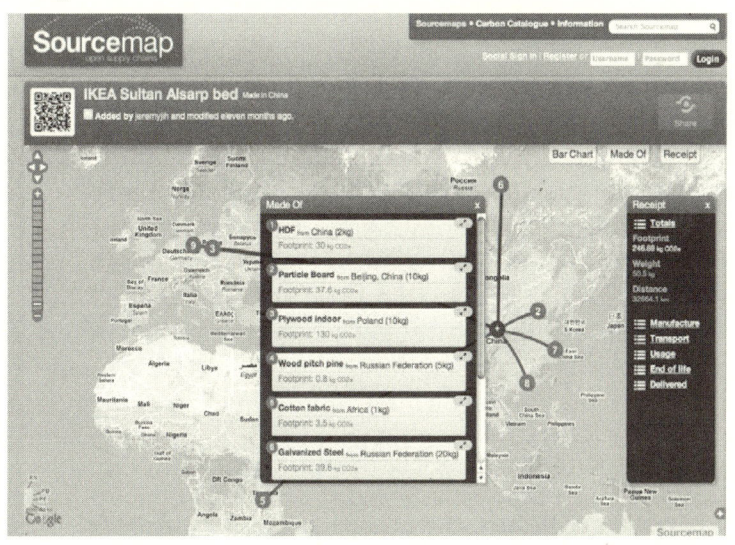

Reproduzido sob permissão da Sourcemap.org. Mapa adicionado por jeremyjih.

Sinal dos tempos, o sourcemap.org vai ser visto por algumas empresas como uma infeliz convergência de riscos num mundo faminto por recursos, transparente e exigente. Ainda assim, estamos convencidos de que esforços colaborativos e abertos deste tipo são um poderoso indicador das novas formas pelas quais as empresas podem obter lucro e crescimento.

Nunca antes na história deste mundo os limites das empresas ficaram tão claramente sob vigilância. As soluções e as competências de negócio do futuro estão fora dos muros da organização. Você pode tentar abordar as questões estratégicas detrás de portas fechadas, e fazer todas as tentativas de controlar o fluxo de informações e o desenvolvimento de soluções. Ou você pode aceitar a nova realidade como uma oportunidade de negócios e usar o poder da inovação coletiva e aberta para resolver os desafios mais exigentes que sua empresa está enfrentando. Afinal, alguns dos usuários da Sourcemap.org da área corporativa já utilizam o site para calcular a localização ideal para encontros internacionais e para ajudá-los a visualizar o fluxo de capitais, recursos e ideias à medida que sua influência se espalha pelo mundo.

Em suma

Três tendências interconectadas e interdependentes – recursos declinantes, transparência radical e expectativas crescentes – estão redefinindo a forma como as empresas criam valor. A economia linear na qual produtos e serviços seguem uma trajetória unidirecional, da extração ao uso e ao descarte, não pode mais ser apoiada pelas capacidades naturais da Terra. Os consumidores, empregados, investidores e a sociedade como um todo estão começando a exigir produtos e serviços que sejam social e ambientalmente inteligentes sem comprometer o preço e a qualidade. A transparência radical, alimentada pelo crescimento do setor não-governamental e apoiada pela evolução das tecnologias, torna as duas tendências ainda mais presentes no mercado.

Com a nova realidade diante de nossas empresas, o que devemos fazer? Como devemos lidar com essas mudanças? Qual é a melhor estratégia para nossos negócios? Nas próximas páginas, convidamos você a se juntar a nós numa jornada em busca de respostas, começando com uma revisão de algumas das mais conhecidas teorias de estratégia que existem. A partir das muitas descobertas que fizemos ao longo da jornada, um caminho claro e límpido está emergindo – oferecendo uma resposta mais adequada a um jogo radicalmente diferente. O caminho é a Sustentabilidade incorporada.

Mas estamos nos adiantando. Antes de mergulharmos a fundo nos "quê", "como" e "quando" da sustentabilidade incorporada, temos de dar uma olhada na história da turbulenta relação entre as empresas e a sociedade, para que possamos construir sobre fundações sólidas.

2
Ida e Volta ao Deserto
uma breve história sobre o valor

São 8h28min da manhã e a sala de aula está lotada numa escola de administração de uma conhecida universidade. Estamos aqui para um seminário avançado para alunos do último período. Nosso caloroso anfitrião, professor de finanças, anuncia a programação do dia: "Hoje, temos um palestrante convidado muito especial. Nosso assunto será a empresa e a sociedade. O objetivo é compreender e nos prepararmos melhor para as muitas questões sociais e ambientais que vocês vão enfrentar como líderes de amanhã."

Um segundo depois, alguém levanta a mão.

> "Com todo o respeito (diz o astuto aluno na terceira fila), detestaria que desperdiçássemos uma hora inteirinha aqui. Vocês não acham que desafios sociais e ambientais são assunto para os governos e as ONGs resolverem? Afinal, nós – quer dizer, o setor privado – já temos muito o que fazer para gerar valor de negócio. Isso já não é o bastante?"

Só pela pontualidade já dava para saber que estávamos diante de uma sala cheinha deles. Sim, os futuros executivos, financistas e gestores de unidades de negócio, todos emulando o economista premiado com o Nobel Milton Friedman.

Cinco horas depois, a segunda parte do seminário está para começar. A frequência da sala está pela metade, com aqueles que acabaram de acordar ainda piscando. Seis minutos depois da hora marcada para começar, o último aluno quase cai da cadeira, com uma caneca gigante de café em suas mãos.

Antes da apresentação formal, nosso anfitrião confessa, em tom quase de desculpas: "Como você pode perceber, a hora da nossa segunda parte atraiu alguns alunos de História da Arte, Medicina, Ciência Política e alguns indecisos". Após uma hora malhando as empresas e reclamando da globalização, a aula fica séria com os planos para uma campanha de boicotes online. Nosso amigo do café lidera o ataque: "Chega de especulação e de uso e abuso. É hora de as empresas voltarem a suas origens e fazerem alguma coisa de valioso pelo planeta". Em algum lugar lá em cima, Marx sorri.

E então temos a velha batalha de décadas atrás reencenada. No centro do debate, uma questão simples: qual o papel e o propósito de uma empresa na sociedade?

Surpreendentemente, quando se trata da essência do assunto, todas as partes concordam violentamente. As empresas existem para criar valor, e mais valor. Mas como geralmente é o caso, o problema é o significado do termo.

Se perguntarmos a um grupo de gerentes em qualquer lugar do mundo qual sua definição de valor, as respostas virão com rapidez e previsibilidade estonteantes: o negócio de um negócio é criar valor para os acionistas.

Se você pedir ao mesmo grupo de gerentes que elabore um pouco mais, alguns deles começarão a falar em termos de soluções que a empresa cria para resolver problemas específicos dos clientes, sejam clientes internos ou externos. O engenheiro sério falará de porcas e parafusos, o gerente operacional lembrará do novo sistema de TI, enquanto o gerente de marca aborda a nova linha de produtos para a estação. Produtos, serviços e processos – as muitas soluções desenvolvidas pela empresa – adicionam-se ao valor criado.

E existe a terceira dimensão do valor, talvez menos visível para o gerente típico: o valor como um conjunto de benefícios e resultados para os clientes, consumidores, empregados e outros constituintes-chave – seja sob a forma de funcionalidades ou estética de um produto, ou geração de empregos, ou algo ainda menos tangível. Charles Revlon, fundador da Revlon Cosméticos, dava uma explicação perfeita para esses benefícios finais intangíveis: "Nas fábricas, produzimos cosméticos, mas nas lojas vendemos esperança".[92]

Naturalmente, as três dimensões do valor são partes de um todo integrado. O valor criado por uma firma de arquitetura pode ser compreendido em termos dos retornos gerados para seus proprietários (valor para os acionistas), ou dos espaços construídos que ela projeta (soluções), e ainda do conforto, funcionalidade, eficiência e segurança que oferece (benefícios finais e resultados) – o mesmo tipo de tríade que qualquer outra empresa gera. Ainda assim, ao longo da História, as percepções sobre a importância relativa de cada uma das três dimensões variaram significativamente, mudando a relação existente entre as empresas e o resto da sociedade. Muito embora uma retrospectiva histórica detalhada esteja fora do escopo deste trabalho, um breve olhar sobre o passado se faz necessário para que compreendamos melhor o capitalismo de hoje e as forças que dirigem a agenda de sustentabilidade no setor privado. E, assim, viajamos de volta no tempo para revelar muitas formas diferentes pelas quais as empresas se relacionaram com seus contextos sociais e ambientais ao longo do tempo. O valor é aquilo que se localiza bem no centro deste relacionamento.

Apenas dez gerações atrás: o casamento

Voltando no tempo – digamos... até logo antes do ano 1800 – encontramos empresas grandes e pequenas sendo uma parte importante mas relativamente pequena de um sistema econômico diverso de fazendeiros, comerciantes, mercadores, artesãos e mercados locais todos interligados ao tecido social.[93] "O capitalismo no passado (diferentemente do capitalismo atual) ocupava apenas uma estreita plataforma da vida econômica"[94], escreveu o historiador Fernand Braudel sobre os séculos XVI ao XVIII. Um outro historiador[95] descreveu todas as atividades industriais durante este período como pertencentes a uma dentre quatro categorias: (a) as pequenas oficinas familiares, incontáveis em número e agrupadas em aglomerados, cada uma com um grande comerciante, dois ou três trabalhadores e um ou dois aprendizes; (b) oficinas que eram descentralizadas mas conectadas umas às outras; (c) "manufaturas concentradas" que incluíam forjas, cervejarias, tinturarias e vidreiros[96]; e (d) fábricas equipadas com maquinaria e usando fontes de energia como a água ou o vapor.

Somente as atividades de negócio das últimas duas categorias podem ser comparadas com a propriedade ou a estrutura da empresa moderna. A oficina familiar e as redes interconectadas (que tinham o empreendedor mercante que agia como intermediário, por exemplo, na produção têxtil, coordenando o fluxo de materiais da fiação para a tecelagem e daí para a tintura e a tosquia, recebendo um lucro por seu trabalho) seriam uma cena comum naqueles dias. Em cada uma das quatro categorias, as famílias desempenhavam um papel central e o sistema patriarcal de gerenciamento era a norma. Fora da Europa, as primeiras duas categorias representavam uma proporção ainda maior da atividade. Formas mais concentradas de manufatura eram a exceção.

Essencialmente, antes do século XIX, a indústria e as empresas eram elementos minoritários dentro da ricamente diversa vida econômica, "quase indistinguível da onipresente vida agrícola que a rodeia e, por vezes, encobre."[97] Profundamente interligada ao tecido social da comunidade local, a empresa serve a necessidades humanas tangíveis. O valor criado, portanto, era primeira e principalmente entendido em termos de benefícios e resultados finais reais e concretos gerados para os consumidores, enquanto as outras duas dimensões eram derivadas e surgiam a partir deste propósito primário.[98] Os benefícios finais e as necessidades da sociedade guiavam a vida da empresa, com os produtos mudando para atender às necessidades, e o valor para os acionistas emergindo no topo da pirâmide, apoiado numa fundação sólida e profunda. Eis a forma como o valor poderia ser entendido dez gerações atrás:

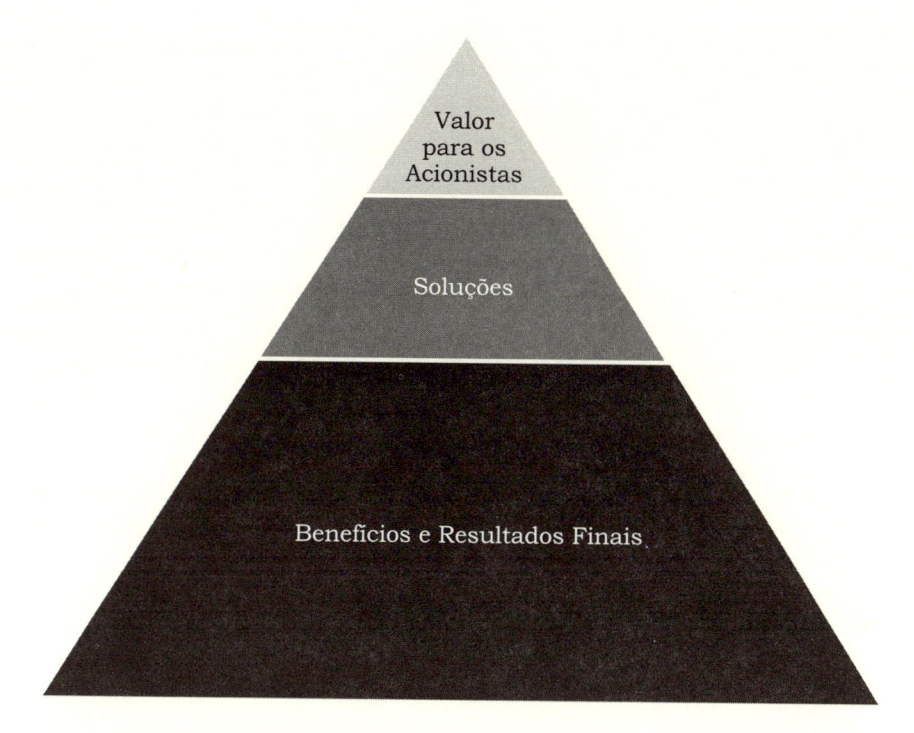

```
        Valor
       para os
      Acionistas

        Soluções

  Benefícios e Resultados Finais
```

Com tanta atenção dedicada aos benefícios e resultados finais, não é surpresa alguma descobrir que a linguagem original dos negócios refletia o papel do comércio, da produção e do lucro no espectro mais amplo da vida. A expressão antiga em sueco para negócios é narings liv, que significa, literalmente, "nutrição para a vida"[99]. O termo russo delo, tradicionalmente usado para negócios, também significa "propósito" ou "vocação".[100] Mesmo a palavra em inglês business, que percorreu um longo caminho desde suas aparições relativamente raras no início do século XVIII[101] até sua utilização universal de hoje em dia, tem seu sentido derivado de bisig, que significa "cuidado", "ansioso", "ocupado" e "atarefado".[102]

Além da profunda interconexão e integração dos negócios à sociedade, o mercado anterior à Revolução Industrial era simultaneamente transparente e obscuro pelos padrões de hoje em dia. Um historiador dos séculos XVI ao XVIII descreveu esta realidade da seguinte forma: "A economia era um mundo de transparência e regularidade, no qual todos podiam se assegurar, com antecedência, e com o benefício da experiência comum, de como os processos de troca operariam".[103] O mercado da cidade (ou feira da região) dominava a vida econômica, e nesses mercados os bens eram negociados "na hora" em troca de dinheiro ou na base do escambo – permitindo que tanto consumidores quanto produtores vissem o que estavam recebendo no momento da transação. Esse também era o caso nas lojas até bem adiante no século XX. A economia especulativa, baseada no investimento em ações de companhias de capital aberto, era quase desconhecida; a ideia de usar supercomputadores para decisões em nanossegundos pareceria pura feitiçaria.

Parece um tanto idealista, não é? Antes de exagerarmos em romantizar o passado, vamos acrescentar alguns detalhes sombrios sobre o capitalismo pré-1800.

As condições de trabalho e os direitos humanos eram terríveis...

Ninguém discute que naquela época as expectativas sociais eram relativamente básicas e nada sofisticadas pelos padrões de hoje. Trabalho infantil e condições subumanas eram a norma da indústria e do comércio – lembra da triste história de Oliver Twist, um dos mais memoráveis personagens de Charles Dickens? Antes de 1900, dezenas de milhares de Oliver Twists trabalhavam por todo o chamado mundo civilizado. As fábricas de boinas e renda da cidade francesa de Caen, por exemplo, "consistiam... em nada mais, nada menos do que estabelecimentos com inúmeras escolas de treinamento usando trabalho infantil".[104] No entanto, havia pouca resistência a essas práticas até o século XX – ou, em outras palavras, o trabalho infantil era normal, se não era mesmo uma exigência da sociedade. A lei das Fábricas e Oficinas foi aprovada inicialmente para limitar as horas de trabalho de mulheres e crianças na indústria têxtil. Até então, uma criança empurrando um carrinho de carvão seria uma cena normal em meados do século XVIII:

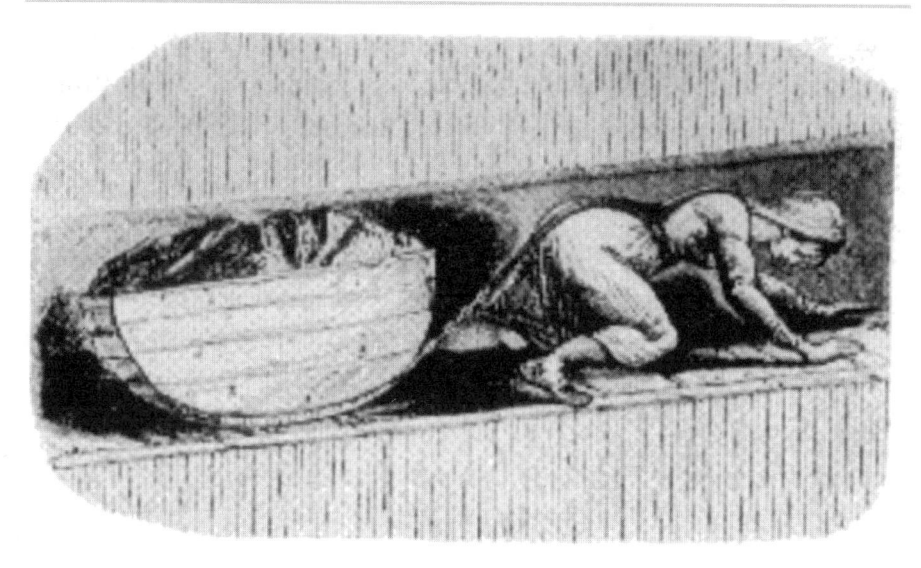

... a transparência era rudimentar

Embora o mercado fosse regulado com maior proximidade pelo ritmo da vida diária, comparado com o mundo atual, a tecnologia e a consciência socioambiental eram muito mais rudimentares. A informação viajava lentamente, seja sobre os preços ou oferta e demanda. O desejo de conhecer os impactos sociais e ecológicos de um dado produto ou empresa sequer existia. Então, as origens da matéria-prima e as condições de trabalho envolvidas em sua produção não podiam ser facilmente conhecidas, mesmo no evento improvável de que alguém quisesse saber essas coisas. Nesse sentido, os mercados eram bem menos transparentes do que são hoje em dia.

... mas o dano ambiental era bastante limitado

Nos primórdios do capitalismo, desastres ambientais causados pelo homem eram bastante raros. Sim, de fato exemplos como a erosão do solo e o desmatamento da Ilha de Páscoa no século XVIII, documentados pelo cientista e autor Jared Diamond no livro Colapso[105], até existiam, Porém, antes do começo do século XIX, temas como a escassez dos recursos naturais eram problemas localizados, ao invés de terem natureza global.

Desastres ambientais eram localizados e temporários. Os seres humanos não afetavam a sociedade ou a Terra no nível global – também pelo fato de a população mundial totalizar menos de 1 bilhão de pessoas em 1800[106], cerca de 1/7 do que temos hoje. A grande maioria vivia vidas de pobreza, com acesso limitado a estilos de vida intensivos no uso de recursos. Se pensarmos em termos da equação IPAT[107] (Impacto = População x x Afluência x Tecnologia) todas as três variáveis independentes eram muitas vezes menores do que são hoje, de forma que seu impacto multiplicado era muitas ordens de grandeza menor.

Os autores Chris Meyer e Julia Kirby ilustram este tópico na *Harvard Business Review:*

> Quando a Eureka Iron Works, a primeira siderúrgica de Bessemer, abriu suas portas em 1854, na cidade de Wyandotte, Michigan, nos EUA, provavelmente não era muito limpa. Mas independentemente do quão ineficiente ela era, uma única chaminé não ia causar um grande estrago na atmosfera... Uma análise recente mostrou que antes de 1850, as emissões de carbono vindas de combustíveis fósseis eram desprezíveis, mas em 1925 o número tinha atingido um bilhão de metros cúbicos por ano. Em 1950, essa quantidade tinha dobrado. Em 2005, tinha dobrado novamente, atingindo 8 bilhões. Simplificando, a atividade comercial tinha atingido (agora) um alcance planetário.[108]

Obviamente que naquela época faltas súbitas de alimentos e materiais essenciais ocorriam de forma regular, levando a ondas de fome ou simplesmente a preços exorbitantes, dependendo do caso. Trigo, açúcar, vinho, algodão, cereais, madeira, prata, ouro e muitas outras commodities eram transportadas a grandes distâncias, dependendo de onde eram produzidas em abundância e de onde se localizava a demanda disposta a pagar os maiores preços. "O trigo... viajava o mínimo possível, no sentido de que era plantado por toda parte. Mas se uma colheita ruim significava uma queda na oferta por um determinado período de tempo, ele poderia ser mandado em longas viagens."[109] Ser interconectado, no entanto, não era o mesmo que estar em um mercado global crescentemente frágil e interdependente. Então, como chegamos até aqui, confusos e desorientados diante dos recursos declinantes, da transparência radical e das expectativas crescentes?

As gerações intermediárias: a história de um divórcio

Começamos nossa viagem no tempo com uma visita ao mundo pré-industrial no qual as empresas e a sociedade estavam tão interconectadas a ponto de serem indistinguíveis, ou, pelo menos, difíceis de se separar uma da outra. Mas chegou a hora de avançarmos até os séculos XIX e XX, nos quais as empresas adquiriram lentamente uma outra estatura, separadas do resto da sociedade e cada vez mais focadas em si mesmas.

As empresas modernas foram inventadas no fim do século XVI como um mecanismo para gerenciar o comércio colonial[110] – e, naqueles tempos, eram um produto dos governos europeus, limitadas em seu escopo e importância. Após 1800, as empresas passaram a ser um sistema autocontido de consumidores, produtores e transações e adquiriram seu próprio conjunto de direitos legais e sua própria "ciência da administração". O renomado economista e ativista David Korten descreve esta transformação em seu livro inspirador When Corporations Rule the World: "passo a passo, o sistema legal implantou novos precedentes que tornaram a proteção às empresas e à propriedade empresarial a peça mais importante da constituição".[111] No início do ano de 1900, a empresa era cinicamente definida por Ambrose Bierce como "um aparato engenhoso de se obter lucro individual sem a responsabilidade individual".[112] Seu propósito único é o de criar riqueza para os acionistas: uma ideia que continua a crescer até que o vencedor do Prêmio Nobel, Milton Friedman, fosse capaz de escrever em 1970 que "só existe uma única responsabilidade social para as empresas: utilizar seus recursos e se engajar em atividades destinadas a aumentar os seus lucros".[113] Defensores do argumento da defesa dos acionistas, liderados por pensadores como Alfred Rappaport[114] produziram algoritmos poderosos para tornar a geração de valor para os acionistas a única medida para o desempenho de uma empresa.

E assim, a nova percepção do valor das empresas tomou o comando como o axioma a ser seguido em cada decisão e ação. O valor para os acionistas era a regra dominante, objetivos financeiros eram traduzidos em linhas de produtos, com os benefícios e resultados finais para os consumidores quase como uma consideração secundária. O valor tomou uma forma totalmente nova, divorciando-se dos negócios e do resto da sociedade:

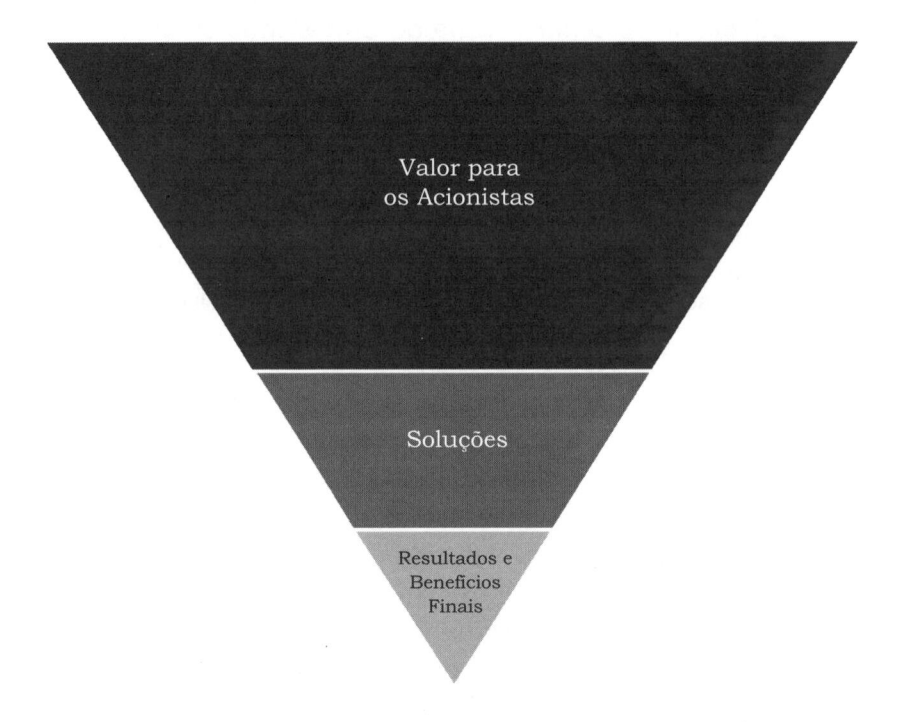

```
Valor para
os Acionistas

Soluções

Resultados e
Benefícios
Finais
```

No centro do debate sobre a responsabilidade social das empresas, nas décadas de 1960 e 1970, o Greenpeace e os Amigos da Terra foram fundados. Eles eram a vanguarda de um movimento mais amplo de ONGs dedicadas a unir novamente as empresas e o mundo – ou pelo menos limitar os danos das empresas desreguladas. Incrivelmente, Adam Smith – ao invés de Karl Marx – poderia servir de inspiração para o trabalho desses ativistas. Já no final dos anos 1700, Adam Smith tinha previsto sombriamente que a empresa controlada pelos acionistas (em contraste com as empresas em sociedade, onde a relação entre proprietários e gerentes é contínua e próxima) seria uma receita para a extração de lucros à custa do bem comum. Para Adam Smith, que era primeiro e mais proeminentemente um filósofo moral, as empresas como a poderosa Companhia das Índias Orientais eram um exemplo do inevitável comportamento antissocial do monopólio e do poder empresarial irrestritos. Ao lado da sociedade civil, a regulação ambiental e as leis começaram a crescer exponencialmente. Nos EUA, o ano de 1970 marca o estabelecimento da Agência de Proteção Ambiental (EPA) assim como a aprovação da Lei do Ar Limpo, depois da qual as regulações federais e estaduais sobre matérias ambientais se multiplicaram rapidamente.

Avançando até a década de 1980, as empresas tornaram-se ainda mais livres da regulação governamental. Elas continuaram a se concentrar apenas no que era "mais rápido, melhor e mais barato", com pouca preocupação com as externalidades, que foram jogadas sobre os ombros da sociedade. O axioma da maximização do valor para os acionistas ia se tornar, em breve, a primeira lição de todo programa de MBA que se preza, mas indicadores menores e mais sutis sugeriam que aquele não era um paraíso assim tão perfeito. Com a maioria dos gestores gastando seus dias perseguindo a maximização dos lucros, ou a melhor distribuição para os produtos, algumas empresas fecharam os olhos para as necessidades da sociedade, e fizeram ouvidos moucos para os benefícios e resultados exigidos pelos consumidores mais conscientes. A indústria da música é um exemplo perfeito – e bastante recente – dessa cegueira constante em torno do valor para os acionistas. Com a maximização dos lucros como sua preocupação primeira, a indústria não percebeu que o tradicional CD de música não representava mais a melhor maneira de distribuir os benefícios finais ao consumidor. O resultado foi uma queda dramática na venda de CDs[115] e uma chance de assistir à Apple construir sua estratégia de produto sobre uma fundação sólida apoiada na compreensão das necessidades do consumidor.

Ao longo da década de 1980, a demanda do mercado por mais atenção às necessidades, resultados e benefícios para a sociedade e a natureza continuou a crescer, dando aos stakeholders mais influência no equacionamento do valor. Em 1983, Edward Freeman e David Reed publicaram um artigo que se tornou um clássico,[116] convidando as empresas a revisitarem a ideia de 1963 sobre os stakeholders – os diversos grupos que possuem algum interesse na operação de uma empresa. A empresa era reimaginada não como um "instrumento dos acionistas, mas como uma coalizão de forças entre vários fornecedores de insumos e recursos, com a intenção de aumentarem sua riqueza comum."[117]

Ainda em 1980, talvez em resposta à atitude cada vez mais indiferente das Wall Sreets do mundo, a Comissão Brundtland, apoiada pela ONU, criou a primeira definição largamente aceita de sustentabilidade.[118] Com sua ênfase sobre o atendimento das demandas do presente sem sacrificar as oportunidades das gerações futuras, a definição de Brundtland estabeleceu um balizamento moral claro, mas não conseguiu dar qualquer orientação prática sobre como as empresas poderiam reconciliar suas responsabilidades financeiras com os acionistas com suas novas responsabilidades para com as pessoas e o planeta.

Nos anos 1990, a ideia da linha tripla ficou popular, com sua imagem largamente utilizada de três círculos interligados ilustrando os três níveis de objetivos – as pessoas, o lucro e o planeta. Ainda assim, a disparidade – e não a interligação entre elas – foi o que chamou mais atenção ao longo da década. Incontáveis pensadores, incluindo Peter Drucker,[119] Tom Cannon,[120] Ada Demb e F.-Friedrich Neubauer,[121] Masaru Yoshimori[122] e muitos outros, levantaram suas vozes sobre a tensão e as contradições entre lucratividade e responsabilidade. O valor gerado para a sociedade era firmemente colocado como oposição ao valor criado para a empresa; o grande trade-off começou a ser visto como realidade imutável. Em novembro de 1999, o mundo acordou com as notícias sobre os protestos antiglobalização em Seattle. Os negócios não estavam apenas separados temporariamente da sociedade; os dois pareciam estar lutando na base das "diferenças irreconciliáveis".

A geração de hoje: reconciliação

Ao final do século XX, o conflito entre as empresas e o resto da sociedade atingiu um pico em suas relações tumultuadas. Ainda assim, passando ao largo do conflito, pequenos e tímidos brotos de reconciliação começaram a criar raízes.

Conforme nos aproximamos do ano 2000, muitas vozes começaram a questionar a necessidade de uma escolha entre o lucro das empresas e o bem-estar social. Associações empresariais e movimentos corporativos em prol da responsabilidade social floresceram ao redor do mundo: Empresas pela Responsabilidade Social surgiram em 1992, a Nova Academia de Empresas foi lançada em 1996, e no mesmo ano tivemos o nascimento do CSR Europa, enquanto 1999 assistiu à chegada do Pacto Global das Nações Unidas. A atenção acadêmica para o assunto não demorou muito: em 1997, Stuart Hall recebeu o prêmio McKinsey pelo melhor artigo com sua peça inspiradora publicada na *Harvard Business Review*, intitulada "Beyond Greening: Strategies for a Sustainable World",[123] enquanto outros periódicos, como o *Journal of Corporate Citizenship* e a *Ethical Corporation Magazine*, foram lançados em 2001, junto com inúmeros livros centrados em questões sociais e ambientais no setor privado.[124] No centro das discussões (tanto na teoria quanto na prática) estava a questão do caso de negócios: é possível encontrar um argumento racional para os esforços sociais e ambientais das empresas? Sim, de acordo com muitos estudos de títulos curiosos, claramente dedicados ao setor empresarial: o "Who Cares Wins" do Pacto Global da ONU[125]; o "Buried Treasure", de uma consultoria privada SustainAbility[126]; e o "Developing Value: The Business Case for Sustainability in Emergent Markets", de coautoria da International Finance Corporation.[127] Após esses convites à ação, um número cada vez maior de empresas importantes começou a experimentar políticas ambientais e sociais destinadas a contribuir com o aumento do valor para os acionistas, com foco na ecoeficiência e na segurança do trabalhador, enquanto um gueto de defensores da sustentabilidade brigava sozinho. Embora fosse uma abordagem reativa e fragmentada a questões sociais e ambientais, uma nova era para os negócios e a sociedade estava se anunciando.

50 Sustentabilidade Incorporada

Ao longo da primeira década do século XXI, o declínio rápido e universal dos recursos ficou cada vez mais visível e tangível em todo o mundo. Com eventos que capturaram a atenção global como o furacão Katrina, os tão falados relatórios do PIMC sobre mudanças climáticas e a conversão da Walmart à sustentabilidade ambiental, o mundo começou a prestar atenção, aumentar suas expectativas e exigir comportamentos diferentes por parte das empresas. A transparência radical aumentou a pressão, com os consumidores liderando. As três dimensões do valor foram revistas uma vez mais:

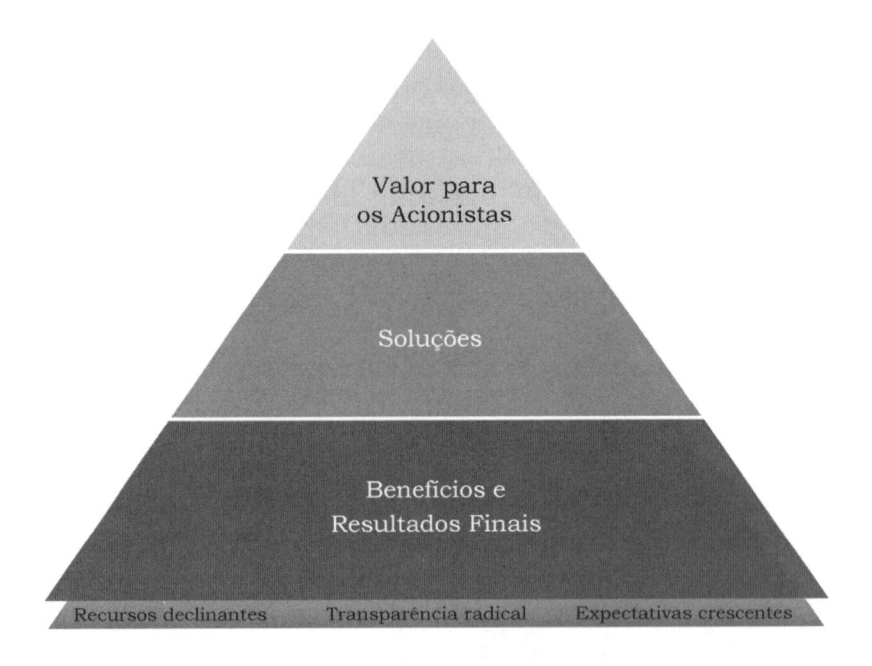

```
                    Valor para
                   os Acionistas

                      Soluções

                   Benefícios e
                 Resultados Finais

   Recursos declinantes   Transparência radical   Expectativas crescentes
```

À medida que as pressões ambientais penetraram cada aspecto da realidade empresarial, a escolha entre o valor para os acionistas e o valor para os stakeholders passou a ser cada vez mais questionada. Em meados da década, uma pergunta provocativa desafiava fundamentalmente a necessidade da guerra entre as empresas e o resto da sociedade: será que a única forma de criar valor de sustentabilidade seria achar uma forma de satisfazer os dois lados?[128]

A Sustentabilidade no Limite dos Negócios 51

Muitos dos pioneiros experimentaram com a pergunta para essa questão – o relatório "Shared Value" da Nestlé assim como o "Sustainable Value" da BMW são apenas dois exemplos. Ainda assim, a vasta maioria das empresas ainda estava ocupada demais com os negócios, como sempre. E pior, na corrida que levou ao colapso do mercado de ações em 2008, uma "economia de cassino" cresceu além de qualquer limite razoável. Até chegar a este ponto, as transações especulativas e de alavancagem por meio dos derivativos totalizavam 15 vezes mais do que a produção econômica mundial de cerca de 30 trilhões de euros. Dívidas atrasadas e ativos tóxicos foram garantidos por seguradoras e vendidos para investidores desavisados em todo o mundo. As decisões financeiras privilegiaram o curtíssimo prazo ao custo das empresas e das economias saudáveis.

Reconhecendo a necessidade de gerenciar os riscos monumentais representados pelas pressões quanto à sustentabilidade, as empresas atenderam ao chamado à ação. Em novembro de 2008, o CEO da General Electric, Jeffrey Immelt, convocou uma "reorganização geral"[129], argumentando que a crise econômica somente dava mais urgência à busca pela sustentabilidade[130], enquanto Mike Duke, CEO da Walmart, dizia algo semelhante[131] a seus empregados, em 2009. Em 2010, o CEO da Renault/Nissan, Carlos Ghosn, chamou a atenção do mercado[132] ao investir 6 bilhões de dólares em carros elétricos devido às mudanças climáticas e considerações de segurança energética. Nos EUA, a gestão Obama, buscando o conceito de "verde" em termos de crescimento econômico e geração de empregos, aprofundou o apelo à comunidade de negócios. Não causou muita surpresa o fato de o mantra da "reorganização total" ter encontrado eco nos ecologistas preocupados com a biosfera.

E então aí está uma breve história do valor, recontada. Fomos ao deserto e voltamos, atravessamos o divórcio e a reconciliação, chegando do outro lado da jornada com uma visão renovada dos negócios sustentáveis num mundo mais sustentável:

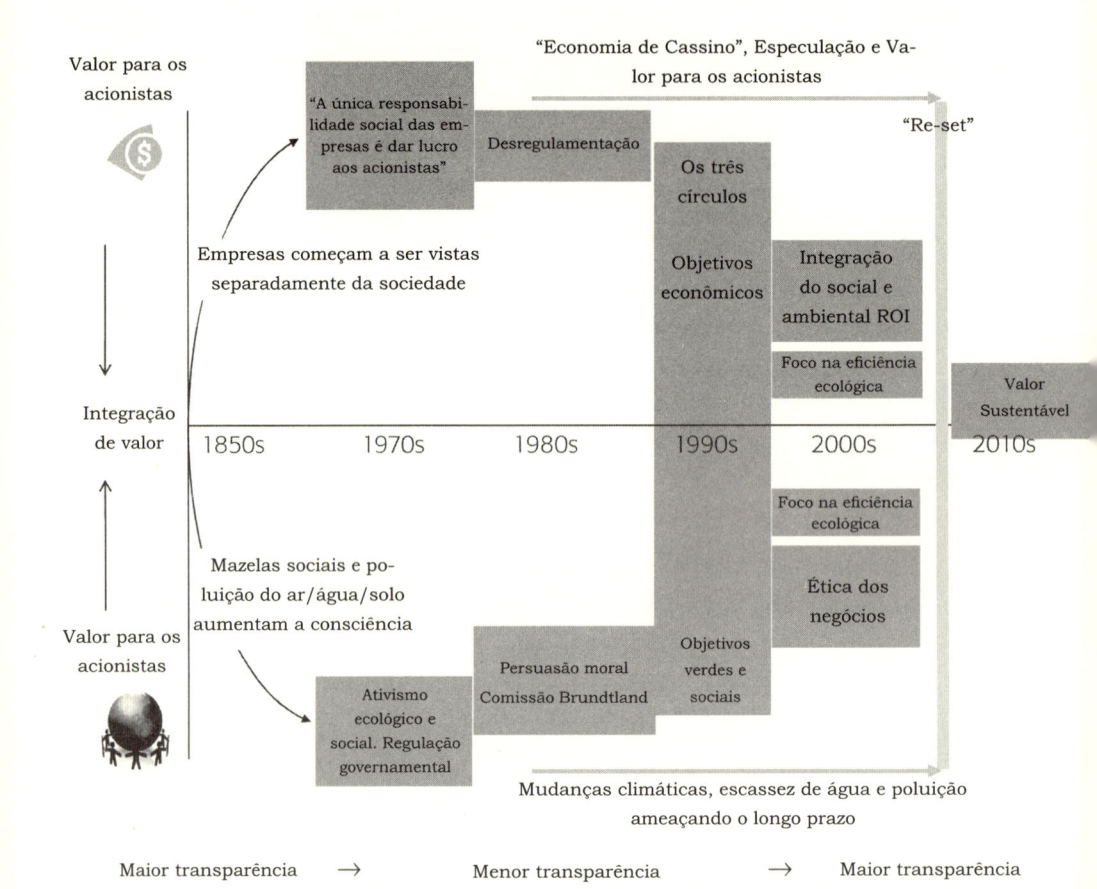

52 Sustentabilidade Incorporada

			"Economia de Cassino", Especulação e Valor para os acionistas			
Valor para os acionistas		"A única responsabilidade social das empresas é dar lucro aos acionistas"	Desregulamentação	Os três círculos		"Re-set"
				Objetivos econômicos	Integração do social e ambiental ROI	
	Empresas começam a ser vistas separadamente da sociedade				Foco na eficiência ecológica	Valor Sustentável
Integração de valor	1850s	1970s	1980s	1990s	2000s	2010s
					Foco na eficiência ecológica	
	Mazelas sociais e poluição do ar/água/solo aumentam a consciência				Ética dos negócios	
Valor para os acionistas		Ativismo ecológico e social. Regulação governamental	Persuasão moral Comissão Brundtland	Objetivos verdes e sociais		
			Mudanças climáticas, escassez de água e poluição ameaçando o longo prazo			

Maior transparência → Menor transparência → Maior transparência

A visão do valor de sustentabilidade traz um desafio considerável para as empresas. Não há dúvida de que as três grandes tendências dos recursos declinantes, da transparência radical e das expectativas crescentes continuarão a reinventar as regras dos negócios. Ainda assim, é igualmente claro que os princípios que guiaram as empresas por séculos precisam ser respeitados e seguidos.

Então, ficamos diante da pergunta: o que exatamente é o valor de sustentabilidade e no que ele se diferencia da perspectiva do valor para os acionistas e para os stakeholders e a visão de valor da firma? É algum tipo de compromisso – um equilíbrio de interesses – ou é algo totalmente diferente?

O significado do valor sustentável

Valor sustentável – que definimos anteriormente[133] como um estado dinâmico que ocorre quando uma empresa cria valor continuamente para seus acionistas e stakeholders – é o resultado natural do novo ambiente externo. Responder lucrativamente às diversas necessidades de grupos como empregados, comunidades locais, ONGs, clientes e outros que têm algum interesse no destino de uma empresa traz uma visão dos negócios na sociedade que é nova mas que não é sem precedentes na História. De forma mais decisiva para os gestores, está ficando cada vez mais indispensável atingir e manter a vantagem competitiva.

Uma boa forma de entender o valor sustentável é pensar nele visualmente. Primeiro imaginamos o valor sustentável dez anos atrás, como visto aqui. (Todo consultor que se preza tem uma matriz 2x2 em seu repertório, portanto você não vai se surpreender de ver isso aqui.)

Trabalhar em duas dimensões – ao invés de em uma só – representa uma mudança fundamental na forma como os gestores pensam em valor. Em suma, as empresas que entregam valor aos acionistas enquanto destroem o valor para os stakeholders estão construindo um frágil castelo de cartas, assim como aqueles que tentam "fazer o bem" para a sociedade e o meio ambiente sem garantir uma taxa de retorno aceitável de mercado para seus proprietários. Empresas que destroem o valor em ambas as dimensões (abaixo, à esquerda) rapidamente fecham as portas, e não vamos falar mais sobre elas. Aquelas que criam valor tanto para os acionistas quanto para os stakeholders (acima, à direita) estão tirando vantagem da nova realidade externa do mercado que gera ganhos para empresas que saibam responder às crescentes pressões por sustentabilidade. Satisfazer as demandas tanto dos acionistas quanto dos stakeholders é alimentado pela inovação, que em troca leva a redução e custos, produtos diferenciados, bens intangíveis crescentes, modelagem de "regras do jogo" mais vantajosas e muito mais. Ainda que o preço cobiçado do valor sustentável venha com seu próprio conjunto de regras e dinâmicas, a migração do valor é a primeira da lista.

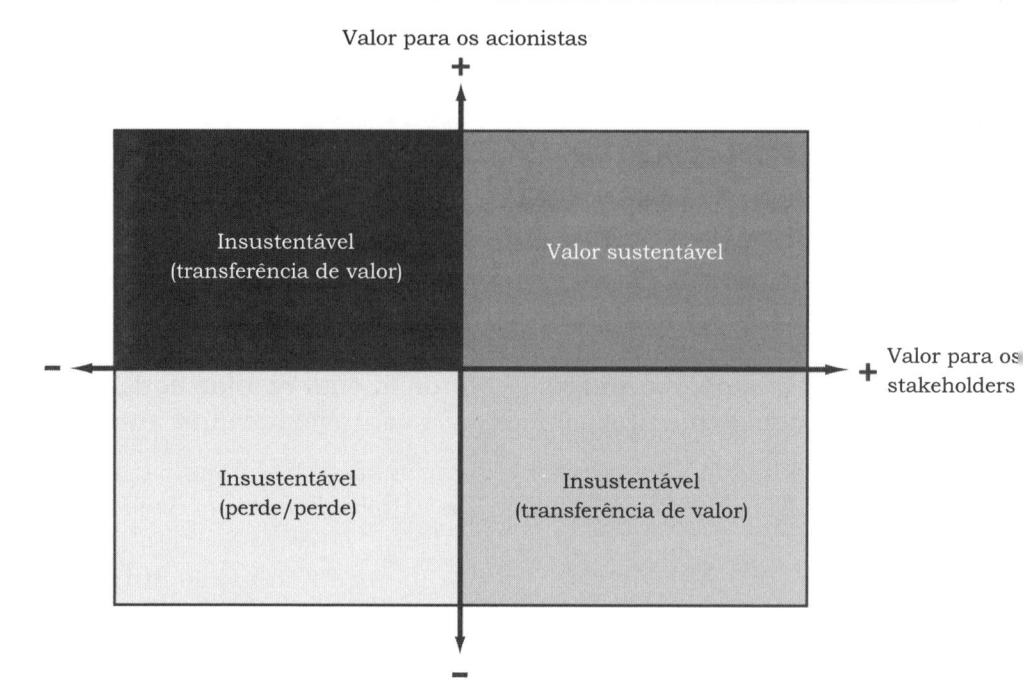

```
                    Valor para os acionistas
                              +
    ┌─────────────────────────┬─────────────────────────┐
    │                         │                         │
    │     Insustentável       │    Valor sustentável    │
    │  (transferência de valor)│                        │
    │                         │                         │
─   ├─────────────────────────┼─────────────────────────┤   + Valor para os
    │                         │                         │     stakeholders
    │     Insustentável       │     Insustentável       │
    │     (perde/perde)       │  (transferência de valor)│
    │                         │                         │
    └─────────────────────────┴─────────────────────────┘
                              -
```

Retirado de "The Sustainable Company" (Figura 11-3), de Chris Laszlo.

Migração do valor

Usando os quatro quadrantes do modelo de valor sustentável, fica fácil localizar qualquer produto ou empresa e visualizar sua trajetória ao longo do tempo. Pense num produto e tente colocá-lo no quadro em diferentes momentos no tempo – digamos 20 anos atrás, depois 10 e depois no tempo presente – e logo fica evidente que as três grandes tendências dos recursos declinantes, transparência radical e expectativas crescentes estão "levando para a esquerda" os produtos e empresas. Uma mamadeira ou apólice de seguros lucrativa que se considera como criando valor para os stakeholders hoje (acima, à direita) pode ser considerada destrutiva para o valor do stakeholder daqui a cinco anos (acima à esquerda), conforme novas informações surgirem sobre seus impactos ambientais, de saúde e sociais, e as expectativas crescerem quanto ao seu desempenho sustentável.

A Ikea parou de vender lâmpadas incandescentes em 2010, porque essas lâmpadas gastam demais,[134] comparadas com as novas tecnologias, como as CFLs e as LEDs. No ambiente de hoje, a percepção de gastar eletricidade e de ser prejudicial ao ambiente são o que importa, mais do que o preço da eletricidade, que, apesar de volátil, não aumentou tanto a ponto de tornar a lâmpada incandescente não econômica.[135]

Utilitários famintos por gasolina, produtos de limpeza tóxicos, mamadeiras contendo Bisfenol-A (BPA), e sacolas de compras plásticas são outros exemplos de produtos cuja demanda lucrativa ainda existe mas que são associados com a destruição do valor para os stakeholders. Isso, por sua vez, está levando à destruição do valor para os acionistas num mercado que não tolera mais o dano impune à sociedade e à natureza. Considere o caminho de valor desses cinco produtos nos últimos 25 anos. Naquela época, esses produtos eram todos vistos como geradores de valor tanto para a empresa quanto para a sociedade (ponto A).

Trajetória de valor de 25 anos dos utilitários, produtos de limpeza tóxicos, mamadeiras com BPA, sacolas plásticas e lâmpadas incandescentes.

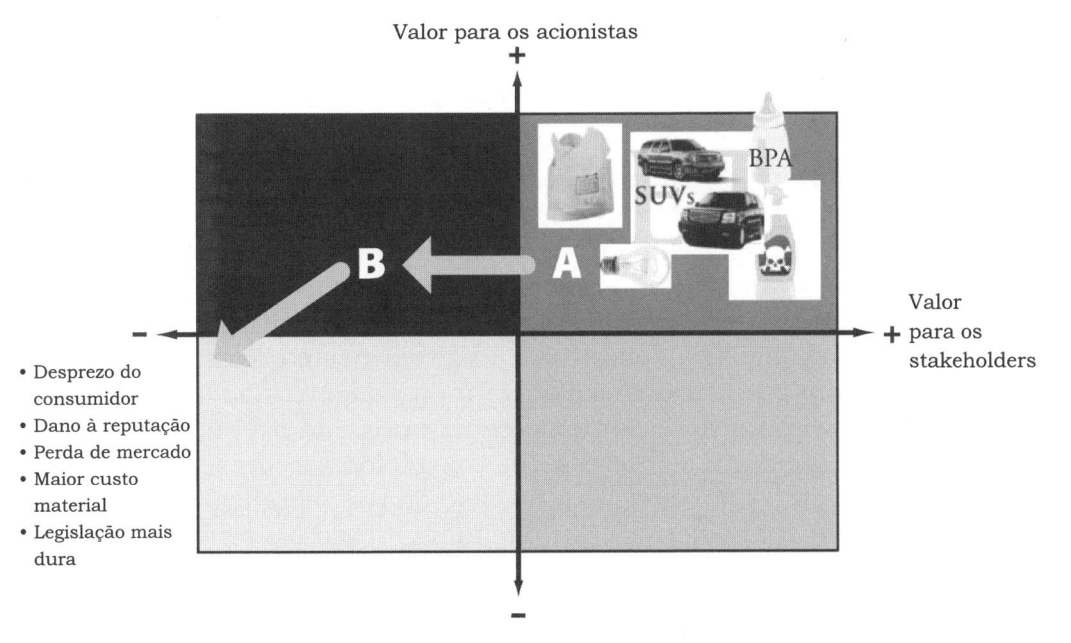

- Desprezo do consumidor
- Dano à reputação
- Perda de mercado
- Maior custo material
- Legislação mais dura

Durante este período, todos os cinco produtos passaram a ser vistos como danosos aos stakeholders (Ponto B) ainda que as atividades de produção, distribuição e uso desses produtos não tenham mudado. De fato, em muitos casos, os produtos se tornaram menos danosos em termos absolutos (por exemplo, a categoria "caminhões leves" nos EUA na verdade melhorou em termos de economia de combustível entre 1981 e 2003).[136]

Transferência de valor (1): + valor para os acionistas, – valor para os stakeholders

Emissões de CO_2 de fábricas movidas a carvão, químicos nos cosméticos, aditivos tóxicos em brinquedos infantis, componentes orgânicos voláteis em colas e tintas, metais-pesados em tinturas e soldas de chumbo e retardantes de chamas brominados em aparelhos eletrônicos estão entre os muitos (e cada vez maiores) produtos que destroem o valor para os stakeholders ainda que criem valor para os acionistas por meio de medidas de cortes de custos que levam a evitar o investimento em horas extras, treinamento ou na segurança dos empregados, ou a discriminações com base em gênero e raça. O valor para os acionistas nesses casos é criado "à custa" de um ou mais grupos de stakeholders, e portanto representa uma transferência de valor mais do que a criação do mesmo.

Transferência de valor (2): – valor para os acionistas, + valor para os stakeholders

Quando o valor é transferido dos acionistas para os stakeholders, a empresa incorre em prejuízo financeiro para os acionistas. Ações direcionadas a criar valor para os stakeholders que destruam o valor para os acionistas colocam em questão a viabilidade da empresa. Os ambientalistas geralmente pressionam involuntariamente as empresas a agirem neste quadrante sem perceberem que atividades que geram perdas não são tampouco sustentáveis. É interessante perceber que a filantropia, quando não se relaciona ao interesse dos negócios e representa pura caridade, também se encaixa no caso da transferência de valor. Filantropia sem objetivos é implicitamente uma decisão de retirar valor dos acionistas da empresa e transferi-lo a um ou mais de seus stakeholders.[137]

Criação de valor: + valor para os acionistas, + Valor para os stakeholders

Quando se cria valor para os stakeholders e também para os acionistas, os stakeholders representam uma fonte adicional potencial de valor para o negócio. Quando a DuPont projeta fábricas que usam menos energia, não produzem lixo, custam menos para serem construídas e para operarem, são mais seguras, ela está criando valor sustentável. O novo projeto tem um impacto direto na base de custos e contribui para a segurança da equipe da DuPont, causando menos poluição ao meio ambiente. O mesmo é verdade quando a Unilever oferece detergentes líquidos concentrados em pequenos frascos. Os consumidores preferem essa forma, porque são mais leves de se carregar e garantem o mesmo número de lavagens, enquanto os lojistas gostam dele porque melhora a utilização do espaço de gôndola e os stakeholders ambientais aplaudem a economia de plástico e de água e diesel.

As empresas estão cortando os custos ao eliminarem o desperdício de embalagem e ao reformatarem seus produtos, de todas as formas que possam atender às necessidades do consumidor. Estão adicionando inteligência ambiental aos seus produtos, tornando-os mais recicláveis, reutilizáveis, biodegradáveis, menos tóxicos, ou em geral mais saudáveis – em muitos casos com custos mais baixos, à medida que economizam energia e materiais. Sem trazerem qualquer tipo de perda para os consumidores ou usuários finais, esses produtos geralmente levam também a uma alta nas vendas. Muitas empresas estão descobrindo maneiras de atender lucrativamente as necessidades societais antes desatendidas: por exemplo, ao oferecerem nutrição, água limpa e serviços de comunicação para os mais pobres. O segredo é oferecer benefícios ambientais e sociais sem exigir que os consumidores paguem mais ou aceitem pior qualidade em troca. As empresas líderes de mercado não podem se dar ao luxo de exigir que seus consumidores paguem a mais pelo produto "verde" do mesmo modo que as empresas de nicho o faziam historicamente. Somente por meio da reengenharia dos processos e da produção e de modelos de negócio inovadores essas empresas podem criar novos benefícios sociais e empresariais sem impor custos ao consumidor.

Um aspecto essencial do valor sustentável é que, ao fazer o bem para a sociedade e o meio ambiente, a empresa faz um bem maior aos seus consumidores e acionistas. Patrick Cescau, antigo CEO da Unilever, descreveu a jornada da empresa para criar valor sustentável como "não mais apenas fazer negócios de forma responsável; mas ver os desafios sociais e de sustentabilidade como oportunidades para a inovação e o desenvolvimento do negócio".[138]

Valor sustentável e o grande debate

O valor sustentável exige uma perspectiva integrada do valor para os acionistas e stakeholders. Para entender como isso é novo e diferente, vamos examinar rapidamente as visões mais aceitas sobre o valor: a primeira centrada nos acionistas, e a segunda, nos stakeholders. Embora existam outras perspectivas, o que se destaca mais nessas duas é sua relevância na opinião pública (não apenas entre gerentes ou teóricos de administração) e o quanto elas estão desequilibradas. Em todos os extratos sociais, encontraremos pessoas com opiniões fortes sobre uma visão em detrimento da outra; aqueles que acreditam que a única possibilidade é a escolha.

Infelizmente, uma abordagem "ou isso, ou aquilo" ignora dois pontos cruciais. Primeiro, os pensadores mais avançados no ramo dos negócios que defendem primeiro a visão do acionista não estavam dizendo que o valor para os stakeholders não tinha importância, apenas que ele era um meio ao invés de um fim em si mesmo. Os mais destacados defensores da perspectiva dos stakeholders também não defendiam que o valor para os acionistas não é importante, apenas que os interesses de acionistas e stakeholders devem ser equilibrados para que a empresa permaneça saudável.

Em segundo lugar, a questão da mudança de validade ao longo do tempo devido às mudanças externas no ambiente. As três grandes tendências dos recursos declinantes, transparência radical e expectativas crescentes estão revolucionando o debate:

o valor para os acionistas e stakeholders estão se mesclando no mercado. E com isso, não é mais interessante dar precedência a um sobre o outro.

A perspectiva do acionista

A perspectiva dos acionistas sustenta que a empresa existe para servir aos seus proprietários. É um empreendimento cuja única obrigação (além de observar as leis locais) é criar valor econômico em benefício daqueles que investiram seu suado dinheiro. Em meados da década de 1980, um teórico de destaque no campo da administração diria com segurança:

> A ideia de que as estratégias de negócio devam ser julgadas pelo valor econômico que criam para os acionistas é muito aceita na comunidade dos negócios. Afinal, sugerir que as empresas devem operar segundo o interesse de seus donos dificilmente seria controverso.[139]

Durante os anos 1980, a grande mudança foi nos métodos contábeis (tais como ganhos por ação ou retorno sobre o patrimônio) para modelos do tipo free cash flow[140] – uma mudança que pode parecer benigna, mas que, de fato, contribuiu para os comportamentos e práticas que levaram ao fundamentalismo do curto prazo no valor para os acionistas.

Em períodos anteriores, a ênfase no valor para os acionistas não significava automaticamente ignorar as necessidades dos stakeholders. "Ao contrário, os maiores expoentes dessa visão argumentavam que era do interesse dos acionistas promover uma 'análise dos stakeholders' e até mesmo gerenciar as relações com os stakeholders."[141] O segredo dessa estratégia era prestar atenção aos stakeholders por razões empresariais ao invés de qualquer responsabilidade moral.

Traduzindo na prática, veja como uma empresa, a ICI, da Inglaterra, descreveu suas metas de criação de valor em meados dos anos 1980:

> A ICI objetiva tornar-se a líder mundial da indústria química, servindo clientes internacionalmente, por meio de aplicações inovadoras e responsáveis da química e das ciências correla-

tas. Por meio do atingimento de nossa meta, melhoraremos a riqueza e o bem-estar de nossos acionistas, empregados, clientes e das comunidades aos quais servimos e com os quais operamos (relatório anual da ICI, 1987).[142]

Os problemas surgem quando a perspectiva do valor para os acionistas é levada ao extremo, e a atenção aos stakeholders é simplesmente ignorada. A prática de distribuir prêmios em termos de ações visando à motivação dos gestores para buscarem o melhor desempenho para as ações deu na verdade incentivos enormes para que os gestores fizessem todo o possível para que o preço das ações subisse o máximo possível no curto prazo. Talvez não seja surpresa perceber que a ICI reformulou suas metas de criação de valor sete anos depois:

> Nosso objetivo é maximizar o valor para nossos acionistas, centrando nos negócios nos quais detemos a liderança de mercado, vantagens tecnológicas e uma base de custos mundialmente competitiva (relatório anual da ICI, 1994).

Os críticos da perspectiva dos acionistas começaram a argumentar que isso "estava fazendo os gestores se preocuparem apenas com as finanças. Isso os distrai de suas tarefas de criação de valor. É geralmente um fracasso, nem mesmo em seus próprios termos, e diminui a legitimidade do livre mercado e da livre iniciativa".[143] Em pouco tempo, começaram a surgir eventos que confirmavam essas suspeitas. O início do século XXI assistiu à implosão da Enron, da WorldCom e da Parmalat, enquanto a crise financeira global de 2007 foi detonada, em grande parte, pelas ações de empresas como a Lehman Brothers, Bear Stearns e a AIG.

Na primavera de 2009, o *Financial Times* publicou uma série de artigos altamente críticos quanto à perspectiva dos acionistas. Audaciosamente, anunciavam que "uma revolução no ramo dos negócios está derrubando a ditadura da maximização do valor para os acionistas como o único princípio a guiar a ação das empresas". Jack Welch, ex-CEO da GE e um dos maiores defensores do valor para os acionistas, era citado pelo *Financial Times* dizendo "o valor para os acionistas é a ideia mais estúpida do mundo".[144] O documentário premiado "A Corporação" ia ainda mais fundo, retratando as grandes empresas como psicopatas:

> Como todos os psicopatas, a firma é totalmente egoísta: seu propósito é criar riqueza para os acionistas. E, como todos os psicopatas, a firma é irresponsável, porque coloca os outros em risco para satisfazer seu objetivo de maximização do lucro, prejudicando empregados e clientes e danificando o meio ambiente.[145]

No entanto, vale lembrar que essa perseguição irrefreável do valor para os acionistas – que leva à ganância destrutiva – não percebe o principal. As atitudes tomadas pela administração de empresas como a Enron ou a AIG claramente iam contra o interesse de seus acionistas. Eles não buscaram estratégias bem-sucedidas de valor para o acionista.

A perspectiva do stakeholder

Seguidores da perspectiva do stakeholder argumentam que as empresas têm a obrigação de levar em conta e de atender a necessidade de seus stakeholders. A inclusão da teoria dos stakeholders na estratégia de negócios vem desde o trabalho de Edward Freeman no início da década de 1980.[146] As primeiras utilizações registradas do termo "stakeholder" num contexto empresarial foi num memorando interno de 1963 do Stanford Research Institute, se referindo "àqueles grupos sem cujo apoio a organização deixaria de existir".[147] Noções da empresa servindo à sociedade e conciliando os diversos interesses vêm de ainda mais longe, pelo menos os anos 1930.[148]

Apesar de suavizados na literatura mais antiga[149], a visão dos stakeholders rapidamente se desenvolveu em duas escolas de pensamento que chamamos, respectivamente, de variantes "moralista" e "pragmática".

Os pragmáticos centram sua análise no papel dos stakeholders no processo de planejamento estratégico. Já nos idos de 1965, o estrategista Igor Ansoff rejeitou a visão de que os objetivos de negócio deveriam ser derivados do "equilíbrio" entre as queixas conflitantes dos stakeholders. Ele defendia que uma firma pode até ter objetivos sociais e econômicos, mas que aqueles eram "uma influência modificadora e restritiva de caráter secundário" sobre estes.[150] Na década de 1970, a escola de administração de Harvard lançou um projeto sobre a "responsividade social corporativa" no qual, como o nome sugere, enfatizava a capacidade de resposta aos stakeholders mais do que à responsabilidade moral.

Ele ligava a análise de questões sociais à estratégia e à organização. Um projeto semelhante foi realizado pela Escola Wharton, em 1977, buscando desenvolver uma teoria de gestão baseada na inclusão dos stakeholders.

Na variante moralista, "gerenciar as demandas dos stakeholders não é apenas um meio pragmático de administrar um negócio lucrativo – servir aos stakeholders é um fim em si mesmo".[151] Estimulada, em parte, pelo movimento social nos anos 1960 e 1970 que buscava a promoção dos direitos civis e a proteção ambiental, ela divulgava a ideia de que as empresas têm uma responsabilidade moral com seus constituintes – não apenas daqueles em sua cadeia de valor econômico, como os fornecedores e sindicatos trabalhistas, mas também num sentido mais amplo a sociedade e a natureza.[152] Fundamental para essa visão era a ideia de equilibrar os interesses, e, portanto, de se aceitar implicitamente uma escolha entre valor para o negócio e valor para a sociedade.

A variante moralista por vezes é chamada de perspectiva dos valores para os stakeholders (com valores no plural) para marcar a dimensão ética. "O propósito dos negócios", escreveu um de seus maiores defensores, "não é gerar o lucro, e ponto. É gerar o lucro de forma que a empresa possa fazer algo mais, ou melhor... é uma questão moral."[153] Por esta visão, as empresas devem equacionar interesses conflitantes por um processo de negociação e compromissos, levando em conta as demandas morais e de legitimidade de cada lado.

Assim como a perspectiva de valor para o acionista se levada muito ao pé da letra não é do interesse dos acionistas, o mesmo ocorre com a perspectiva dos stakeholders, se levada à sua conclusão moral não é do interesse dos próprios stakeholders. Ninguém menos do que Peter Drucker resumiu isso perfeitamente:

> Desempenho econômico lucrativo é a base sem a qual as empresas não podem atender a nenhuma outra responsabilidade... nós sabemos que a sociedade vai cada vez mais esperar que as maiores organizações, lucrativas ou não lucrativas, enfrentem as mais graves mazelas sociais. E é aí que precisamos estar vigilantes, porque as boas intenções nem sempre são socialmente responsáveis. É irresponsável para uma organização aceitar – ou ainda pior perseguir – responsabilidades que impeçam sua capacidade de desempenhar o principal objetivo e missão ou que as levem a agir onde não possuem competência alguma.

Então, o que mudou? O grande debate se tornou sem sentido?

O grande debate considera que só existe uma resposta certa em termos de perspectivas de valor, e que o ambiente competitivo é estático no que diz respeito a ambos os argumentos. Mas considere que 30 anos atrás, os stakeholders tinham um papel bem diferente nos negócios do que têm hoje em dia. Naquela época, Freeman naturalmente agrupou os stakeholders[154] em duas categorias: aqueles que exercem poder econômico, como clientes e fornecedores, e aqueles com poder político, que para ele significavam o governo e ONGs de propósito único, como organizações ambientais (como a Sierra Club) e ativistas sociais (como os Nader's Raiders). "Por poder econômico, queremos dizer 'a habilidade de influenciar devido a decisões de mercado' e por poder político queremos dizer 'a habilidade de influenciar devido ao uso do processo político'."[155]

Em 2010, as três grandes tendências esvaziaram esta diferença entre poder político e econômico. Hoje, as demandas da sociedade civil estão sendo internalizadas pelo mercado a tal ponto que todos os stakeholders possuem algum poder econômico sobre as empresas. Um blogger armado com informação daninha sobre os produtos de uma companhia ou ativistas em uma parte do mundo podem afetá-la financeiramente de forma instantânea a global.

Refletindo a realidade do início da década de 1980, Freeman prosseguia dizendo que "gerentes de relações públicas e lobistas aprendem a lutar na arena política". Era assim que as ONGs e os ativistas sociais (Freeman os chamava de "palpiteiros") deveriam ser tratados pelos gestores.[156] Em comparação, hoje, seria tolice para qualquer empresa delegar as relações com os stakeholders para o departamento de RP. Mas por que os executivos e gerentes de linha estão sendo responsabilizados por questões relacionadas aos stakeholders? Porque o valor dos stakeholders cada vez mais determina o valor no centro da estratégia de negócios.

Em 2010, James S. Wallace argumentou que as duas perspectivas "na realidade são muito mais complementares do que excludentes entre si." Ele cita Peter Drucker, que foi mais feliz ao resumir o assunto em 2003, pouco antes de sua morte, dando-nos a seguinte visão integrada do valor

> Nós não precisamos mais teorizar sobre como definir desempenho e resultados do empreendimento. Temos exemplos bem-sucedidos... Eles não "equilibram" coisa alguma. Eles maximizam. Mas não tentam maximizar o valor para os acionistas ou os interesses de curto prazo de nenhum dos stakeholders da empresa. Ao contrário, eles maximizam a capacidade de produção de riqueza da empresa. É o objetivo que integra os resultados de curto e longo prazos e conecta as dimensões operacionais do desempenho da empresa – posição de mercado, inovação, produtividade e recursos humanos e o seu desenvolvimento – com as necessidades e os resultados financeiros. Também é deste objetivo que dependem todos os constituintes – acionistas, clientes, empregados – para a satisfação de suas expectativas e objetivos.[157]

Em suma

Nos últimos anos, as crescentes pressões sociais e ecológicas vêm redefinindo a forma pela qual as empresas criam valor. Ainda assim, esta mudança não é novidade – ao longo da História, as relações entre as empresas e o resto do mundo passaram por fases turbulentas e multifacetadas. No centro dessa relação está o conceito de valor: o que é e como é criado?

Embora pareça tentador olhar o valor pela lente única dos retornos para os acionistas, na realidade um modelo sólido de valor se constrói ao se entregar benefícios e resultados finais a clientes, empregados e outros stakeholders. Quando esses benefícios finais são entregues consistentemente via soluções, produtos, serviços e processos, o valor para os acionistas vem junto. À medida que novas necessidades vão surgindo, novas soluções aparecem, assegurando a lucratividade futura. Em outras palavras, as três dimensões do valor (financeira, soluções tangíveis e benefícios finais) são profundamente inter-relacionadas e interdependentes.

As três grandes tendências estão remodelando os benefícios finais que se esperam das suas empresas – e não são mais apenas os consumidores ou os investidores que influenciam diretamente a decisão de quais serão esses benefícios finais, mas todos aqueles com alguma influência sobre o futuro da empresa. Diante de novas demandas, todo o modelo de valor tem que ser ajustado. Ainda assim, a boa notícia é que não é mais necessário enfrentar um dilema penoso entre entregar valor para os acionistas ou criar valor para os stakeholders. De fato, contemplar ambas – as necessidades dos acionistas e dos stakeholders – cria valor sustentável muito além das imagens conhecidas de compromisso, equilíbrio e escolha.

Com o valor sustentável como a nova fronteira dos empreendimentos empresariais de sucesso, a pergunta é: como se faz isso? Como responder às novas pressões pelo desempenho social e ambiental? O que a empresa deve fazer?

Na Parte II, voltamos nossa atenção para essas questões, explorando o largo espectro de opções disponíveis para as empresas. O campo da estratégia está no centro de nossa atenção, oferecendo orientações e dicas sobre a resposta estratégica mais apropriada a essa nova realidade do mercado.

PARTE II

O que Isso Significa para a Estratégia de Negócios

A Árvore do Lucro
Introdução à Parte II

As três grandes tendências – recursos declinantes, transparência radical e expectativas crescentes – estão remodelando silenciosamente a própria paisagem dos negócios. Não é mais possível seguir com o velho mantra do lucro a qualquer custo para a sociedade. O Goldman Sachs descobriu isso da pior maneira, quando seu fundo de derivativos Abacus foi acusado de lucrar injustamente com o colapso do mercado de imóveis dos EUA.[158] Quando você inclui a perda em capitalização de mercado, o desastre do vazamento de óleo no Golfo do México custou mais de 100 bilhões de dólares à BP antes que ela conseguisse fechar o poço.

Da mesma forma, o oposto disso – uma missão corporativa responsável do tipo "salvem as baleias", mesmo que isso signifique sacrificar os lucros – está se provando igualmente problemático. Algumas poucas companhias, da Icebreaker à Seventh Generation, estão tendo sucesso ao colocar uma missão ambiental ou social acima de qualquer outra. Mas para a vasta maioria dos empreendimentos, perseguir uma missão dessas é tão irresponsável quanto ganhar dinheiro à custa do mais fraco. O valor para os acionistas obtido à custa do stakeholder, ou o valor para os stakeholders criado em detrimento dos acionistas é uma escolha falsa entre permanecer como um negócio de nicho ou falhar num mundo que não tolera mais o dano inconsequente.

Estamos entrando numa era de valor sustentável – criar valor para os acionistas e stakeholders simplesmente porque essa é a forma mais inteligente de se fazer negócios. Como demonstrado pelos sucessos pioneiros dos líderes globais, aqueles que sabem como criar valor sustentável estão descobrindo uma rota excitante para se criar ainda mais valor para seus consumidores e acionistas do que fariam de qualquer outro modo.

Hora de estourar o champanha? Bem, vamos segurar a comemoração um pouquinho, e voltar àquela viagem que fizemos juntos na Parte I. Nela, defendemos a ideia de que as três tendências estão mudando as regras dos negócios. De todas as alternativas possíveis, o valor sustentável agora representa o caminho empresarial mais promissor a se seguir. Mesmo assim, o trajeto do ponto A ao ponto B – no qual as três grandes tendências são transformadas em ameaça às oportunidades de negócio – vem provando ser muito mais desafiador do que inicialmente antecipado, com muitas empresas falhando na tentativa de atingir o destino planejado de se dar bem, fazendo o bem. Os gestores devem estar equipados com conceitos mais efetivos e relevantes – e é com alguma urgência que eles os vêm solicitando, juntamente com os instrumentos para torná-los realidade.

Na Parte II, vamos examinar o desafio de integrar a sustentabilidade pela lente da estratégia de negócios, enquadrando o verde e a responsabilidade social como fatores de vantagem competitiva. Um primeiro objetivo seria tornar acessíveis alguns novos insights para administradores de empresas que desejam pegar essa coisa de sustentabilidade sem aquela aspereza dos livros didáticos. Um segundo objetivo é o rigor conceitual ao desenvolver a sustentabilidade como estratégia de negócios. Há muitos gestores que dizem estar cansados de tanta evidência retórica (a "ACME Corp defende os negócios verdes!"). Os leitores desejam rigor metodológico, mas sem ter que enveredar pelos tomos acadêmicos.

A Parte II está organizada em três capítulos. O primeiro traz uma visão geral do campo da estratégia para permitir que o leitor perceba como a sustentabilidade vem contribuindo para a vantagem competitiva. Nossa análise analisa se realmente precisamos de novas respostas – será que tudo o que precisava ser dito já o foi? Ao examinarmos a forma pela qual antigas teorias de estratégia incorporam o verde e a responsabilidade social, podemos demonstrar sob que condições a sustentabilidade incorporada gera valor para o negócio – e como ela reforça ou transforma a atual estratégia de negócios de uma empresa.

O segundo capítulo apresenta três teorias sobre a estratégia e suas aplicações para a sustentabilidade incorporada. Michael Porter e a escola do posicionamento representam talvez o mais conhecido e o mais usado modelo não apenas para a estratégia corporativa mas também para se incorporar as questões sociais e ambientais. A Estratégia do Oceano Azul, de Kim e Mauborgne, é igualmente usada e traz alguns elementos inigualavelmente adequados para se pensar sobre sustentabilidade, mas – poderíamos perguntar, de forma gaiata – ela vai mesmo ajudar a manter azuis os oceanos? A Disruptive Innovation, de Clayton Christensen, traz um modelo para se enfrentar os desafios globais que exigem transformação ao invés de crescimento incremental.

Concluímos a Parte II com a Sustentabilidade incorporada: nosso modelo de estratégia e nosso conjunto de princípios para se integrar a sustentabilidade à empresa e ao seu negócio como um todo. Em sua essência, este é um conjunto de novas diretrizes para o lucro: a internalização das externalidades, a crescente demanda dos consumidores por desempenho social e ambiental e uma redefinição mercadológica sobre o que significa obter vantagens competitivas.

A boa notícia é que os defensores da sustentabilidade incorporada só precisam se apoiar no propósito essencial da empresa de gerar lucro. A sustentabilidade incorporada não exige princípios morais ou, da mesma forma, novas crenças ecológicas – você não precisa acreditar na ciência da mudança climática. As empresas que integrarem satisfatoriamente a sustentabilidade estarão mais bem posicionadas para ter sucesso em mercados nos quais a responsabilidade social e ambiental é tarefa de todos, mesmo que como uma inspiração invisível, a guiar tanto os lucros quanto o bem de todos.

3
O que um Estrategista Faria?

Se os recursos declinantes, a transparência radical e as expectativas crescentes estão mudando as regras dos negócios, será que as empresas de todos os ramos não deveriam estar buscando – neste exato momento – novos cursos de ação? Continuar apenas com o que deu certo no passado seria como colocar vinho novo em garrafas usadas, o que, antigamente significava arruinar tanto o vinho quanto o recipiente.

Mas como os gestores podem responder de forma a maximizar o apoio a suas metas de negócios?

Naturalmente, o campo da estratégia é o lugar para começar a responder essas perguntas. Um assunto complexo e popular da administração (como bem sabe qualquer aluno de MBA), a arte e a ciência da estratégia empresarial consistem em descobrir a melhor maneira de uma organização atingir sua visão e objetivos. Qualquer que seja sua missão maior, uma empresa deve ser capaz de desenvolver sua rota própria e defensável de criar valor para seus clientes e acionistas. Para entender o que a sustentabilidade significa para a vantagem competitiva, não pode haver guia melhor do que o estrategista.

Nossa jornada nos leva a contemplar as respostas mais genéricas do campo diante das pressões pela sustentabilidade. Tentamos ir além das evidências caricatas para mostrar a teoria por trás do caso de negócios da sustentabilidade. A despeito das evidências sólidas de que as exigências sociais e ambientais podem ser fontes de vantagens competitivas, os administradores de todos os continentes continuam a sustentar a visão contrária de que são problemas a serem minimizados, ao invés de oportunidades a serem aproveitadas. Comparamos e contrastamos essas duas visões opostas, que coexistem em cada mercado e que gradualmente vêm separando vencedores e perdedores.

Iniciamos nossa viagem com uma olhada no próprio campo.

O campo da estratégia

Antes de descobrirmos o que um estrategista faria, vamos considerar quem é essa figura. Como o termo é largamente usado para designar qualquer pessoa "importante" ou "de grande relevância" para a organização, muito em breve poderemos encontrar faxineiros estratégicos. Mas o que o termo "estratégia" significa realmente? Quais são as principais escolas de pensamento e como elas evoluíram ao longo do tempo? Se você é um dos muitos "viciados em estratégia", profundo conhecedor da matéria, talvez queira pular essa parte. Para todos os demais, aqui vai uma recapitulação rápida do sempre crescente campo da estratégia.

Os pioneiros – Alfred Chandler,[159] Igor Ansoff[160] e E. P. Learned *et al.*[161] – produziram suas obras, agora consideradas clássicos, na década de 1960, coincidentemente no mesmo período em que Rachel Carson imaginou a Terra sem o canto dos pássaros em Primavera Silenciosa. Eles viam a estratégia como um processo de determinar a rota (para onde estamos indo) da empresa e alinhar seus processos operacionais àquele futuro determinado (como chegaremos lá).

A estratégia logo passou a ser vista como um conceito orientado externamente sobre como as empresas atingem seus objetivos.[162] Michael Porter capturou isso perfeitamente: "A essência de se formular a estratégia competitiva é relacionar uma empresa ao seu ambiente."[163] Isso não deve ser confundido com a missão ou os objetivos da empresa; nem com a análise de suas forças e fraquezas internas.

Depois de meio século de conceitos e modelos, o que vem a seguir é uma forma de mapear o terreno de modo a criar uma base comum para nossa exploração das respostas disponíveis para as pressões por sustentabilidade como fontes potenciais de lucro.

Estratégia = Plano

Alfred Chandler definiu estratégia como "a determinação das metas e objetivos básicos de longo prazo para a empresa, e a adoção dos cursos de ação e alocação de recursos necessários para atingi-los".[164] Se olharmos o mundo pelos olhos de Chandler, a estratégia diz respeito a planejar e administrar. Essencialmente, para os pensadores pioneiros, a estratégia era um esforço deliberado para projetar uma linha de ataque plurianual usando dados concretos. O resultado: objetivos detalhados, orçamentos, programas e diretrizes operacionais... soa familiar não é? Tendo o planejamento analítico detalhado como seu núcleo, naturalmente esta abordagem da estratégia dependia de um mundo no qual os maiores vetores de mudança – crescimento populacional, renda per capita e tecnologia – eram relativamente estáveis e previsíveis.

Estratégia = Posição

Duas décadas mais tarde, a estratégia começou a ser vista como posicionamento competitivo – desempenhar atividades diferentes dos competidores, ou desempenhar as mesmas atividades, mas de forma diferente. Os adeptos dessa abordagem argumentavam que é o ambiente externo que guia as oportunidades de mercado, e que as empresas devem se posicionar relativamente às necessidades dos consumidores e a outras forças externas para perseguirem estratégias distintas daquelas dos rivais. Estamos familiarizados com as estratégias de posicionamento mais populares: liderança de custos (vender por um preço mais baixo mas com custos ainda mais reduzidos), diferenciação (oferecer atributos "premium" por um preço "premium") e foco[165] (servir às necessidades de um grupo restrito de consumidores). Outros exemplos de posicionamento incluem a liderança de produto ou mercado,[166] a intimidade com os consumidores e a excelência operacional.[167]

Estratégia = Flexibilidade

À medida que as taxas de mudança externa aumentaram, alimentadas pela rápida inovação tecnológica e a globalização, a estratégia se tornou cada vez mais voltada para a flexibilidade e agilidade. Num mundo hipercompetitivo,[168] no qual as regras do jogo mudam constantemente, a estratégia se tornou uma ferramenta para transformar o caos em estrutura.[169] Em 1996, os mais respeitados pensadores propunham que olhássemos a estratégia como "uma postura singular e viável baseada em... mudanças antecipadas no ambiente e movimentos contingenciados de oponentes inteligentes".[170] O Planejamento não ocupa mais o centro do palco: é a contínua criação de vantagem e a contínua quebra da vantagem do oponente que importam realmente.[171] Na virada do século, o gigante da estratégia Clayton Christensen[172] ofereceu às empresas o mais avançado modelo para a mudança radical: a teoria da inovação disruptiva que convida as empresas a catalisarem – e tirarem vantagem – as revolucionárias mudanças em seus mercados.[173]

Estratégia = ...?

As últimas décadas testemunharam a chegada da gestão estratégica como uma disciplina acadêmica em si mesma. Administradores de empresas se viram enfiados num lugar bem menos confortável em algum lugar entre a estratégia como exercício de planejamento analítico e a estratégia como o caos estruturado. Para atender à demanda por alternativas mais confortáveis, houve uma explosão de modelos e propostas.[174] Além do plano, a posição e a flexibilidade, a estratégia passou a ser vista como padrão – um conjunto consistente e característico das ações, como perspectiva – a visão única de uma empresa e seu modo fundamental de fazer as coisas (como em "The Coca-Cola Way"), e como estratagema – as manobras específicas de uma empresa para superar seus concorrentes.[175]

Não vamos falar sobre as escolas de design, empreendedorismo, cognitiva, de aprendizagem, cultural e política do pensamento estratégico.[176] Existem muitos caminhos para a vantagem competitiva e uma abordagem não pode ser considerada o "melhor" sem que primeiro se leve em conta circunstâncias específicas da empresa. No entanto – e apesar dos perigos de se tentar reduzir a estratégia a uma fórmula única – diante dos altamente complexos e turbulentos mercados, uma visão particular se encaixa muito bem no desafio da sustentabilidade incorporada:

"Estratégia = processo de aprendizagem"[177]

E assim, com o nosso mapa do campo de evolução da estratégia na mão, agora estamos prontos para enfrentar a seguinte questão: O que o campo como um todo diz sobre o que significa sustentabilidade para a criação de valor do negócio?

Respostas genéricas da estratégia para a sustentabilidade

Estude as principais escolas de estratégia nas duas últimas décadas, e você vai encontrar um conjunto recorrente de respostas a fatores ecológicos e sociais. Entre elas, a primeira diz respeito à destruição de valor de negócio: ela enquadra a sustentabilidade em termos de um trade-off, ou custo adicional. Todas as outras abordam a criação de valor. Essa resposta criadora de valor – a sustentabilidade como motor da inovação – é uma composição complexa, que permeia e permite outras respostas de criação de valor.

O que vem a seguir são instantâneos de cada uma das oito respostas que nós descobrimos – elas são "genéricas" na medida em que se aplicam aos negócios em geral e não pretendem ter em conta as especificidades de casos particulares. À primeira vista, pode parecer que as respostas são fragmentadas e até mesmo contraditórias. O custo adicional é o oposto de oportunidade para maior eficiência. Atenuar o risco é geralmente considerado como tendo a ver com evitar custos, o que é muito diferente da inovação radical, com seu espírito de vantagem competitiva. Cave um pouco mais fundo, entretanto, e você rapidamente descobrirá que todas são válidas, mas apenas sob certas condições. Juntas, elas representam uma moldura rica para se pensar o valor de negócios orientado para a sustentabilidade.[178]

Destruição de valor: é um custo adicional

A resposta mais antiga era considerar-se a responsabilidade social e ambiental como um custo adicional – um trade-off inevitável com o lucro. Um artigo do *Journal of Economic Perspectives* defende que leis ambientais mais duras devem, por sua própria natureza, reduzir os lucros.[179] Essa crença disseminada é capturada pelo seguinte trecho:

> A ideia de que a empresa possa "ir bem, fazendo o bem"... parece violar a lógica econômica... qualquer empresa que tentar oferecer ou proteger mais qualidade ambiental do que é exigido pela lei incorreria em custos maiores do que os seus competidores, e seus consumidores a abandonariam em busca de preços mais baixos.[180]

Resumindo, se é melhor para a sociedade e o ambiente, deve custar mais caro para as empresas.

Uma das razões para essa crença disseminada sobre o trade-off pode ser atribuída à preponderância inicial dos esforços de ampliação da consciência, como os livros "Primavera Silenciosa", de Rachel Carson, "Inseguro a Qualquer Velocidade", de Ralph Nader e "O Sonho da Terra", de Thomas Berry – sendo cada um deles um elemento poderoso que se apoiava no legado pioneiro de Aldo Leopold, que vinha da década de 1940.

> Modelos iniciais que discutiam a integração do meio ambiente natural no processo decisório e na estratégia organizacional derivavam primeiramente da literatura estritamente ecológica. Ao invés de tratar do tema da vantagem competitiva, eles apresentavam um conflito entre a economia e a ecologia e, portanto, entre o desempenho financeiro e o ecológico.[181]

Em apenas mais um de muitos exemplos, um artigo de 1994 da *Harvard Business Review* sugeria que existe necessariamente um trade-off entre o lucro e o ganho ambiental. "Metas ambientais ambiciosas trazem custos econômicos reais. Como sociedade, podemos realmente escolher essas metas apesar dos custos, mas devemos ter consciência deles",[182] dizem os autores da McKinsey.

A mensagem era clara: a sustentabilidade só pode vir com uma pesada etiqueta de preço.

A criação de valor nº 1: Atenuando o risco

Administrar os riscos de negócios relacionados à sustentabilidade não se refere à criação de valor tanto quanto a evitar sua destruição. Há dois níveis de risco a serem administrados: o impacto negativo da sustentabilidade e as consequências negativas para os negócios que derivam daí. Ambos devem ser gerenciados efetivamente, para reduzir as perdas potenciais. Um risco ambiental tal como um derramamento de petróleo pode ser minimizado com procedimentos operacionais para evitar o vazamento. Mas uma vez que ele ocorra, a empresa de petróleo precisa agir não apenas para limitar o dano ambiental mas também para limpar a área afetada, ressarcir as partes atingidas, lidar com o dano à reputação, evitar a rejeição de consumidores e empregados e limitar a regulação punitiva – todos esses são riscos de negócios diferentes do risco do dano ambiental.

O estrategista ambiental Andrew Hoffman enumera quatro áreas nas quais a atenuação dos riscos ambientais pode ajudar uma empresa a evitar custos significativos para os negócios.[183] Eles são: (1) o custo reduzido da resposta ambiental ao ser proativo na preparação para enfrentar desastres como acidentes, derramamentos e vazamentos; (2) custos indenizatórios reduzidos ao gerenciar proativamente projetos de indenização e cumprindo-os antes do prazo; (3) custos com prejuízos de produto reduzidos ao se tratar de impactos prejudiciais potenciais ainda na fase de projeto; e (4) indenizações de seguro reduzidas ao limitar os riscos ambientais com exposição dos empregados, terceirizados e clientes. O estudioso de sustentabilidade Marc Epstein levanta um aspecto interessante ao dizer que as estratégias de inovação impulsionadas pela sustentabilidade podem ser um componente decisivo na atenuação dos riscos.[184] Ele também aponta que os riscos de negócio relacionados à sustentabilidade estão ficando mais amplos e variados do que se pensava anteriormente, incluindo desde questões sociais como práticas de trabalho infantil a riscos políticos relacionados à corrupção. Outro risco empresarial relacionado à sustentabilidade são as acusações individuais contra diretores e representantes advindas da infração consciente das leis ambientais e sociais.

A premissa: sustentabilidade diz respeito a gerenciar prejuízos potencialmente custosos.

A criação de valor nº 2: Oportunidade para a eficiência

Ao invés de enxergar a sustentabilidade como um custo adicional, aumentar a eficiência diz respeito primeiramente a cortar a quantidade e a intensidade de energia, resíduos e materiais. A prevenção da poluição (reduzir a poluição em estágios iniciais) é menos custosa do que o tratamento e a remediação dos efluentes no final da linha. Ao descrever o valor econômico da prevenção da poluição, o estrategista ambiental Alfred Marcus aponta que "ao aumentar a taxa de transferência, diminuir a taxa de retrabalho e desperdício e ao usar menos material e energia por unidade produzida, uma empresa pode economizar dinheiro, aumentar a eficiência e tornar-se mais competitiva".[185] Os estrategistas de negócio Michael Porter e Claas van der Linde sustentam uma argumentação poderosa em defesa dessa visão: "os custos de se seguir as leis ambientais podem ser minimizados, senão eliminados, através da inovação que entrega outros benefícios competitivos".[186] O dano social e ambiental é um sinal de ineficiência que abre uma oportunidade criativa para reduzir os custos ao longo do processo produtivo como um todo. Os impactos ambientais, como as emissões de gases e dejetos materiais, são indicativos de custos econômicos que podem ser retirados do sistema num ganha-ganha entre empresa e sociedade.

Num período de 10 anos ou mais, empresas como a 3M, a Chevron e a DuPont relataram ter economizado bilhões de dólares por meio de iniciativas de corte de custos ambientais.[187] A Walmart estima que sua iniciativa de embalagens sustentáveis lançada em outubro de 2005 vai economizar 3,4 bilhões de dólares globalmente até 2013 – através da eliminação de apenas 5% dos materiais de embalagem em suas cadeias de fornecedores. Muitas empresas estão descobrindo que as pressões pela sustentabilidade as estão ajudando a encontrar novas formas de economizar em áreas como o consumo energético, fluxo de detritos e intensidade de materiais. Sejam economias do tipo "one-shot" ou de longo prazo e mais duradouras que exijam mudanças no estoque de capitais, empresas de todos os setores estão descobrindo novas e excitantes oportunidades de cortar custos.

A moral: sustentabilidade é uma máquina (eco)eficiente.

A criação de valor nº 3: É um fator de diferenciação

A próxima resposta de criação de valor foi ver os atributos sociais e ambientais como formas de diferenciar produtos e serviços. Com esta resposta, a definição de qualidade ou desempenho é simplesmente expandida para incluir a dimensão da sustentabilidade. As empresas ainda são confrontadas com as mesmas escolhas de posicionamento relativamente a seus rivais. Mas somente agora os componentes verdes e sociais estão se tornando uma arma adicional no arsenal competitivo.

Os estudiosos de estratégia Bob De Wit e Ron Meyer ilustram este ponto:

> Um fabricante de sorvetes pode introduzir um novo sabor e uma textura mais cremosa; um produtor de motos pode projetar um modelo mais baixo, para as mulheres; uma companhia de TV por assinatura pode desenvolver canais especiais para donos de cachorro e fãs de ficção científica; e uma empresa de eletrodomésticos pode oferecer melhor eficiência energética.[188]

Assim como outros fatores, a eficiência energética se torna um atributo do produto que ajuda a diferenciá-la de seus concorrentes que vendem energia de fontes "sujas" tradicionais de combustíveis fósseis, como o carvão.

É claro que os clientes podem estar dispostos a pagar proporcionalmente mais do que o custo pelo atributo ambiental, e a empresa deve ser capaz de fornecer informações críveis sobre este atributo.[189] Uma vez que essas condições sejam atendidas, as empresas podem lucrar simplesmente ao adicionar novos atributos ambientais, mesmo que isso resulte em custos adicionais.

"De todas as maneiras possíveis para se reconciliar a necessidade de criar valor para os acionistas e a intensificação das demandas por melhor desempenho ambiental", diz o estrategista de Harvard, Forest Reinhardt, "talvez a mais direta seja oferecer produtos ambientalmente mais atraentes e então recuperar o custo adicional com os consumidores".[190] A premissa nada oculta aqui é que o verde e a responsabilidade social necessariamente custam mais.

O resumo da ópera: a sustentabilidade é um diferencial do produto (mas não se esqueça de cobrar mais por ela).

A criação de valor nº 4: É um caminho para novos mercados

As pressões por sustentabilidade criam novas oportunidades de mercado, quando empresas e consumidores exigem soluções para os problemas ambientais e sociais. De um lado estão as oportunidades para ajudar os indivíduos e as empresas a reduzir o dano ou causar menos danos, como equipamentos de controle de poluição de "fim-de-linha". Em 2010, os equipamentos de controle da poluição representavam, somente na China, um mercado de cinco bilhões dólares crescendo 18% ao ano.[191] No outro extremo estão as oportunidades de oferecer de forma rentável soluções sociais e ambientais como seguros de vida e serviços bancários para clientes anteriormente alijados destes serviços (Aviva, Erste Group Bank); ou em missões corporativas como "levar saúde através dos alimentos para o máximo de pessoas possível" (Danone); e o número crescente de opções de energias e águas limpas (P&G, Siemens, 3M, ITT e outras como Filterboxx Water and Environmental).[192]

Um dos maiores dentre os novos mercados seria atender as demandas das 4 bilhões de pessoas mais pobres no mundo, que vivem com menos de 4 dólares por dia – que ocupam a chamada "base da pirâmide".[193] O World Resources Institute[194] estima o tamanho deste mercado consumidor em 5 trilhões de dólares (em comparação, a economia do Canadá é de cerca de

1,5 trilhão de dólares). A subsidiária indiana da Unilever Hindustan Lever Limited (HLL) desenvolveu o Projeto Shakti como uma maneira de atingir de forma lucrativa as populações rurais mais pobres com produtos como sabões e xampus além de sal iodado. Ao ajudar os milhares de grupos de apoio às mulheres em áreas rurais, criados pelo governo indiano, a facilitar o desenvolvimento local, a empresa construiu um poderoso e novo sistema de vendas, distribuição e marketing. As mulheres não apenas vendiam produtos e divulgavam a marca. Elas demonstravam serviços de saneamento e higiene pessoal (como lavar as mãos) que ajudaram a reduzir a incidência de doenças intestinais.[195] Assim, estão ajudando a reduzir a carência de iodo, criando benefícios significativos de saúde nessas comunidades antes negligenciadas. Como empreendedoras, contribuem para a geração de riqueza local. E para a Unilever – a empresa-mãe da HLL – o Projeto Shakti garante o acesso a um enorme e crescente mercado naquilo que o diretor de novos negócios da empresa qualifica como ganha-ganha.[196]

As empresas entram nesses novos mercados seja pela adaptação de know-how existente às novas necessidades ou através da inovação radical, a qual exploraremos na sétima resposta de criação de valor. Exemplos de adaptação de know-how existente incluem os investimentos em celulares da Vodafone na África subsaariana (um de seus mercados mais lucrativos), a experiência da GE em turbinas que permitiu que se tornasse líder na geração de energia eólica e a experiência da Celanese Corporation em polímeros plásticos que levou ao desenvolvimento da membrana de eletrodos de alta temperatura, utilizada em células de combustíveis para automóveis.[197]

A conclusão: as crescentes demandas ecológicas e sociais estão criando novos e enormes mercados.

A criação de valor nº 5: É uma forma de proteger e melhorar a marca

As empresas de uma grande variedade de setores estão descobrindo que sua marca e sua imagem estão cada vez mais apoiadas na percepção de seu desempenho social e ambiental.

Ser vista como acima da média nesse assunto ajuda a atrair talentos, assegurar consumidores fiéis, a tornar-se a fornecedora preferida e a atrair investidores.[198] Isso também pode facilitar as negociações com o governo no tocante às regulações a respeito do dano industrial ou empresarial à sociedade e ao ambiente. Empresas como a GE e a P&G demonstraram que isso pode contribuir para sua imagem em geral como líderes inovadores.

Os economistas defendem que o valor da empresa (ou a "capitalização de mercado" no caso de empresas em bolsas de valores) está cada vez mais ligado a bens intangíveis como a reputação, a boa-vontade, know-how dos empregados e a confiança dos stakeholders. Um século atrás, o preço das ações de uma empresa estava 70% ligado ao valor de bens tangíveis como as instalações, propriedades e equipamentos. Notadamente, hoje são os intangíveis que respondem por 70% do valor.[199] Com as expectativas crescentes por negócios verdes e socialmente responsáveis, os valores intangíveis são cada vez mais dirigidos pelo desempenho sustentável percebido. A consequência financeira para a BP diante do desastre petrolífero no Golfo do México é um caso claro: em dois meses desde o acidente, os custos financeiros para a BP para consertar e limpar o problema chegavam perto de 2 bilhões de dólares,[200] mas o preço das ações da BP caíram mais de 50%, retirando, na prática, cerca de 90 bilhões de dólares de seu valor de mercado.[201]

Obviamente, num mundo de transparência radical, as empresas não podem fazer de maneira duradoura afirmações que são falsas e inverificáveis. Alguém, em algum lugar, em algum momento, vai descobrir o furo – e twittá-lo para o mundo. A Renault e a British Airways enfrentaram recentemente acusações de alegações enganosas no campo da sustentabilidade, de acordo com a Advertising Standards Authority, um "cão-de-guarda" do Reino Unido.[202] Essas acusações – repetidas em blogs e espalhadas através de redes sociais – podem rapidamente minar a imagem global de uma empresa.

A história de advertência: as empresas podem ganhar ou perder significativo valor de mercado a partir das percepções dos stakeholders quanto aos impactos ambientais, de saúde e sociais.

A criação de valor nº 6: Trata-se de influenciar os padrões da indústria

As empresas podem tentar moldar os regulamentos governamentais ou padrões do setor privado de forma a favorecê-las diante da concorrência. É o uso estratégico da regulação do governo ou de práticas de autopoliciamento para levantar a barra para competidores.[203] Quando a DuPont e um punhado de outras empresas pressionaram o governo dos EUA por uma legislação nacional forte para exigir uma redução significativa das emissões de gases de efeito estufa, incluindo uma tampa cap-and-trade[204], foi por confiar que sua liderança na indústria de tecnologias de baixo carbono, eventualmente, geraria benefícios competitivos. A DuPont estava apostando que os seus concorrentes incorreriam em custos desproporcionalmente maiores quando as emissões de carbono fossem regulamentadas ou tivessem preços fixados no mercado.[205]

O Forest Stewardship Council (FSC) e o projeto Sustainable Forest Initiative (SFI) da American Forest & Paper Association – ambos fundados no início/meados dos anos 1990 – são dois sistemas de certificação global voluntários estabelecidos para florestas e produtos florestais. Eles, direta ou indiretamente, abordam questões como a exploração madeireira ilegal, desmatamento, perda de habitat dos animais selvagens, e a mudança climática. Madeireiras e fábricas de papel e celulose que não conseguem cumprir as suas normas perdem a adesão e/ou o direito a utilizar o logotipo de certificação. No caso do SFI, nos anos seguintes ao seu estabelecimento, "algumas empresas decidiram não se comprometer com o SFI e, por isso, encerraram a sua participação... e 15 participações de empresas foram encerradas depois que elas não se comprometeram com a SFI".[206] Essas normas voluntárias para a indústria ajudam a melhorar as suas práticas e a diferenciar – através de sistemas de certificação – aquelas empresas capazes de atender às novas expectativas dos consumidores, investidores e outros stakeholders.

Outro exemplo é a legislação REACH (Registration, Evaluation, Authorization and restriction of Chemicals), que exige das companhias o registro de substâncias químicas em seus produtos vendidos na Europa. O processo de registro em si e o fato de terem de declarar as substâncias altamente preocupantes (SVHC) podem ser desproporcionalmente custosos para competidores de fora da zona do euro, como, por exemplo, nos países emergentes.[207]

A lição aprendida: regulamentação ambiental pode criar barreiras de entrada desejáveis (especialmente se ajudarem a impedir as importações de baixo custo).

A criação de valor nº 7: É um vetor para a inovação radical

Os estrategistas há tempos vislumbraram o potencial do desempenho ambiental e social para impulsionar a inovação profunda. "Ao pensar criativamente sobre a natureza fundamental do seu negócio, os executivos em algumas empresas têm sido capazes de encontrar formas de reconfigurar todo o sistema pelo qual eles criam valor e o entregam aos consumidores."[208] Considere o caso da Tennant, de Minneapolis, nos EUA, uma fábrica de enceradeiras para uso em prédios comerciais, arenas esportivas e outros grandes ambientes, cobertos e descobertos. Enquanto seus competidores estavam ocupados tentando reduzir a abrasividade química de seus produtos de limpeza, a Tennant simplesmente eliminou o uso de produtos químicos. O carro-chefe da empresa, o ec-H_2O, converte eletricamente a água da torneira para que ela se comporte como detergente. Ele usa 70% menos água do que os métodos tradicionais de limpeza (você pode trabalhar mais tempo com um tanque cheio); não deixa para trás resíduos escorregadios de detergente no chão e não derrama detergente na rede de esgotos. E o melhor de tudo, o ec-H_2O oferece aos seus usuários o menor custo possível. Após receber vários prêmios incluindo o European Business Award pela inovação, essa pequena empresa agora tem uma reputação e uma visibilidade que ultrapassam em muito o seu tamanho.

A Nissan está se preparando para deixar para trás os motores de combustíveis fósseis, investindo 6 bilhões de dólares em carros elétricos, ao mesmo tempo que a maior parte da indústria está focada em aumentar a eficiência no gasto de combustível. A Monsanto e a Bayer Crop Sciences lidam no setor de proteção às safras, desenvolvendo plantas capazes de resistir a pragas e a secas prolongadas ou escassez de água. A empresa californiana Calera está desenvolvendo um processo de manufatura de cimento que captura e guarda o CO_2, enquanto o resto da indústria se concentra em reduzir as emissões.[209] A Amazon e a Sony estão questionando se você precisa realmente de um livro de papel para ler, ao invés de se concentrarem em reciclagem ou suprimento de papel de florestas com manejo sustentável.

A ideia é: enxergar o seu negócio pela lente da sustentabilidade pode ser uma fonte de tremenda criatividade, ajudando a repensar fundamentalmente a natureza do seu empreendimento.

Coloque todas as respostas juntas e é assim que um estrategista deveria encarar os fatores ecológicos e sociais em relação ao valor de negócio criado:[210]

1 + 7 respostas estratégicas genéricas

- 6 Negócio → Influenciar os padrões da indústria
- 5 Marca → Proteger e aprimorar a marca
- 4 Mercado → Entrar em novos mercados
- 3 Produto → Diferenciar os produtos
- 2 Processo → Reduzir energia, resíduos, materiais
- 1 Risco → Atenuar os riscos

7 Inovação radical

Custo → Adicionar custos e fazer trade-offs

In: "The Sustainable Company" (Figure 11-8), de Chris Laszlo. Copyright © 2003 Chris Laszlo. Reprodução permitida por Island Press, Washington, D.C.

A sétima resposta de criação de valor – inovação radical – é uma composição complexa. Evoca a natureza da mudança nos modelos de negócios, projetos de produtos, processos e tecnologias. Ela permeia e permite outras respostas de criação de valor (por exemplo, as empresas usam a inovação radical para simultaneamente reduzir custos, diferenciar seus produtos e entrar em mercados totalmente novos). A inovação radical também está no centro da ligação entre sustentabilidade e lucro, que é o cerne do conceito de valor sustentável.

Para entender como as empresas podem desenvolver a capacidade de inovação radical impulsionada pela sustentabilidade, vamos mais fundo em busca do que está subjacente à estratégia como um processo de aprendizagem. Voltamo-nos para uma teoria indireta e de múltiplas camadas – conhecida como a visão baseada em recursos sobre a vantagem competitiva[211] – que ajuda a lançar luz sobre como o valor para o acionista é criado a partir do desempenho ambiental e social superior.

A ligação profunda entre sustentabilidade e lucro

As pesquisas iniciais sobre estratégia não abordavam sistematicamente o elo entre sustentabilidade e desempenho financeiro. Muitos eram trabalhos exploratórios e careciam de rigor acadêmico.[212] Ao invés de buscarem respostas amplas, centravam-se em assuntos estreitos como os custos da poluição.[213] Qualquer pessoa que ler os textos daqueles tempos terá dificuldade de discordar que "uma parte dessa literatura é trivial e atinge pouco mais do que dar um disfarce e uma saída verde para as atividades de empresas nas quais o impacto ambiental das operações do dia a dia permanecia intocado."[214] Ou que alguns desses trabalhos eram baseados numa "simples exortação moralista ou retórica induzida pela culpa". Mesmo artigos de administração como o de uma página publicada em 1991 por Michael Porter na *Scientific American*,[215] e que defendia convincentemente que leis ambientais mais duras levariam as empresas a melhorar sua eficiência e competitividade, eram anedóticos e conceituais, ao invés de sistemáticos e empíricos.

Desde aproximadamente 1995, o campo se tornou mais sério na tentativa de desvendar os mecanismos pelos quais a estratégia ambiental e social contribui para o desempenho financeiro. Novas propostas e modelos teóricos foram apresentados de forma a ajudar os administradores a entenderem sob que condições "compensa ser verde".

Em muitas instâncias, não é a sustentabilidade em si que aumenta a lucratividade – o que dificilmente seria uma conclusão surpreendente! Ao invés disso, as estratégias ambientais e sociais forçam as empresas a adquirir capacidades constitutivas que, por sua vez, permitem que elas desenvolvam novas competências que levam a vantagens tanto competitivas quanto sustentáveis. Uma sutil diferença, mas mesmo assim a lógica e as provas – até agora bem escondidas em periódicos acadêmicos – são bastante convincentes.

O que chamamos de capacidades constitutivas são as competências mais básicas e fundamentais – tanto individuais quanto organizacionais – como prevenção da poluição, análise de custos, design ambiental, auditoria social, abertura para a comunidade e colaboração com os stakeholders.[216] Essas capacidades reúnem-se, ao longo do tempo, para criar novas competências como inovações de processo, melhoria contínua, gerenciamento transfuncional e a habilidade de desenvolver uma visão estratégica compartilhada.

Em outras palavras, tornar-se bom em gerenciar o desempenho ambiental e social leva a novas competências organizacionais que se aplicam amplamente a cada aspecto da administração de empresas. Em apenas um de muitos exemplos, uma análise da indústria de petróleo canadense descobriu que o gerenciamento ambiental proativo leva a três competências organizacionais – aprendizagem de alto nível, inovação contínua e integração dos stakeholders – que possuem efeitos altamente positivos no desempenho financeiro da empresa.[217] Outras pesquisas chegaram a conclusões semelhantes para as indústrias química, de papel e celulose e alimentos.[218]

Diversos estudos mostraram que as estratégias de sustentabilidade exigem não apenas novas capacidades ambientais e sociais mas também que elas sejam complementares. Por exemplo, gerenciamento de qualidade total não é uma capacidade sustentável por si só, mas se ele estiver presente, isso ajuda a sustentabilidade a tornar-se compensadora.[219]

Ficou confuso com a diferença entre capacidade e competência? Os estrategistas C.K. Prahalad e Gary Hamel foram os primeiros a esclarecer a diferença de uma forma que é crucial para se entender como a sustentabilidade cria vantagem competitiva. Segundo eles, as capacidades são os elementos fundamentais que se agregam sob a forma de competências.[220] As empresas podem ter muitas capacidades – 30 ou mais – mas relativamente poucas competências – menos de cinco ou seis.[221] Você pode pensar nas capacidades como grupos de habilidades separadas que são apenas potenciais em termos de valor para a empresa, enquanto as competências configuram essas capacidades em vantagens únicas. A vantagem competitiva vem da união de capacidades complementares de uma forma que sirva lucrativamente aos consumidores mais do que os competidores. Já que as competências envolvem uma harmonização complexa de capacidades, elas são difíceis de se imitar. Quanto mais complexa for a integração das capacidades, mais difícil será para imitar as competências e mais fácil será para a empresa manter sua vantagem competitiva.

Este último aspecto é particularmente interessante porque as capacidades ambientais e sociais são relativamente complexas e implicam mudanças ousadas e disruptivas. Eliminar produtos químicos tóxicos, zerar a produção de resíduos e servir lucrativamente a clientes com renda de 4 dólares por dia são capacidades que ficam de fora da visão comum dos negócios. Para muitas empresas, elas exigem o que o autor de "Green to Gold", Andrew Winston, chama de "heresia": uma mudança de maré no desempenho para atender às necessidades dos consumidores com uso radicalmente menor de recursos, resíduos zero, baixas ou inexistentes emissões de carbono e de formas que restaurem de verdade a igualdade social e o ambiente.[222] Cada empresa tem sua própria heresia, capaz de causar inovações disruptivas ao invés de incrementais.

Em termos de complexidade, as capacidades de sustentabilidade possuem dimensões científicas, tecnológicas, organizacionais e sociais. Desenvolver e unir todas elas num conjunto único de competências pode ajudar a estabelecer uma posição competitiva em termos de valor que seria difícil para os competidores imitarem. Como um estudioso descreveu,

> a competência em gestão ambiental é composta de muitos elementos constituintes construídos ao longo do tempo... quanto mais complexas forem as relações entre os elementos isolados, mais difícil será para copiar ou duplicar a competência adquirida pela empresa, e maior será o valor que ela terá em garantir a vantagem competitiva.[223]

Resumindo a visão do estrategista

Das oito respostas, somente uma fala sobre desempenho social e ambiental em termos de destruição de valor. A sustentabilidade como um custo adicional é uma nota de rodapé no repertório do estrategista, não importa o quão prevalecente ela seja no pensamento de negócios convencional. O estrategista está muito mais interessado em saber sobre que condições a sustentabilidade se torna fonte de criação de valor. Ele deseja descobrir quais dos níveis de criação de valor estão disponíveis para a empresa.

Com as sete respostas de criação de valor, o campo da estratégia já cobre muitas bases e começa a indicar o caminho à frente para as empresas confrontadas com pressões sociais e ambientais. As oportunidades existem para a mitigação do risco, a eficiência aprimorada, diferenciação lucrativa de produto, novas entradas no mercado, melhores regras regulatórias, valores intangíveis ampliados e inovação radical. Essas respostas revelam um largo alcance de fontes potenciais para valor de negócio.

Não há dúvida de que os recentes estudos de estratégia ajudaram os administradores a entender melhor como as pressões sociais e ambientais entram no cálculo dos negócios. Ainda assim, em nossa experiência, os negociadores continuam a sustentar crenças sobre a sustentabilidade que impedem que eles se beneficiem inteiramente de suas oportunidades inerentes de criação de valor. Essas visões contrastantes são disseminadas em todos os setores da economia e cada vez mais separam os vencedores dos perdedores. Os primeiros perseguem a sustentabilidade estritamente onde ela contribui para a vantagem competitiva, enquanto os últimos adotam estratégias de responsabilidade social corporativa que terminam trazendo custos adicionais e falhando em aproveitar as amplas vantagens para a criação de valor.

Velhas crenças *versus* melhores práticas

Muitos administradores continuam a encarar a sustentabilidade em termos de proteção ambiental e responsabilidade social. Mover-se lucrativamente em direção ao dano zero e a soluções restauradoras para os problemas globais permanece a exceção. Necessidades do mercado de massas que aguardam ser atendidas, como a estabilidade climática ou os consumidores na base da pirâmide, continuam a ser largamente ignoradas. Como resultado disso, ainda é raro encontrar produtos que ofereçam soluções para a saúde e problemas comerciais, como o LifeStraw,[224] um filtro de água pessoal que custa um quarto de centavo por litro de uso, permitindo que as populações de baixa renda possam beber com segurança a água que, de outra forma, seria perigosamente contaminada.

Compare as seguintes visões sobre sustentabilidade. Na tabela a seguir, é a soma total das diferenças entre as duas colunas que pede uma quebra de paradigma na estratégia de negócios. O que estamos dizendo é: muitas empresas estão presas na coluna da esquerda, enquanto os líderes da sustentabilidade estão abordando de fato a sustentabilidade como descrito na coluna da direita.

VISÃO DOMINANTE Custo	VISÃO DA MELHOR PRÁTICA Oportunidade
Fatores ecológicos e sociais são tratados principalmente...	
...defensivamente. São coisas negativas a se evitar e fontes de culpa que devem ser mitigadas.	**...ofensivamente.** São oportunidades de negócio a se perseguir proativamente como forma de se adiantar à concorrência.
...em isolamento. Levam a um subconjunto de atividades produzindo um aspecto específico ou que levam a um único produto verde.	**... sistematicamente.** São incorporados a cada decisão de negócios em cada ponto do ciclo de vida de cada produto.
...em termos de redução de dano. As metas giram em torno de conceitos como minimização de resíduos, conservação de energia e proteção ambiental.	**... em termos de dano zero e benefícios positivos.** As metas giram em torno de resíduo zero e energia limpa e renovável assim como benefícios positivos como restauração ambiental e atendendo necessidades desprezadas dos pobres.
... como um nicho. Produtos verdes servem a um subconjunto de consumidores ou de necessidades de mercado. Empresas convencionais que oferecem um produto verde (como eletricidade ambientalmente amigável) são vistas como atendendo a um subconjunto do mercado total.[225]	**...de modo convencional.** Responsabilidade ambiental e social é incorporada ao ciclo de vida dos produtos e serviços, para consumidores de um largo alcance de setores, grupos socioeconômicos e mercados geográficos.
...através de trade-offs (ganha-perde). Atributos ambientais e sociais custam mais ou levam a trade-offs de qualidade e desempenho, como nos primeiros modelos de carros híbridos.[226] Reinhardt sustenta que "se uma empresa pode... melhorar o desempenho ambiental enquanto mantém sua produção constante, então obviamente deve fazê-lo... mas oportunidades assim tendem a ser raras".[227]	**...através da inovação (ganha-ganha).** A inovação é o que permite que as empresas integrem a sustentabilidade sem o trade-off no custo ou qualidade.[228] Exemplos disso são as iniciativas de embalagens da Walmart, as enceradeiras da Tennant, os carros elétricos Leaf da Nissan, o cimento absorvente de CO_2 da Calera, e o Kindle/iPad. Todos são inovações que são melhores para os negócios e para a sociedade num ganha-ganha dinâmico.

VISÃO DOMINANTE Custo	VISÃO DA MELHOR PRÁTICA Oportunidade
Fatores ecológicos e sociais são tratados principalmente...	
...como se exigissem acréscimos de preço verdes ou sociais. Assume-se que os consumidores devem estar dispostos a aceitar um preço mais alto. Sob a diferenciação ambiental do produto, Reinhardt aponta que "mudanças no produto ou nos custos de produção... aumentam os custos da empresa, mas também permitem que cobrem um preço especial no mercado".[229]	**...como se devessem ter preços competitivos.** E em alguns casos preços mais baixos. Os consumidores agora esperam um produto com preço competitivo que integre a sustentabilidade, sem trade-offs. Isso é especialmente verdadeiro quando o custo total é considerado ao invés apenas do preço "visível", como quando comparamos lâmpadas incandescentes com LEDs.
... à luz da mudança incremental. Claro, em alguns casos classes inteiras de produtos precisam ser substituídas, como os CFCs, mas na maioria dos casos esforços ambientais passados trazem melhoras incrementais no desempenho. Uma redução de 5% nas emissões de CO_2 relativas a 2010 representa uma mudança incremental.	**... à luz da mudança disruptiva.** Enormes desafios e necessidades globais monumentais exigem soluções criativas que rompem os padrões existentes na indústria e oferecem inovação radical. Uma redução de 85% nas emissões de CO_2 relativas a 2010 antecipa um futuro no qual esses níveis baixos podem ser exigidos por lei e demandados pelos consumidores e usuários finais.
... como um subconjunto de necessidades existentes do consumidor. Ecoeficiência e redução de danos são geralmente perseguidas sem que se mudem os parâmetros essenciais de desempenho de um produto.	**... como uma classe inteiramente nova de necessidades do consumidor.** Consumidores, empregados e investidores esperam soluções para os desafio globais. Existe a demanda por produtos e serviços que possam remediar os desequilíbrios sociais e ecológicos e que contribuam para o bem comum.

É difícil imaginar que, até o ano 2000, os fatores sociais e ecológicos ainda eram frequentemente tratados de forma defensiva, numa perspectiva dominante de contenção dos prejuízos e custos adicionais.[230] As empresas buscavam afastar os ataques ambientalistas de grupos que eram vistos como extremistas, como no conhecido incidente Brent Spar, que jogou o Greenpeace contra a Shell.[231]

Quando empresas convencionais perseguiam de verdade produtos e serviços ambientalmente corretos, era geralmente de forma simbólica e à margem de suas atividades de negócio. Lembra-se da campanha "Além do Petróleo", da BP, lançada em 2000, num tempo em que seus investimentos em energias renováveis representavam menos de 1% dos gastos de capital? Quão irrelevante se tornou essa campanha agora, após a série de acidentes ambientais que culminaram com o desastre do Golfo do México em 2010.

Mas agora o jogo virou e a extensão e a magnitude das pressões e oportunidades de sustentabilidade estão revolucionando as expectativas de mercado. Um punhado de empresas de ponta agora está transformando demandas sociais e ecológicas em excitantes oportunidades de negócios. As fronteiras entre as empresas, clientes, a mídia e o governo estão se tornando mais tênues através de soluções baseadas em parceria, sem a necessidade de jogar a culpa em alguém. Esforços defensivos de RP agora se transformam em estratégias ofensivas. Estamos no meio de uma transformação em direção a bases inteiramente novas de competições, com novos caminhos para a vitória. Será que chegou a hora de a estratégia da sua empresa se adequar à melhor prática?

Em suma

O campo da estratégia como um todo oferece inúmeras maneiras de tratar as mudanças relacionadas à sustentabilidade no ambiente competitivo. Acreditamos que as oito respostas são úteis mas não são suficientes para empresários que busquem novas formas de abordar a sustentabilidade em busca de vantagem competitiva. Elas podem servir para ações isoladas, mas não oferecem muita ajuda para a estratégia no nível da unidade de negócio.

Na maioria dos casos, empresários continuam a acreditar que devem escolher entre o valor para os acionistas e os stakeholders – mais ou menos como as montadoras de algumas décadas atrás, quando foram forçadas e escolher entre preço baixo e alta qualidade. Assim como a indústria automobilística japonesa demonstrou décadas atrás, uma perspectiva do tipo "ou isso ou aquilo" é um paradigma pobre para ser abraçado. O que o campo da estratégia deixa claro é que a sustentabilidade pode se tornar uma proposição de soma, impulsionada pela inovação para criar produtos mais baratos e mais desejáveis que oferecem lucrativamente benefícios sociais e ambientais. Infelizmente, continua a existir a crença disseminada de que iniciativas do tipo ganha-ganha devem ser raras e que parecem "violar a crença dos economistas de que não há almoço grátis; elas parecem indicar que existem almoços que as pessoas são pagas para comer".[232]

Agora vamos mais fundo no campo para examinar três modelos estratégicos bem conhecidos pela lente da sustentabilidade. Descobriremos seus princípios, premissas e conclusões para ajudar os empresários a lidar mais proativamente com a sustentabilidade como oportunidades de negócio, e não como custos ou obrigação moral.

4
Estratégias Quentes para um Mundo Aquecido

Se as pressões sociais e ambientais são mais bem gerenciadas como oportunidade, que quadros, conceitos e abordagens podem ajudar os gestores a dar sentido às formas pelas quais a sustentabilidade cria valor de negócio? Como exatamente ela reforça a estratégia de negócios da empresa ou oferece novos caminhos?

Neste capítulo, vamos rever três modelos estratégicos que ajudam administradores a tornar mais claros e organizar conceitualmente os riscos e oportunidades de negócio relacionadas à sustentabilidade:

1. A **Estratégia Genérica**, de Michael Porter – talvez o mais conhecido e utilizado não apenas como estratégia empresarial, mas também para incorporar questões sociais e ambientais.

2. A **Estratégia do Oceano Azul**, de Kim e Mauborgne, que oferece vantagens únicas para empresas em busca de novas oportunidades de mercado baseadas em vetores ecológicos e sociais.

3. A **Inovação Disruptiva**, de Clayton Christensen, que oferece um modelo para enfrentar os desafios globais que pedem por mudanças radicais ao invés de incrementais.

Nossa escolha de teorias é guiada por diversos fatores. Primeiramente, queríamos conceitos que se aplicassem ao nível dos negócios de invés ao do nível das funções como o marketing ou o portfólio corporativo. Em segundo lugar, privilegiamos abordagens do tipo de-fora-para-dentro. Teorias que consideram o ambiente externo como um fator organizador são construídas sobre a ideia de que "as empresas não devem ser autocentradas, mas devem continuamente tomar o ambiente como ponto de partida para se determinar a estratégia"[233] – uma ideia que é altamente relevante diante das profundas mudanças do ambiente externo ocasionadas pelos recursos declinantes, transparência radical e expectativas crescentes. Em contraste, teorias estratégicas baseadas na perspectiva de-dentro-para-fora que pregam que as "estratégias não deviam ser construídas a partir de oportunidades externas, mas sim em torno dos pontos fortes da empresa",[234] são menos atraentes para a tarefa que temos diante de nós. Em terceiro lugar, queríamos incluir uma dimensão de inovação disruptiva que reflete a magnitude dos desafios da sustentabilidade tais como a estabilidade climática, a segurança alimentar, injustiça social e acesso universal a água limpa, nenhum dos quais podendo ser obtido simplesmente nos atendo ao *status quo*.

Para aqueles que conhecem e se sentem confortáveis com todos os três modelos, convidamos a ler direto o Capítulo 5. Para o resto de nós, Michael Porter é nossa primeira parada.

A escola de posicionamento de Michael Porter

Michael Porter é um dos principais defensores do pensamento de gestão que vê estratégia como "posição", o que Henry Mintzberg refere como localizar uma organização no seu ambiente.[235] Nesta óptica, a estratégia é a força mediadora – ou "correspondência" – entre a organização e seu ambiente.

Posicionamento estratégico tem a ver com a realização de atividades diferentes daquelas dos rivais ou exercer atividades semelhantes de forma diferente. Não deve ser confundida com a eficiência operacional, que se refere à realização de atividades semelhantes melhor do que os concorrentes. Por que é que esta distinção é importante? Porque ecoeficiência e muitos outros esforços de sustentabilidade são frequentemente voltados para melhoria operacional que, ainda que crie valor, não representa um movimento estratégico. Em contrapartida, o modelo de Porter oferece insights sobre o entendimento em que as condições de sustentabilidade contribuem para a vantagem estratégica.

Em Estratégia Competitiva: Técnicas para Análise de Indústrias e da Concorrência,[236] Porter propõe três estratégias genéricas – liderança em custos, diferenciação e segmentação de mercado (ou foco) – que levam a posições distintas através das quais as empresas alcançam a vantagem competitiva. Enquanto Porter foi atacado por ser demasiado simplista,[237] o fato de forçar uma posição é benéfico no caso das empresas que tentam fazer tudo bem e ser tudo para todas as pessoas. Como observou Porter em 1996,

> A melhoria contínua foi gravada no cérebro dos gestores. Mas os seus instrumentos involuntariamente atraem empresas para a imitação e a homogeneidade. Gradualmente, os gerentes deixaram a eficácia operacional suplantar a estratégia. O resultado é uma competição de soma zero, preços estáticos ou queda dos preços, e as pressões sobre os custos que comprometem a capacidade das empresas para investir no negócio no longo prazo.[238]

A competição estratégica consiste em encontrar novas posições que lucrativamente movem clientes de suas posições estabelecidas ou trazem novos clientes para o mercado.

Este é um ponto-chave para os gestores que contemplam a sustentabilidade. Numa época em que os concorrentes podem facilmente se referenciar uns nos outros para eliminar ineficiências, aumentar a satisfação do cliente e alcançar as melhores práticas operacionais, muitas indústrias estão experimentando o que Porter chama de convergência competitiva.

> Quanto mais as empresas fazem benchmarking, mais eles se parecem... Como os rivais imitam a melhoria da qualidade, tempos de ciclo, ou parcerias com os fornecedores uns dos outros, as estratégias convergem e a concorrência torna-se uma série de corridas por caminhos idênticos nas quais ninguém pode vencer.[239]

A questão é: a sustentabilidade pode oferecer uma nova e relativamente desimpedida fonte de vantagem estratégica? Nos termos de Porter, será que os fatores ecológicos e sociais podem habilitar uma empresa a realizar atividades diferentes daquelas dos rivais, ou a realizar atividades similares de maneira diferente? A resposta vai variar à medida que o desempenho de sustentabilidade da indústria amadurece com o tempo. Mas o ritmo lento com que as empresas na maioria dos setores está adotando o pensamento da sustentabilidade, combinado com o crescimento contínuo nos próprios desafios subjacentes à sustentabilidade, praticamente garantem uma grande fonte de vantagem estratégica para o futuro próximo.

Desempenho em sustentabilidade vai, por fim, desaparecer como uma fonte de vantagem competitiva, quando todas as firmas mudarem para a energia limpa e sem resíduos, eliminarem produtos químicos tóxicos e satisfizerem outras expectativas de mercado em relação a outros práticas empresariais sintonizadas ecológica e socialmente. Mas se as tendências recentes são alguma indicação, vai levar ainda algumas décadas antes que isso aconteça. Desfazer idiotices ecológicas (como a lâmpada incandescente, que converte 90% da eletricidade em calor quando o objetivo é luz) dos últimos dois séculos não é tarefa fácil. Até que seja cumprida, as empresas na vanguarda do desempenho de sustentabilidade poderão ganhar vantagem significativa.

As três estratégias genéricas

As três estratégias genéricas são parte de um conjunto maior de modelos, incluindo as conhecidas Cinco Forças de Porter (para avaliar a atratividade da indústria) e análise da cadeia de valor (para implementar as estratégias). Aqui, consideramos apenas o primeiro modelo com foco na sustentabilidade: como os fatores ecológicos e sociais reforçam ou mudam a estratégia de negócio da empresa?

As três estratégias genéricas são definidas ao longo de duas dimensões: escopo (o tamanho e a composição do mercado) e força estratégica (ou competência relativa aos concorrentes). As alternativas – baixo custo, diferenciação e foco – enfatizam a necessidade de escolher entre posições incompatíveis e evitar ficar preso em contradições inerentes, como a de ser, simultaneamente, o jogador de baixo custo e o mais diferenciado em uma indústria.

As três estratégias genéricas

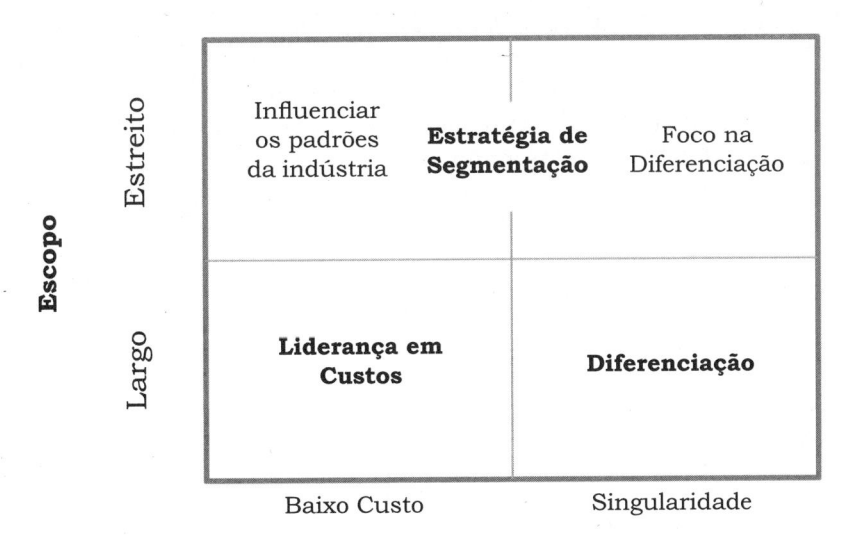

	Baixo Custo	Singularidade
Escopo Estreito	Influenciar os padrões da indústria / **Estratégia de Segmentação**	Foco na Diferenciação
Escopo Largo	**Liderança em Custos**	**Diferenciação**

Força estratégica

O mercado de aviação oferece uma ilustração perfeita do modelo como um todo e do risco específico de ficar "preso no meio do caminho". Operadores de ponta, de serviço completo, como a United Airlines ou a Continental, com muitas rotas e máximo conforto são diferenciadas pelo largo escopo. A Southwest Airlines persegue a segmentação de baixo custo na competição de preço com os carros em rotas ponto-a-ponto com serviços limitados e níveis de conforto básicos.

Quando a Continental lançou sua operação CALite num esforço para emular a Southwest, ela efetivamente bambeou entre duas posições: ao tentar simultaneamente cortar custos para competir com a Southwest e se diferenciar baseada na abordagem de serviço completo, ela não fez qualquer dos dois e eventualmente teve de fechar as portas. A CALite é um exemplo de ficar no meio do caminho por não ser capaz de implementar os trade-offs e as duras decisões estratégicas.

Enquanto a Southwest tinha apenas um tipo de aeronave (Boeing 737), a Continental tinha 16 tipos diferentes de avião. Enquanto a Southwest voava para aeroportos secundários de baixo custo, perto das grandes cidades, os hubs da Continental eram todos baseados nos aeroportos das principais cidades ou aeroportos menores, com pouca demanda. A Southwest tinha manutenção localizada, a Continental manteve suas instalações de manutenção em seus principais hubs. Por todas estas razões, a CALite foi incapaz de entregar a flexibilidade com o menor custo necessária para competir com a Southwest, enquanto os passageiros do curso regular da Continental se tornaram cada vez mais desencantados com o que viram como um serviço de má qualidade.[240]

Sustentabilidade como fonte de liderança nos custos

Empresas que optam por concorrer nos custos apelam para os clientes sensíveis ao preço. Ao levar a cabo esta estratégia, você deve ter preços mais baixos do que os rivais e, a fim de alcançar rentabilidade acima da média, custos ainda mais baixos. Matematicamente, a redução de custos deve ser proporcionalmente maior do que a redução de preços a fim de atingir margens acima da média. Existem várias maneiras de alcançar a liderança de custo, que muitos de nós estamos usando diariamente, incluindo alta rotatividade de ativos, baixos custos operacionais e de controle superior sobre compras da cadeia de abastecimento.

Sustentabilidade pode ser um indutor fantástico para uma empresa que busca a liderança de custo, porque isso leva a menos materiais, menos energia, zero resíduo, o redesenho de seus produtos e modelo de negócios com menos externalidades negativas (e a potencialmente mais baratas). Além disso, o desempenho social e ambiental pode transformar em virtude essas economias de custos, através da promoção dos produtos e serviços daí resultantes como ecológicos e socialmente mais sintonizados em um mercado que cada vez mais espera por isso.

A Walmart é um exemplo óbvio de liderança no custo com um escopo amplo. Visto através da lente do modelo de Porter, fica imediatamente claro como os objetivos de sustentabilidade do varejista para melhorar o caminhão e a sua eficiência (dois dos objetivos de curto prazo para atingir 100% de energia renovável) e para reduzir o desperdício (no seu caminho para alcançar o zero resíduo) contribuem para a sua vantagem estratégica. Dentro de três anos, a sustentabilidade incorporada levou a Walmart a melhorar a eficiência de combustível da frota de caminhões em 30% e a eficiência energética das lojas em 45%.[241] O foco na eliminação de 5% dos materiais de embalagem deve economizar 3,4 bilhões de dólares até 2013.

E o que dizer da terceira meta de sustentabilidade da Walmart: de "vender produtos que sustentam nossos recursos e o meio ambiente"? Ao invés de enxergar a mudança para produtos sustentáveis como uma estratégia de diferenciação, pode-se argumentar que isso reforça a liderança de custos. Sem dar atenção aos atributos de sustentabilidade nos produtos e cadeias de suprimentos, a Walmart se arriscaria a perder a licença de operação (no sentido intangível da aprovação da sociedade) assim como teria uma dificuldade crescente em abrir novas lojas em novos mercados e afastaria um número cada vez maior de consumidores para os quais os atributos ambientais são importantes.

A sustentabilidade como fonte de diferenciação

A diferenciação tem a ver com a criação de atributos originais (e excepcionalmente valiosos para os clientes,) pelos quais a sua empresa pode cobrar um preço proporcionalmente maior do que os custos em que incorre. Esses atributos podem ser baseados em desempenho, qualidade, estética, o canal revendedor, disponibilidade, imagem de marca, serviço ao cliente, e muitos outros fatores. Os tênis de corrida da Nike e os carros da BMW vêm à mente como exemplos de estratégias de diferenciação de amplo escopo.

Uma estratégia de diferenciação é possível quando os clientes têm necessidades muito específicas e as empresas dispõem de capacidades únicas para satisfazer essas necessidades de forma que não pode ser facilmente imitada por seus rivais (pense nas habilidades de design da Apple e no know-how da Pixar Animation). Em alguns casos, recursos exclusivos de gerenciamento de marca levam as empresas a diferenciar produtos que, de outra forma, seriam difíceis de distinguir dos produtos concorrentes, como no caso das bananas Chiquita ou do café Starbucks.

Atributos verdes e de desempenho social podem reforçar o produto, o processo e a singularidade da marca. Em cosméticos, ingredientes naturais e orgânicos contribuem para a imagem de luxo de marcas como Sanoflore e Dr. Hauschka, ambos de propriedade da L'Oréal. Em um recente seminário de gestão, o executivo sênior da L'Oréal, de forma perspicaz, observou que, em algum momento no futuro, a própria natureza será o derradeiro luxo.

Nos carros, o topo de linha Lexus LS600h, que custa mais de US$ 100.000, se apresenta como um veículo ultraluxuoso que oferece uma "combinação anteriormente contraditória do desempenho do motor de cair o queixo, eficiência no consumo de combustível e baixas emissões".[242] O silêncio e a limpeza do motor elétrico são diferenciais óbvios no segmento de luxo, mas mais surpreendente é o recente anúncio da próxima linha de veículos elétricos dos fabricantes de automóveis. Falando para um grupo de crianças, Norbert Reithofer, o CEO da BMW, disse: "Quando vocês tirarem suas carteiras de motoristas daqui a 10 anos, vão dirigir um BMW elétrico".[243] E Adrian van Hooydonk, diretor da BMW Group Design, acrescentou: "E isso é celebrar a boa vida ao invés da vida fácil".[244]

Empresas tão diversas como a Johnson Controls, a Danone, a Siemens, a Henkel e a BT estão todas perseguindo estratégias de diferenciação com o desempenho de sustentabilidade no centro de suas atividades. A sustentabilidade contribui para a sua capacidade de se diferenciar de uma dentre duas maneiras. No nível mais básico, ela simplesmente adiciona um novo atributo de produto, tais como a certificação de Comércio Justo. Os clientes compram o café "fair-trade" da Starbucks pela sua imagem, sabor, disponibilidade, ambiente de loja, e porque ele promete práticas de pagamento equitativo aos seus produtores de café. O comércio justo não exige que a Starbucks seja verde e socialmente responsável em outros aspectos do seu negócio.

No segundo caso, o desempenho de sustentabilidade contribui para a diferenciação existente ao longo de muitos atributos de diferenciação: redefine qualidade, estética, imagem e relações com os stakeholders. No modelo de sustentabilidade incorporada, um produto ou serviço que encarna a sustentabilidade não compromete a funcionalidade ou preço. Não há trade-offs em usabilidade, confiabilidade e durabilidade. No entanto, o produto – seja uma lâmpada, um produto de limpeza, um empréstimo bancário, ou um carro – vai parecer e ser percebido de forma muito diferente de seus concorrentes convencionais.

Utilizando a sustentabilidade para segmentação de mercado (foco)

As empresas com foco estratégico miram segmentos específicos de mercado e possuem linhas de produto limitadas. Quando a competição é pelo foco, você seleciona um subconjunto de consumidores dentro da indústria e procura adequar as suas estratégias a servi-los ao ponto de excluir qualquer outro. Duas variantes são possíveis: foco no custo e foco na diferenciação. A primeira busca vantagens de custos em segmentos selecionados enquanto a outra explora necessidades especiais. Em ambos os casos existe uma crença subjacente de que os segmentos apontados são servidos de forma não satisfatória pelos competidores em geral. "O focalizador pode assim obter vantagem competitiva ao se dedicar exclusivamente ao segmento."[245]

O pequeno mas crescente número de consumidores que exigem produtos ambientalmente corretos, não-tóxicos, socialmente igualitários e sustentáveis de uma forma geral oferece uma oportunidade de segmentação ideal para empresas afinadas com o verde e o social. "Pequenos negócios mal arranharam seu potencial", diz o guru da sustentabilidade Joel Makower. "Em cada mercado, agora, existe um lojista, tinturaria, mecânico de carros, cafeteria com consciência verde."[246] O rápido crescimento de grupos de consumidores conscientes ambientalmente como o True Blue Greens[247], o LOHAS,[248] e o Cultural Creatives[249] favorece (mas não garante) oportunidades de nichos lucrativos para pequenas e médias empresas que usem a sustentabilidade para reforçar estratégias de foco.

Aqui vai uma amostra de diferenciadores com foco na sustentabilidade e seus concorrentes de amplo escopo.

Diferenciador com foco	Diferenciador com amplo escopo
Chesapeake Biofuels, LLC	DuPont
Pangea Organics	L'Oréal (marcas selecionadas)
Seventh Generation	Clorox Green Works
Patagonia	Nike Considered (linha de acessórios)
Triodos Bank	Westpac Banking Corporation
Ecowork LLC	Herman Miller
Tom's of Maine	Procter & Gamble
Taylor Companies	Herman Miller

Em quase todos os casos, o diferenciador com foco é capaz de cobrar um preço maior do que o concorrente de escopo amplo. Geralmente, isso se deve ao fato do diferenciador com foco poder ser enxergado como 100% verde ou socialmente responsável (Patagonia) enquanto empresas maiores possuem unidade de negócio consideradas como não sustentáveis (a Nike, descontadas suas linhas específicas). Existe quase um subconjunto de consumidores sustentáveis que estão dispostos a pagar mais por um produto de uma empresa especializada por causa da sua imagem imaculada e da sua habilidade de "viver pelos seus valores".

O que a sustentabilidade significa para o posicionamento estratégico

Não importa qual das três estratégias genéricas uma empresa siga, o desempenho social e ambiental pode reforçar (ou enfraquecer, se for feito de forma errada) o posicionamento estratégico. Isso pode levar uma empresa a desempenhar atividades existentes de forma diferente (por exemplo, reciclando a água usada na fabricação ao invés de descartá-la como resíduo) e a realizar uma série diferente de atividades (por exemplo, oferecendo um serviço de reciclagem para a água do consumidor). Iniciativas dirigidas à sustentabilidade para reduzir custos, diferenciar produtos, entrar em novos mercados e melhorar a reputação devem ser encaradas no contexto de reforço da estratégia empresarial existente e das prioridades de negócio.

O que acontece quando a meta não é reforçar a estratégia corporativa existente, mas mudá-la? Como a sustentabilidade pode ajudar uma empresa a migrar para uma nova estratégia – que seja mais lucrativa e defensável num mercado faminto por sustentabilidade? Na próxima seção, vamos mudar para outro modelo, a Estratégia Blue Ocean, para ajudar os administradores a responder a essas questões.

A Estratégia do Oceano Azul

A ideia por trás da Estratégia do Oceano Azul de Kim e Mauborgne é simples e chamativa. O universo dos negócios é feito de...

> ... dois tipos diferentes de espaço, que pensamos como oceanos vermelhos e azuis. Os oceanos vermelhos representam todas as indústrias existentes atualmente – o mercado conhecido (no qual) a competição crescente revolve a massa de água. Os oceanos azuis denotam todas as indústrias que não existem ainda – o mercado desconhecido (no qual) a demanda é criada ao invés de perseguida.[250]

O mercado existente se transforma em oceano vermelho quando a oferta excede a demanda e quando as indústrias experimentam a convergência competitiva. "Uma variedade de categorias de produtos e serviços têm se tornado cada vez mais parecida. E à medida que as marcas se tornam mais similares, as pessoas baseiam suas decisões de compra cada vez mais no preço."[251] O reduzido crescimento global combinado com uma queda nas barreiras comerciais e a habilidade baseada na tecnologia de imitar rapidamente os movimentos dos competidores estão tornando as águas sangrentas e estão fazendo os santuários dos monopólios e nichos de mercado desaparecerem.

O conceito-chave na Estratégia do Oceano Azul é a inovação de valor, que diz que a melhor abordagem para a estratégia não é se centrar nos concorrentes de benchmarking, mas sim criar "um salto no valor para os compradores e para sua empresa, abrindo assim novos e inexplorados mercados".[252] Ao invés de tentar derrotar os competidores, os criadores de oceanos azuis tornam a competição irrelevante. Ao invés de fazer produtos que são mais baratos ou mais exclusivos do que os do concorrente, eles se concentram em criar valor singular para os consumidores.

Com inovação de valor, Kim e Mauborgne são capazes de ir além dos trade-offs entre custo e diferenciação do modelo de Porter. O seu argumento é que o valor sem inovação mantém as empresas presas a velhos paradigmas, fazendo mudanças incrementais que não são suficientes para destacá-los no mercado. Por outro lado, a inovação sem valor tende a ser dirigida pela tecnologia e pelo pioneirismo, indo além do que os consumidores convencionais estão dispostos a aceitar e pagar. Somente combinando inovação e valor as empresas podem afetar favoravelmente suas estruturas de custos e sua proposição de valor para o comprador. "A inovação de valor acontece somente quando as empresas alinham a inovação com a utilidade, preço e posições de custos."[253]

O conceito de inovação de valor oferece um excelente modelo para estratégias de negócios dirigidas à sustentabilidade. As questões sociais e ambientais colocadas diante das empresas geralmente levam seus gestores a fazer apenas mudanças incrementais dentro do paradigma existente – como a garrafa de água Eco-water da Nestlé, com menos plástico e mais compressão – quando o verdadeiro desafio seria ir além do plástico. As questões sociais e ecológicas também levam os gestores a imaginar produtos que o mercado ainda não está pronto para aceitar, desde computadores com painéis de bambu até telhas solares e árvores de mentira[254] que retiram CO_2 do ar. Enquanto escrevíamos este texto, esses produtos ainda não tinham conseguido obter qualquer nível de penetração no mercado convencional. Somente ao se alinhar a inovação com a utilidade e o preço é que a sustentabilidade leva a produtos e serviços que possuem aceitação de mercado, e somente ao se alinhar os custos com a utilidade e o preço é que a empresa se torna capaz de capturar uma parte do valor criado.

Para aquelas empresas capazes de adotar uma abordagem de inovação de valor para a sustentabilidade, os oceanos azuis estão à espera, à medida que as expectativas de mercado e o comportamento de compra se ampliam para incorporar atributos sociais e ambientais. A necessidade de reduzir a dependência de combustíveis fósseis, eliminar os resíduos, produtos químicos tóxicos e restaurar a saúde e a integridade das comunidades cria novos mercados para aquelas empresas que conseguem alinhar seus esforços de inovação com definições sustentáveis de utilidade, preço e custos. Algumas pessoas criticaram a Estratégia do Oceano Azul, dizendo que ela conduz a "lagoas azuis"[255] ao invés de a oceanos em termos de tamanho de mercado.

Quando aplicada aos desafios como a estabilidade do clima, segurança alimentar e da água e a biodiversidade, rapidamente se torna aparente que o potencial para a inovação de valor sustentável é tão vasto quanto os maiores oceanos.

Não há dúvida de que a maioria dos desafios sociais e ecológicos de hoje exige uma mudança sistêmica. O carro elétrico não terá sucesso sem uma nova estrutura de abastecimento; a energia limpa certamente envolverá mudanças na distribuição e transmissão da eletricidade; e o plástico de celulose exige inovações nas tecnologias de reciclagem e práticas de descarte. A inovação de valor se encaixa bem com esses desafios, pois é sistêmica por natureza.

> Como o valor para o comprador vem da utilidade e do preço que a empresa oferece a ele, e como o valor para a empresa é gerado pelo preço e sua estrutura de custos, a inovação de valor é obtida somente quando todo o sistema da empresa em termos de utilidade, preço e custos está alinhado satisfatoriamente.[256]

Ao contrário, iniciativas de ecoeficiência que conservam a energia e cortam o desperdício – não importa quão grandes sejam as economias – não criam oceanos azuis porque não tocam na proposição da utilidade. A ecoeficiência pode contribuir para as estratégias de liderança em custos, descritas na seção anterior, assim como os atributos de sustentabilidade por si podem contribuir para a diferenciação de produto, mas nenhum deles oferece a transformação sistêmica global exigida para criar um oceano azul.

"Nesse sentido", concluem Kim e Mauborgne, "a inovação de valor é mais do que inovação. Tem a ver com estratégias que englobam todo o sistema de atividades da empresa... obtendo um salto no valor tanto para compradores como para a própria empresa". Que modelo perfeito para a sustentabilidade incorporada! Ele desafia as empresas a se afastarem das mudanças incrementais e de apenas mexerem com os designs de produto, modelos de negócios e tecnologias existentes. Por exemplo, manter as emissões de CO_2 constantes nos níveis de 2010 ou mesmo reduzindo-as 30% pelos padrões históricos pode acabar sendo largamente insuficiente nos setores elétrico, siderúrgico, de alumínio, cimento, petróleo e gás e automotivo.

Qual o tamanho da oportunidade em termos de criação de valor para o negócio? Num estudo sobre os lançamentos de 108 empresas, Kim e Mauborgne descobriram que 86% dos lançamentos eram extensões de linhas, o que significava melhoras incrementais dentro dos oceanos vermelhos, e os restantes 14% eram lançamentos dirigidos a criar oceanos azuis. Ainda assim, as extensões de linha responderam por apenas 39%, enquanto os oceanos azuis geraram 61% dos lucros totais. Os autores concluem: "Já que os lançamentos incluíam os investimentos totais feitos para se criar os oceanos vermelhos e azuis (não importam suas consequências em termos de receita e lucros, incluindo as falhas) os benefícios de desempenho ao se criar oceanos azuis são evidentes."[257]

Empresas que são as primeiras em seus ramos a se lançar em oceanos azuis "movidos a sustentabilidade" podem esperar significativas e duradouras vantagens estratégicas. Os pioneiros que valorizam alternativas aos combustíveis fósseis, geração descentralizada de eletricidade, plástico de celulose e substitutos in vitro para a carne têm a possibilidade de criar novos e lucrativos espaços de mercado sem concorrência pelos próximos anos.

Estratégia do Oceano Azul: ferramentas, modelos e princípios

Kim e Mauborgne oferecem ferramentas fáceis de usar e altamente visuais. Entre elas, a Strategy Canvas captura visualmente os fatores-chave para o sucesso no espaço de mercado conhecido. Ela permite que vejamos onde a competição está investindo no momento, os fatores pelos quais o mercado compete atualmente e o que os consumidores recebem das ofertas competitivas existentes nele.

Perfil estratégico: existentes vs. [Yellow Tail]

Negócio: tipo de consumidor de vinho: "bebedor de lazer"

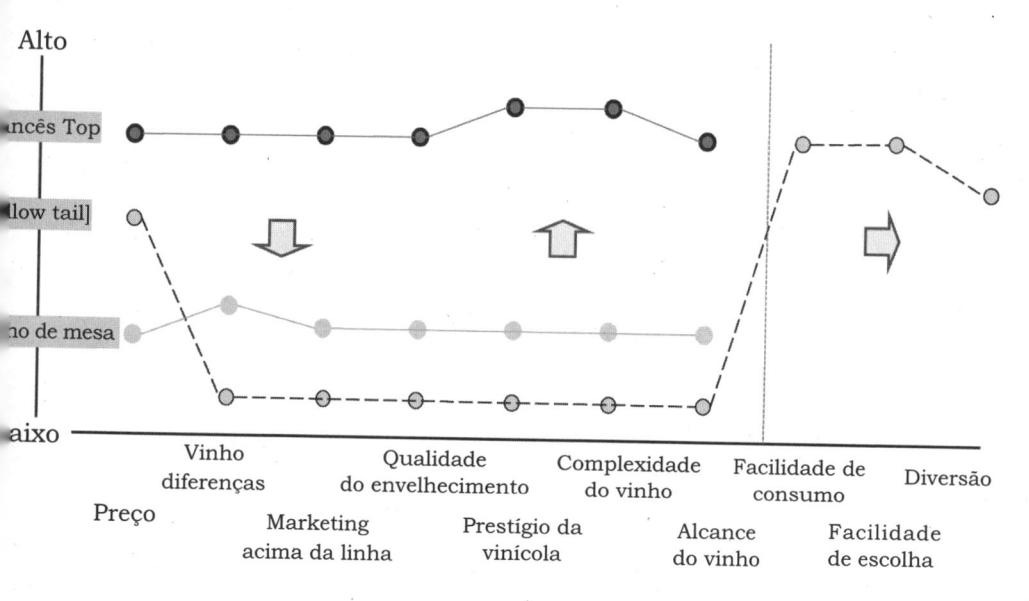

Eixo vertical: Alto / Baixo
Rótulos: ncês Top, low tail, no de mesa

Eixo horizontal: Preço, Vinho diferenças, Marketing acima da linha, Qualidade do envelhecimento, Prestígio da vinícola, Complexidade do vinho, Alcance do vinho, Facilidade de consumo, Facilidade de escolha, Diversão

Fonte: W. Chan Kim e Renée Mauborgne, Blue Ocean Strategy: How to Create Uncontested Market Space and Make the Competition Irrelevant (*Harvard Business Press*, 2005); uso autorizado por Jens Meyer, Professor-adjunto, INSEAD/Cedep.

Veja a Strategy Canvas para os vinhos, mostrada acima. Um novo competidor, Yellow Tail,[258] entrou num mercado com dois segmentos (vinhos finos e vinhos de mesa) e virou-o de cabeça para baixo ao criar novos vinhos oferecidos como "fáceis de beber", "fáceis de escolher" e "divertidos". Ela eliminou a complexidade, com suas muitas variações e termos da enologia dos vinhos finos e aumentou o envolvimento dos varejistas relativo aos vinhos de mesa, e, com isso, conquistou uma parcela de não bebedores de vinho, incluindo aquelas pessoas que prefeririam a cerveja ou coquetéis prontos.

Com o Yellow Tail, os líderes em sustentabilidade podem reduzir ou eliminar os fatores pelos quais outras empresas na indústria competiram durante muito tempo – embalagens bonitas, o abastecimento a longas distâncias, uso intensivo de energia, produtos químicos potentes, servir apenas aos consumidores mais ricos – e, com isso, introduzir fatores inteiramente novos como comércio justo, a resistência às secas e a biodegradabilidade.

Como seria a Strategy Canvas para o ec-H_2O, da Tennant, descrito no capítulo anterior? Ao eliminar completamente os produtos químicos de limpeza, ele oferece o mesmo desempenho de limpeza com menos resíduos de água e menos recargas, juntamente com menos riscos sanitários e ambientais para os funcionários que manejam o equipamento, permitindo que os clientes comerciais integrem a limpeza sem produtos químicos às operações de suas instalações verdes.

Para desenhar uma nova Strategy Canvas, Kim e Mauborgne oferecem um modelo de quatro ações que se presta muito bem ao pensamento sustentável:

1. Quais dos fatores na Strategy Canvas devem ser reduzidos muito abaixo dos padrões do mercado?

2. Que fatores que a indústria tem por certo devem ser eliminados?

3. Quais fatores devem ser levantados bem acima do padrão da indústria?

4. Quais os fatores que devem ser criados que a indústria nunca ofereceu?

Fazer estas quatro perguntas através das lentes da sustentabilidade ecológica e social produz um rico cardápio de oportunidades em todos os setores.

Vendo de forma diferente

Em *O Código Da Vinci*, de Dan Brown, é revelado ao leitor que, na pintura de Leonardo da Vinci, A Última Ceia, há uma mulher na mesa – Maria Madalena – contrariando o que todos sabem: os 12 apóstolos são todos homens e o apóstolo à direita de Jesus é João. Se você for como muitos de nós, depois de ler o livro ou ver o filme, você correu para o seu computador e buscou no Google a imagem de *A Última Ceia*, só para ficar extremamente confuso com o que parece ser realmente a imagem de uma mulher. Como é que nunca tínhamos visto isso antes? Quem era esta mulher? Seria ela de fato a mulher de Jesus?

Com o mesmo espírito, o modelo de Kim e Mauborgne é projetado para ajudar os gestores a visualizarem as oportunidades que existem, mas que podem não ser imediatamente visíveis. Eles fazem isso alargando o escopo do pensamento, empurrando-nos para além de nossos principais clientes atuais para atingir clientes que estão "em cima do muro" e até mesmo os não clientes que rejeitam a oferta da indústria existente.

> Ao invés de olhar dentro dos limites [oceano vermelho], os gestores precisam olhar sistematicamente através deles, para criar oceanos azuis. Eles precisam olhar para os setores alternativos, através de grupos estratégicos, através de grupos de compradores, através de produtos complementares e ofertas de serviços, através da orientação funcional-emocional de uma indústria, e mesmo ao longo do tempo.[259]

Como indutora de oportunidade no oceano azul, a sustentabilidade alarga o escopo do valor para incluir o valor dos stakeholders (e não apenas dos consumidores), as dimensões ambiental, de saúde e social (e não apenas à econômica), e cadeia de valor do ciclo de vida (não apenas as operações da própria empresa). Ele fornece uma lente adicional através da qual as oportunidades de inovação são identificadas e desenvolvidas.

A Cemex, a terceira maior empresa de cimento do mundo, descobriu um novo e rentável oceano azul, ao mesmo tempo em que criou valor social em seu mercado doméstico. Seu programa Patrimonio Hoy, lançado em 1998, apoia a construção de casas entre os pobres do México, estendendo microcrédito para pequenos grupos de clientes que se comprometerem em conjunto a pagar a dívida. O programa permitiu que 75 mil famílias construíssem ao mesmo tempo as suas casas de um quarto, em um terço do tempo e a um custo um terço menor. Segundo o gerente geral do programa, até 2002 o Patrimonio Hoy estava gerando fluxo de caixa positivo de operações de mais de 2 milhões de pesos por mês.[260] "Enquanto os concorrentes da Cemex vendiam sacos de cimento, ela vendia um sonho, com um modelo de negócios que envolvia financiamentos inovadores e know-how de construção."[261] O outrora inexplorado mercado de pessoas pobres que botam a mão na massa transformou-se em uma oportunidade de 650 milhões de dólares por ano, com a Cemex atingindo taxas de crescimento mensal de 15 por cento. De acordo com Kim e Mauborgne, a Cemex criou um oceano azul de cimento emocional que trouxe diferenciação a um custo baixo.

No entanto, enquanto Estratégia do Oceano Azul se presta ao desafio da sustentabilidade empresarial, Kim e Mauborgne pareciam ter ignorado toda a extensão da oportunidade neste espaço. Sua principal referência para a sustentabilidade (no sentido ecológico e social) é como um atributo isolado do produto (ou como fator utilitário para o consumidor), que eles chamam de "respeito pelo meio ambiente".[262] O respeito pelo meio ambiente é tratado como um dos muitos fatores em equivalência com "produtividade para os consumidores", "simplicidade", "conveniência", "risco" e "divertimento". Em um contato pessoal com um de nós (Chris Laszlo), Renée Mauborgne reconheceu que a Estratégia do Oceano Azul tem enormes – e ainda inexploradas ou pouco exploradas – aplicações para estratégias de sustentabilidade voltadas aos negócios.[263] A noção de criação de espaços de mercado totalmente novos é atraente para os defensores da sustentabilidade, mas como eles podem ter certeza de que estão pensando alto o suficiente? Para responder a esta pergunta, voltamo-nos para um modelo poderoso para pensar sobre a inovação disruptiva. Clayton Christensen nos oferece o terceiro e último modelo necessário para compreender como a sustentabilidade cria vantagem estratégica.

A inovação disruptiva de Clayton Christensen

Clayton Christensen desenvolveu sua teoria da inovação disruptiva para ajudar as empresas a "manejarem ou iniciarem mudanças revolucionárias em seus mercados".[264] Desse modo, ela é especialmente relevante para os muitos desafios de sustentabilidade que exigem soluções de negócios radicais, e não apenas incrementais. Vejamos, por exemplo, o caso da mudança climática. O Quarto Relatório de Avaliação do Painel Intergovernamental sobre Mudanças Climáticas (IPCC), indica 80 a 95% de redução nas emissões de CO_2 induzidas pelo homem até 2050, em relação aos níveis de 1990 – uma redução enorme, dado que neste período a população do mundo aumentará cerca de um terço enquanto a afluência (medida pela renda global) também deve crescer.[265] Como as empresas responderão a esse desafio?

Christensen faz uma distinção útil entre o que ele chama de tecnologia sustentável e aquelas que são disruptivas. As tecnologias sustentáveis melhoram o desempenho dos produtos estabelecidos "dentro das dimensões do desempenho que os clientes tradicionais nos mercados mais importantes valorizaram historicamente". No modelo de Christensen, as tecnologias sustentáveis podem ser descontínuas ou incrementais. Em ambos os casos elas oferecem aos clientes um melhor desempenho do que o que existia antes. Em contrapartida, as tecnologias disruptivas geralmente resultam em pior desempenho do produto, pelo menos no curto prazo. Elas apelam para mercados não-tradicionais que valorizam exclusivamente a inovação, apesar das limitações que as tornam pouco atraentes para o mercado convencional.

Os líderes do setor tendem a "ultrapassar" as necessidades dos clientes, simplesmente porque a tecnologia permite que o façam – lembre-se de todos os dispositivos e características de seu celular que você nunca usou. Ao perseguirem os novíssimos recursos, os líderes da indústria comparam as novas tecnologias com as já existentes, ao invés de compará-las com a demanda do mercado por desempenho.

O conceito de mudança tecnológica disruptiva é fundamental para o que Christensen chama de dilema do inovador. Diante da mudança disruptiva, os líderes da indústria são frequentemente prejudicados pelos mesmos fatores que levam ao seu sucesso, a gestão da mudança exige um conjunto diferente de princípios de gestão e abordagem estratégica do que aqueles que os operadores normalmente usam para preservar a sua vantagem adquirida.

A questão aqui é se a mudança disruptiva descreve adequadamente os desafios da sustentabilidade, tais como as alterações climáticas e a pobreza global que exigem uma inovação radical no processo de produção e design de produto. Estes desafios exigem não só reduzir danos, mas também soluções que ajudem a restaurar os desequilíbrios na sociedade e na natureza. Para responder a essa pergunta, vamos recorrer ao, talvez, caso mais famoso no repertório Christensen.

O que Isso Significa para a Estratégia de Negócios **117**

A indústria do drive de disco

O estudo de caso mais detalhado de Christensen da inovação disruptiva é o das unidades de disco dos computadores. Ele mostra a evolução das unidades de disco rígido a partir da tecnologia dos discos de 14 polegadas, introduzidos pela IBM na década de 1950 e terminando com a tecnologia de unidades de 2,5 polegadas, que se tornou o padrão nos notebooks nos anos 1990.

Após a introdução inicial dos discos de 14 polegadas, as inovações sustentadas melhoraram a sua capacidade a uma taxa média de 35% ao ano.[266] Quando as unidades de 8 polegadas foram introduzidas, elas inicialmente não interessavam para os usuários de computador mainframe por causa de sua capacidade limitada, mas encontraram uma posição de nicho com os fabricantes de minicomputadores. Inovações sustentadas aumentaram a capacidade dessas unidades até que a unidade de 5,25 polegadas foi introduzida, e que mais uma vez não interessou ao mercado existente, por causa da capacidade limitada de armazenamento (10 MB em vez de 60 MB para as unidades de 8 polegadas disponíveis em 1981), mas encontrou um mercado emergente com os fabricantes do computador pessoal (PC). Com o advento dos PCs, a competição mudou de diferenciação com base na capacidade de armazenamento para a diferenciação com base no tamanho.

A próxima inovação disruptiva veio com as unidades de 3,5 polegadas, oferecendo novamente os benefícios do tamanho. Mais uma vez, os clientes existentes de produtos convencionais, tais como o IBM XT e AT, pareciam estar à procura de discos de alta capacidade com menor custo por megabyte, ao invés de tamanho menor. Os fabricantes existentes da unidade de 5,25 polegadas decidiram ser contra o investimento na tecnologia de 3,5 polegadas, alegando que elas jamais poderiam ser construídas a um custo menor por megabyte do que a unidades de 5,25 polegadas. Como Christensen aponta com muita clareza, foi o pensamento de gestão e análise de mercado, e não de tecnologia, que impediu os operadores históricos de investirem no novo formato.

Após a introdução da unidade de 3,5 polegadas, a base da competição passou da redução do tamanho para melhorar a confiabilidade, com peças previamente tratadas mecanicamente agora tratadas por via eletrônica. Outras inovações (incluindo a mudança para unidades de 2,5 polegadas e 1,8 polegada) foram inovações sustentadas que melhoravam o desempenho segundo os critérios com os quais os clientes existentes se preocupavam: robustez, peso e baixo consumo de energia, bem como menor tamanho físico. Não é surpreendente, dada a tese de Christensen, que operadores tenham sido capazes de facilmente fazer a transição para os novos formatos, pois os clientes regulares existentes agora valorizavam os novos atributos tecnológicos. Pesquisas de mercado e demanda dos clientes apoiavam as unidades de 2,5 polegadas e 1,8 polegada desde o início.

As lições da indústria das unidades de disco mostram que as inovações disruptivas são geralmente ignoradas pelos principais fabricantes, porque elas resultam em um produto que não é imediatamente atraente para seus clientes tradicionais. Os operadores históricos estão focados em trajetórias estabelecidas de maior desempenho e margens mais elevadas. As empresas que lideram a indústria na adoção de tecnologias disruptivas são, em todos os casos, as que têm líderes recém-chegados à indústria, e não seus líderes históricos. A ironia é que os líderes da indústria são derrubados precisamente porque ouvem seus clientes e investem em novas tecnologias que lhes proporcionam os tipos de melhoria de desempenho que estes clientes estão pedindo. Ironicamente, um estudo cuidadoso da evolução do mercado e a avaliação detalhada das necessidades dos clientes tornam-se prejuízos estratégicos.

Líderes da indústria estabelecidos parecem desenvolver uma espécie de surdez às novas realidades de mercados emergentes. Será que tal desconsideração da mudança disruptiva explica por que muitos líderes da indústria não assumem por completo os desafios da sustentabilidade em suas atividades?

O carro elétrico

No mercado automotivo, a tecnologia do carro elétrico da década de 1990 – o GM EV1 – foi um clássico exemplo de tecnologia disruptiva que falhou em obter apoio da alta administração das empresas estabelecidas. O EV1 tinha uma autonomia muito baixa, baixa aceleração, e apelou para um nicho muito pequeno de mercado, que não interessava. Como tecnologia, os carros elétricos atraíram somente os novos operadores até 2009 – 30 empresas ao todo[267] – e sequer um único representante do mercado automobilístico existente. Mesmo os mais conhecidos entre eles, como Tesla e Fisker Automotive, tiveram sucesso apenas em nichos de mercado. Mas o que dizer sobre a entrada em 2010 de grandes companhias automobilísticas no campo dos veículos eléctricos, como o Volt da GM e o Nissan Leaf? Será que o carro da próxima geração elétrica é um caso de inovação disruptiva ou é uma mudança radical, mas sustentável? Usando a analogia da unidade de disco, o caso dos carros elétricos de hoje se assemelha à mudança da tecnologia de 8 para 5,25 polegadas, ou à mudança de unidades de 3,5 para 2,5 polegadas?

A visão de Christensen sobre o carro elétrico

Em "The Innovator's Dilemma", publicado em 1997, Christensen apresenta um estudo de caso orientado para o futuro, "usando uma voz pessoal, para sugerir como eu, como funcionário hipotético de uma grande montadora, poderia gerir um programa para desenvolver e comercializar uma das mais constrangedoras inovações dos nossos dias: o veículo elétrico".[268] Rever sua análise prospectiva, feita há 14 anos e compará-la ao que existe hoje é uma oportunidade fascinante de testar seu modelo.

Christensen faz duas perguntas. Primeiro: "será que o carro elétrico representa uma ameaça disruptiva legítima para empresas que fazem os automóveis movidos a gasolina?" E, em segundo lugar: "Ele constitui uma oportunidade para o crescimento rentável?"

Para responder à primeira pergunta, ele coloca em gráficos as trajetórias de melhoria de desempenho exigidas pelo mercado versus a melhoria de desempenho fornecida pela tecnologia. Lembre-se de que para uma tecnologia disruptiva ter sucesso, o seu desempenho tecnológico deve, eventualmente, exceder as expectativas do mercado.

Desempenho do carro elétrico vs. Demanda do mercado

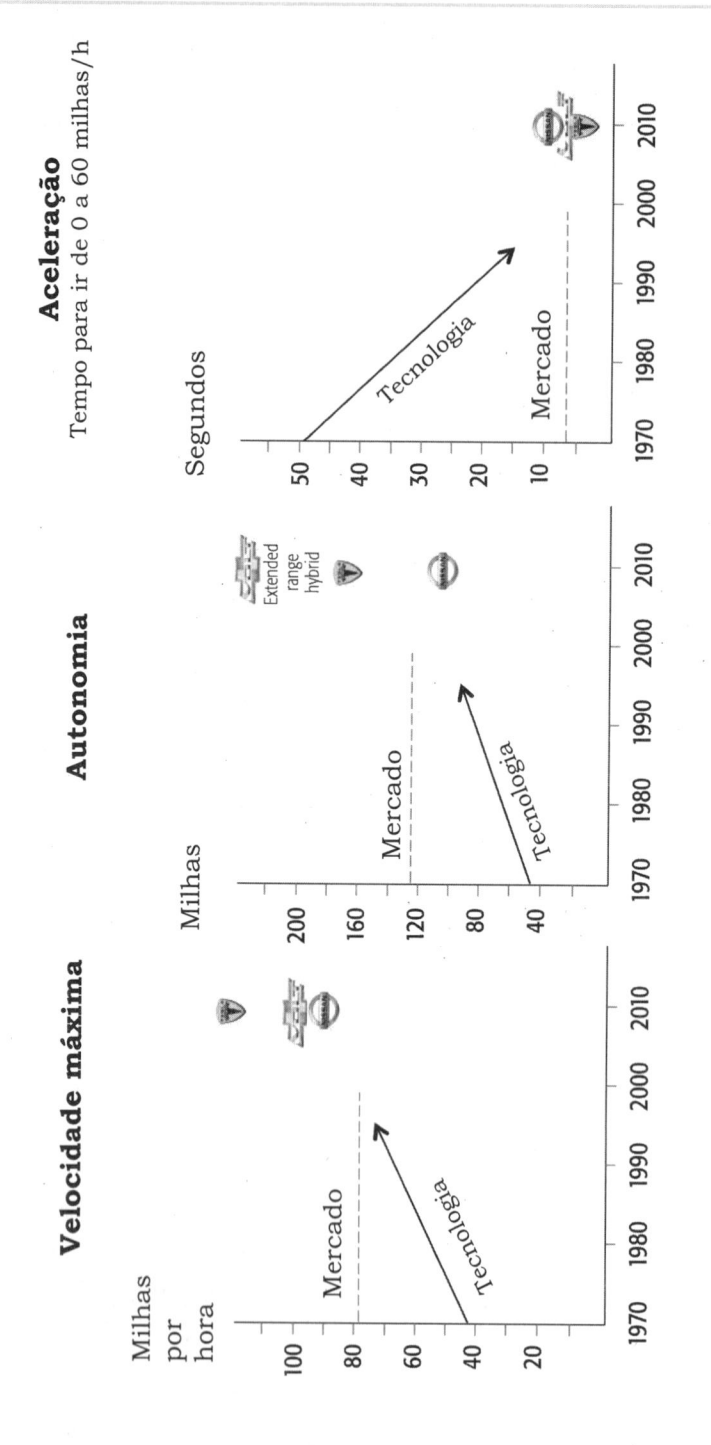

Velocidade máxima **Autonomia** **Aceleração**
Tempo para ir de 0 a 60 milhas/h

Fonte: Clayton M. Christensen, The Innovator's Dilemma (Collins Business Essentials, 1997), p. 238.

Como recurso visual, suas trajetórias originais de 1997 para o desempenho da tecnologia do carro elétrico versus a demanda do mercado são mostradas como linhas retas e pontilhadas que terminam no final da década de 1990. O desempenho da tecnologia de três carros elétricos em 2011 são sobrepostos: o Chevrolet Volt (um híbrido que usa um motor a gasolina para aumentar o alcance da bateria elétrica), o Leaf, da Nissan, e o Tesla Model S.

Os três gráficos deixam muito claro numa rápida olhada que o carro elétrico é uma tecnologia disruptiva e que é uma ameaça para os grandes fabricantes de automóveis movidos a gasolina.

O desempenho da tecnologia elétrica está se aproximando – e agora é superior – à demanda do mercado para o desempenho de acordo com os critérios-chave. Então, o que mais podemos aprender através da comparação da previsão de 1997 com a realidade de 2011? As trajetórias de Christensen para "velocidade" e "aceleração" parecem ter sido muito bem estimadas. No que diz respeito à capacidade de autonomia limitada dos carros elétricos, existem várias maneiras pelas quais as montadoras podem abordar o problema. Elas podem escolher se concentrar em segmentos de mercado tais como os trabalhadores da cidade que não precisam de autonomias de longo alcance. Elas podem desenvolver soluções tecnológicas para intervalos mais longos (a Tesla atualmente oferece uma opção de bateria com autonomia de 300 milhas (cerca de 480 km), enquanto o Chevrolet Volt usa um propulsor híbrido para ampliar o alcance para até 600 milhas (cerca de 960 km). Ou elas podem convencer os consumidores que recarregar frequentemente é fácil e conveniente (a abordagem projetada pela Nissan). Dos três modelos de 2011, dois são de empresas importantes e um (o Tesla Model S) é de um novo operador. Os preços são ainda mais altos do que os equivalentes convencionais movidos a gasolina: US$ 49.900 para o S de Tesla, US$ 41.000 para o Chevy Volt e US$ 32.500 para o Nissan Leaf.[269] O Tesla com preços mais elevados é claramente líder em desempenho e excede as exigências de demanda de mercado em todos os aspectos. Recentemente, a Toyota formalizou uma parceria com a Tesla para fabricar o modelo S (e, em 2012, o RAV4 totalmente elétrico). A Toyota não apenas vai investir US$ 50 milhões de capital na Tesla, mas também vai fornecer sistemas de engenharia e produção para o desenvolvimento de veículos elétricos.

Com base nesta análise, as empresas já estabelecidas como a GM e a Nissan (e Toyota) terão sucesso em se tornarem líderes na nova tecnologia? Lembre-se de que os resultados de Christensen mostram que os operadores históricos quase nunca conseguem fazer nada mais do que defender a sua parcela do mercado. Os novos operadores, como a Tesla, conquistarão fatias significativas de mercado, ou podemos esperar o surgimento de novos jogadores (com preços menores)?

Para entender por que os líderes da indústria têm as cartas contra eles quando lidam com as mudanças tecnológicas disruptivas, Christensen propõe o conceito de uma rede de valor.

A rede de valor: por que os líderes da indústria falham

Uma rede de valor é o contexto no qual a empresa toma decisões como a forma de responder às necessidades dos clientes e que recursos vai alocar para projetos de potencial. Dentro de uma determinada rede de valor, uma empresa está condicionada a perceber o valor econômico de uma nova tecnologia através da lente valor de suas tecnologias existentes. Segundo Christensen, "em empresas estabelecidas, as recompensas esperadas... dirigem a alocação de recursos para sustentar as inovações e para longe das inovações disruptivas".[270] Lembra dos antolhos usados para limitar e orientar a visão dos cavalos? Isso, de certa forma, pode ser a consequência de nossas redes de valor entrincheiradas.

A maneira pela qual o valor é medido difere através das redes, levando a uma classificação única dos atributos de desempenho do produto. Fabricantes de computadores mainframe percebem o valor em termos de capacidade de disco, velocidade e confiabilidade.

Estes atributos definem o limite, para unidades de disco, da sua rede de valor. Em contrapartida, os fabricantes de PC percebem valor em termos de tamanho do disco, resistência e baixo consumo de energia. É, portanto, óbvio, dadas as suas redes de valor relativo, que os fabricantes de mainframe não dão valor à passagem de 8 polegadas para unidades de 5,25 polegadas.

Atributos do produto não são os únicos fatores definidores de redes de valor. A mentalidade e a cultura da organização também evoluem em empresas já estabelecidas para apoiar a inovação de tecnologias sustentáveis existentes.

Quando se trata de pressões de sustentabilidade, muitas empresas falham em reconhecer as oportunidades de negócios, porque eles são limitados pelas redes de valor existentes. As corporações são projetadas para cerrar fileiras contra forasteiros como os ativistas, percebidos como tendo demandas sociais ou ambientais. A mentalidade que prevalece é fazer lobby contra as regulações do governo que são vistas como obstáculos que impedem a sua liberdade de ação. Acima de tudo, todas as fibras da corporação existem para dar prioridade aos lucros trimestrais para os acionistas. Criação de valor social e ecológico, apesar de relevantes para o sucesso do negócio, simplesmente não está no DNA das empresas de hoje.

Andrew Hoffman fala sobre a necessidade de transformação organizacional à medida que as empresas passam da gestão ambiental para a integração das questões ambientais no centro das suas estratégias de negócios.

> Uma mudança de gestão ambiental para a estratégia ambiental exige uma mudança simultânea e apoio na organização em termos de estrutura, cultura, sistemas de recompensa e responsabilidades de trabalho. Os gerentes devem focar no desenvolvimento de uma cultura organizacional que estimule a fusão de interesses ambientais e econômicos na tomada de decisão dos seus empregados.[271]

No caso do carro elétrico, os clientes valorizam a sua tranquilidade, confiabilidade e torque. (Os carros elétricos atingem o pico de torque a 0 rpm e são capazes de mantê-lo até 6.000 rpm, enquanto os motores a gasolina começam com baixo torque e atingem o pico em uma estreita faixa antes de cair novamente. O resultado é uma aceleração muito mais rápida dos elétricos, sem a necessidade de mudar as marchas.) Além disso, os clientes valorizam a independência do petróleo, que a história recente tem mostrado ser de preço volátil e uma fonte de conflito geopolítico. Por fim, os clientes valorizam o atributo "ambientalmente amigável" do sistema elétrico. A redução na equivalência em consumo de combustível e a possibilidade de carregar os carros utilizam eletricidade proveniente de fontes de energia limpa e proporcionam benefícios percebidos para a sociedade.

De muitas formas, o carro elétrico em 2011 está se beneficiando da ultrapassagem das necessidades do consumidor pelos fabricantes de carros a gasolina convencionais. Diante das leis de trânsito atuais e do crescente congestionamento das ruas e estradas, os carros com muitos cavalos de força, velocidades máximas acima dos 120 km/h e autonomia de 190 km excedem a demanda do mercado em termos de desempenho. O grande número de opções de luxo no topo da linha, desde assentos massageadores a telas de TV para os assentos traseiros, também está criando um guarda-chuva para os elétricos nos novos critérios de desempenho.

O padrão de tomada de decisões gerenciais de Christensen

Christensen sugere um padrão característico de tomada de decisões através de todas as indústrias. Este padrão se reflete nos seis passos mostrados a seguir. O que acontece se aplicarmos cada um desses passos à evolução da tecnologia do carro elétrico dentro da indústria automobilística desde os anos de 1990 até 2010? Christensen só podia imaginar como a história do carro elétrico iria se desenrolar. Como as tabelas a seguir demonstram, ele estava certo sobre a maioria dos passos.

Descrição do passo	O carro elétrico de 1990 a 2010
Passo 1: Tecnologias disruptivas foram desenvolvidas primeiro em firmas estabelecidas.	Apesar das tecnologias disruptivas serem geralmente comercializadas por empresas recém-chegadas ao mercado, "seu desenvolvimento geralmente se deve ao trabalho de engenheiros das firmas estabelecidas usando recursos 'contrabandeados'".	Verdadeiro: o EV1 foi desenvolvido pela GM nos anos 1990.
Passo 2: O pessoal do marketing pesquisa as reações de seus consumidores-padrão.	As organizações de marketing nas firmas estabelecidas expõem a tecnologia disruptiva aos consumidores-padrão de sua linha de produtos existente, pedindo uma avaliação. Despertando pouco interesse, os marqueteiros projetam escalas de venda pessimistas. A tecnologia do protótipo é então rejeitada pela administração.	Verdadeiro: Os carros elétricos foram desprezados e até mesmo rejeitados completamente pelos departamentos de marketing da GM e da Chrysler que compararam seu desempenho com os carros a gasolina existentes e consideraram esses carros elétricos iniciais totalmente desinteressantes.
Passo 3: As firmas estabelecidas apressam o passo do desenvolvimento tecnológico sustentável.	Em resposta às demandas dos consumidores atuais, os gestores de marketing centram-se nas inovações sustentadas no estilo "mais rápido, melhor, mais barato".	Verdadeiro: Ao invés de carros elétricos, a GM e outras montadoras dedicaram-se aos SUVs, carros com motores potentes, investindo na melhoria sustentada da eficiência de combustível dos motores centenários de combustão interna, movidos a gasolina.

	Descrição do passo	O carro elétrico de 1990 a 2010
Passo 4: Novas empresas se formam e os mercados para as tecnologias disruptivas são descobertos na base da tentativa e erro.	Novas empresas, geralmente contando com os engenheiros frustrados das firmas existentes, são formadas para desenvolverem a tecnologia disruptiva.	Verdadeiro: Por volta de 2009, cerca de 30 empresas de carros elétricos – todas recém-chegadas ao mercado automobilístico – foram fundadas. Entre elas, a Tesla, Miles, Think, Aptera e a Fisker Automotive.
Passo 5: Os recém-chegados sobem na escala do mercado.	Uma vez que os novatos pegam o jeito do mercado, promovem melhoras sustentáveis na tecnologia para se moverem para categorias de melhor desempenho.	Verdadeiro: O Venturi Fetish, totalmente elétrico é vendido por mais de US$ 400.000. O Roadster da Tesla Motors custa US$ 100.000. O Karma, da Fisker tem um preço projetado de US$ 80.000.
Passo 6: As firmas estabelecidas correm atrás do prejuízo para defender sua base de consumidores.	Com os recém-chegados começando a invadir segmentos de mercado estabelecidos, as firmas tradicionais apresentam novas tecnologias para defender sua base de clientes em seus próprios mercados.	Verdadeiro: O Volt, da GM/Chevy, e o Leaf da Nissan foram apresentados em 2010. Outros carros elétricos das maiores empresas de automóveis estão previstos para 2011 e depois.

A história do carro elétrico coloca questões interessantes sobre outras inovações impulsionadas pela sustentabilidade. Será que os grandes desafios de sustentabilidade, como a escassez de água e a pobreza global, deveriam ser abordados como oportunidades para mudanças tecnológicas disruptivas – favorecendo empresas novas e inicialmente servindo apenas a um número limitado de consumidores – ou elas deveriam ser abordadas como inovações sustentadas (tanto incrementais quanto radicais) que as firmas estabelecidas podem implementar como forma de servir ao mercado convencional existente? Como os gestores das firmas estabelecidas deveriam administrar os desafios de sustentabilidade que representam mudanças disruptivas?

Em suma

Dentre todas as inúmeras teorias de estratégia, três clássicos modernos oferecem uma paleta de soluções. Michael Porter e a escola de posicionamento sugerem que, se gerenciado corretamente, o desempenho social e ambiental pode reforçar qualquer uma das estratégias genéricas. Você pode usar os esforços de sustentabilidade para reforçar sua liderança em custos, aumentar a diferenciação ou descobrir um melhor foco. A estratégia Oceano Azul oferece ferramentas práticas para transformar o vasto panorama das pressões de sustentabilidade em novos e inexplorados territórios de mercado sem concorrência. Clayton Christensen adverte sobre o efeito cegante do sucesso de mercado atual, e oferece ferramentas para se reconhecer as oportunidades de inovação disruptiva onde alguns veriam apenas um desempenho medíocre.

No próximo capítulo, unimos a Estratégia Genérica de Porter, a Estratégia Oceano Azul de Kim e Mauborgne e a Inovação Disruptiva de Clayton Christensen em um modelo único para entendermos como a sustentabilidade contribui para a estratégia de negócios. Apoiados nos insights do campo da estratégia, chegamos ao cerne de nossa discussão sobre a sustentabilidade e sobre o que ela significa para os negócios – e oferecemos uma forma radicalmente nova de abordá-la.

5
Sustentabilidade Incorporada

Pode parecer que as palavras a seguir saíram direto de um manual da empresa verde ou de um press-release de um gerente de sustentabilidade:

> Desde os dias da Grande Depressão não houve qualquer declínio tão severo da confiança pública nas empresas e em nosso sistema econômico – nem houve oportunidade melhor para se construir uma nova era de excelência empresarial e liderança em nossa indústria e para além dela. Acreditamos que fazer o bem e se dar bem andam de mãos dadas e que a prosperidade econômica, a proteção ambiental e o empoderamento das pessoas podem, de uma maneira integrada, tornar-se uma fonte de inovação e vantagem competitiva para o longo prazo. [272]

Mas, talvez surpreendentemente, essas palavras são de uma diretora financeira, Jenniffer Deckard, que, em 2011, se tornou presidente da Fairmount Minerals, uma empresa que opera em uma indústria – mineração – que dificilmente é elogiada pelo movimento verde.

A Fairmount Minerals, a terceira maior empresa de areias industriais dos EUA, não é típica em seu mercado. Desde 2005, ela deu uma reviravolta completa em sua estratégia e práticas de negócios com o objetivo de integrar o valor social e ambiental em cada aspecto da vida da empresa. Ela desenvolveu novos processos como a reutilização de areia usada e a reciclagem de suas sacolas; novos produtos, como filtros de água de baixo custo para mercados emergentes; e novas relações, como diálogos externos conectando as necessidades e os desejos de mais de 850 de seus stakeholders. Uma vez que a sustentabilidade passou a ser trabalho de todos – e profundamente integrada no DNA da empresa –, ela também se tornou uma maneira de melhorar o posicionamento competitivo. Para uma indústria de areia, comprar minas próximas dos mercados finais é um impulsionador crucial para a lucratividade. À luz do baixo valor unitário do produto e dos altos custos de transporte, a localização é um elemento-chave para a vantagem competitiva.

Em 2006, a Fairmount Minerals pôs seus olhos sobre uma mina em Wisconsin e engajou os stakeholders da comunidade numa discussão para o coplanejamento da operação da mina. Quando a cidade de Tainter escolheu a empresa ao invés de uma concorrente vista como menos sustentável, o jornal local contou uma tocante história chamada "O conto de duas empresas de areia". Fazer mais do que a obrigação na operação de minas fez toda a diferença para conseguir o acesso preferencial a novos bens estratégicos.

Do Meio-Oeste americano, viajamos até a Áustria, terra natal do Erste Group Bank. Fundado em 1819 como o primeiro banco de poupança austríaco, o Group abriu seu capital em 1997, com a estratégia de expandir seus negócios para a Europa central e oriental. Em 2010, a base de clientes do Erste Group cresceu de 600.000 para 17,5 milhões, com mais de 50.000 empregados servindo clientes em mais de 3.000 agências em oito países.[273]

No início de 2008, enquanto os mercados da Europa central e oriental seguiam um crescimento constante mas declinante, os produtos e serviços do mercado bancário pareciam homogeneizados e indistintos para o consumidor médio, enquanto a eficiência interna do Erste Bank se aproximava de seu potencial máximo. A década à frente colocou uma nova questão diante do Group: de onde viria a fonte de sua vantagem competitiva? Em sua busca pela vantagem competitiva, o Group teve uma ideia nova e ousada: apostar na história secular do banco e na estrutura de uma década na qual 31% das ações do grupo pertenciam a uma fundação sem fins lucrativos, o que o transformava num banco "bonzinho" com proprietários com consciência social.

Apesar de inicialmente a integração do valor social ao cerne da identidade e da estratégia do Erste Group Bank ter sido discutido como uma fonte de melhor posicionamento através da diferenciação, nos anos seguintes a empresa descobriu que isso representava uma forma inteiramente nova de criar e capturar valor. Além de conectar a sustentabilidade às prioridades de negócio em mercados existentes, o grupo também descobriu um mercado novo e altamente inexplorado. A holding good.bee, cofundada pelo Erste Group Bank e sua principal acionista, a Fundação Erste, é uma empresa de serviços financeiros inclusivos construída sobre os princípios do microcrédito e do empreendedorismo social. A holding se apoia no microcrédito – o já bastante conhecido mecanismo que começou com a ideia de emprestar quantias bem pequenas para incentivar o empreendedorismo e o combate à pobreza – para desenvolver um leque mais amplo de serviços. Operando agora na Romênia, seu primeiro mercado-teste, a good.bee oferece microcrédito, micropagamentos, micropoupanças e microsseguros para populações desatendidas pelos bancos como mecanismos financeiramente lucrativos de desenvolvimento social.

Como Sava Dalbokov, um executivo veterano do Erste Bank e CEO da good.bee, declara: "ser bom é tudo de bom!"[274]

A Fairmount Minerals e o Erste Group Bank são apenas duas dentre centenas de empresas que estudamos – e com as quais trabalhamos – num esforço para entender como a sustentabilidade "feita do jeito certo" pode criar valor sustentável. O que une essas empresas é uma resposta singular às pressões ambientais, sociais e de saúde que enfrentam. Elas perseguem a sustentabilidade como prósperas oportunidades de negócio – mas nem todas as oportunidades são iguais. Ao contrário da maioria das empresas que simplesmente enfiam a sustentabilidade em suas estratégias e processos existentes como um curativo malfeito, essas empresas pioneiras integram a sustentabilidade no próprio DNA de seus negócios, e assim transformam profundamente suas estratégias e operações para a criação de valor duradoura.

Incorporando a sustentabilidade

A sustentabilidade incorporada é a incorporação de valores ambientais, de saúde e sociais no principal negócio da empresa, sem trade-off de preço ou qualidade (ou seja, sem "acréscimo" social ou verde). O objetivo não é o da responsabilidade verde ou social pura e simplesmente. É atender às expectativas de novos mercados de forma a reforçar a estratégia atual da empresa, ou ajudá-la a desenvolver um sistema melhor. Na melhor das hipóteses, é invisível, assim como a qualidade, mas ainda é capaz de motivar enormemente os colaboradores e fidelizar os consumidores e parceiros da cadeia de abastecimento.

A incorporação da sustentabilidade pode melhorar o posicionamento estratégico, no sentido de Michael Porter, explorado no capítulo anterior. Mesmo que uma empresa continue a ter impactos negativos ambientais e sociais para as partes interessadas, a incorporação da sustentabilidade pode reforçar a sua liderança em custos, diferenciação de produto, ou foco. Este é o caso da Fairmount Minerals, descrito anteriormente. As jóias do Grupo Richline – com sua cadeia de fornecimento rastreável[275] – têm ajudado a alcançar o status preferencial com clientes de varejo, como Walmart. A Clorox está conquistando *market share* com sua linha Green Works de produtos de limpeza hipoalergênicos, atóxicos e biodegradáveis, à base de plantas.[276] A China Ocean Shipping Company (COSCO) está modernizando seu sistema de entrega, reduzindo as emissões de CO_2 em 15% e economizando 23% em custos de logística.[277] Histórias como essas normalmente são sobre fazer menos mal, ou se tornar ecoeficiente.

O Erste Bank Group é um exemplo de que a sustentabilidade incorporada pode levar a oportunidades de mercado inteiramente novas, baseadas em "fazer o bem" – um tipo particular de Estratégia do Oceano Azul. Quer se trate de fabricação de componentes para turbinas de vento ou de reciclagem de resíduos de clientes, ex-empresas insustentáveis estão reciclando a si mesmas, tornando-se fornecedoras de soluções de sustentabilidade rentáveis. Esse é o caso da transformação da DuPont, de uma fabricante de produtos químicos intensiva em emissões de carbono em uma empresa líder em agricultura sustentável, materiais de construção verde, embalagens ecológicas, biocombustíveis, e componentes para células de combustível. Também é exemplar o caso da Clarke, um antigo fornecedor de produtos químicos sintéticos de combate aos mosquitos, que recentemente se transformou em uma empresa de serviços ambientais integrados. Sua nova missão é prevenir doenças e criar cursos de água saudável, através da utilização do seu larvicida natural, Natular™, com o qual ela recebeu o U.S. Presidential Green Chemistry Award em 2010.²⁷⁸ Ao invés de apenas fazer menos mal, empresas como a DuPont e a Clarke estão aprendendo a tornar-se ecoefetivas.

As empresas podem fortalecer as estratégias existentes com mudanças apenas incrementais no desempenho de sustentabilidade. Esverdear seus sistemas de entrega não vai alterar o modelo de transporte marítimo da COSCO, mas pode ajudar a reforçar a liderança de custos, assim como as lojas mais eficientes em termos energéticos ajudam a Walmart a cumprir a sua promessa aos clientes de economizar o dinheiro deles. Em outros casos, as estratégias existentes são fortalecidas através de mudanças radicais no desempenho da sustentabilidade. A inovação em tecnologia de limpeza da Tennant, com base em água ionizada em vez de produtos químicos, é um grande salto na redução do impacto ambiental (de "menos produtos químicos nocivos" para "sem produtos químicos").

Da mesma forma, as empresas que migram para Estratégias de Oceano Azul baseadas na sustentabilidade podem fazê-lo com mudanças incrementais ou radicais. Pressões ecológicas e sociais estão introduzindo novos parâmetros de desempenho, tais como limpo, silencioso e justo, que apelam para clientes não-tradicionais que lhes conferem um valor único. Entre os líderes da indústria mundial: a migração da GE, de fabricante de turbinas a gasolina, eletrodomésticos, motores a jato, e outros equipamentos industriais, que sabidamente poluíam o rio Hudson, para suas atuais linhas de produto Ecomagination e Healthymagination, que oferecem soluções de sustentabilidade para os clientes empresariais e individuais, é um exemplo ideal de incorporação da sustentabilidade em busca de oceanos azuis ainda não explorados.

134 Sustentabilidade Incorporada

Enquanto considera a ideia de sustentabilidade incorporada, considere a história da indústria norte-americana GOJO, Inc. Fundada em 1946, com o primeiro produto para limpeza pesada das mãos e o lançamento em 1952 do primeiro distribuidor individual de parede para mercados difíceis, a GOJO é hoje uma empresa privada de médio porte focada em proteger os recursos e melhorar a saúde pública para as gerações futuras. Ela ajudou a estabelecer os padrões da indústria para o cuidado sustentável da pele através do lançamento do primeiro sabão e desinfetante instantâneo para as mãos verde do mundo. Como um membro do United State Green Building Council (USGBC), dos Estados Unidos, a GOJO foi fundamental para a inclusão da exigência da higiene das mãos dentro de LEED-EBOM (Padrões de Operações e Manutenção para construções existentes).

Os avanços mais recentes incluem a tecnologia SMART FLEX, as embalagens de refil PET leves e recicláveis, feitas com 30% menos materiais. A nova embalagem oferece a mesma durabilidade que a anterior. Outro exemplo é o programa de Playgrounds Plásticos, permitindo redirecionar mais de 50% dos seus resíduos sólidos que acabariam em aterros sanitários, por meio de uma parceria com um fabricante de brinquedos local, reduzindo o impacto ambiental e causando um impacto positivo na vida das crianças.

Em 2010, a GOJO anunciou metas ambiciosas de sustentabilidade de longo prazo, como parte de sua estratégia principal. A empresa está se esforçando para "trazer bem-estar para 1 bilhão de pessoas todos os dias até 2020", através de esforços para melhorar a higiene das mãos quando o sabão e a água não estão disponíveis. Ela continua a mirar na redução do uso da água, resíduos sólidos e gases de efeito estufa. Ela também patrocina a pesquisa científica para promover a qualidade de vida e reduzir os riscos ao bem-estar. Por exemplo, após uma pesquisa universitária[279] revelar a vulnerabilidade dos distribuidores de sabonete recarregáveis à contaminação bacteriana, a empresa está trabalhando para educar a indústria sobre os riscos sanitários desnecessários de contaminação.

Com sua ênfase na inovação e na aprendizagem contínua, a GOJO é apenas mais um exemplo de um líder da indústria comprometido com a incorporação da sustentabilidade social e ambiental em seus negócios... uma empresa que se declara "apaixonada pela ideia de criar um mundo saudável, oferecendo soluções que impactam positivamente pessoas, lugares e o meio ambiente".[280]

Outro exemplo de empresa de pequeno/médio porte é o Bohinj Park Hotel. Projetado como um dos primeiros hotéis "verdes" na Europa Oriental, o Bohinj Park Hotel dificilmente teria condições de apostar em acréscimos de preço para tornar o seu modelo de negócios viável. Ao invés de se centrar apenas nos atributos ambientais e sociais marginais, mas altamente visíveis, como sabonetes, toalhas, e nas práticas usuais de ecoeficiência, este hotel e resort tem o desempenho ambiental embutido em suas próprias paredes. Combinando as tecnologias de energia geotérmica e cogeração, o hotel produz sua própria energia para todas as operações, incluindo o funcionamento de um parque aquático, que normalmente demanda muito aquecimento. A água é continuamente reciclada através do sistema, com o calor coletado da água quente do chuveiro antes que ela seja reutilizada para as descargas dos banheiros. O aquecimento do piso garante uma sensação de conforto, enquanto sistemas especiais de refrigeração e aquecimento com o seu funcionamento inaudível e eficiência energética, superam significativamente os sistemas clássicos de ar-condicionado. O isolamento das janelas e paredes é reforçado por um isolamento singular do telhado, enquanto a iluminação LED e controles sem fio permitem um ótimo desempenho energético nos quartos, independente do comportamento do hóspede. O desenvolvimento socioeconômico de uma região remota de Bohinj também está integrado às operações do hotel, que é um dos maiores consumidores de alimentos locais, empregadores e ativistas comunitários, com todas as instalações de saúde e bem-estar abertas gratuitamente para o acesso dos residentes locais durante o ano inteiro. Não causa surpresa que o Bohinj Park Hotel gere 17,22 kg de CO_2 por hóspede por noite, uma impressionante diferença de dez vezes, quando comparada com os 174,82 kg produzidos pelos hotéis-"padrão" da região. Quanto ao impacto financeiro, a empresa conseguiu transformar os gastos com energia do primeiro para o último lugar na lista de maiores itens da estrutura de custos, com o gasto energético representando apenas 14% das despesas totais. A economia é então canalizada para outras atividades do hotel, como alimentação e serviço, permitindo que a empresa produza um desempenho superior sem o acréscimo no preço.

Se sua cabeça está girando com todas as diferentes maneiras pelas quais a sustentabilidade pode ser integrada à estratégia de negócios, é porque muitas rotas levam até a criação de valor sustentável. O que é mais importante é que todas as empresas podem se beneficiar, não importa qual seja o ponto de partida e onde se queira chegar. Mesmo as indústrias "sujas" implantando mudanças incrementais podem colher grandes recompensas à medida que desenvolvem a capacidade de integrar os benefícios sociais e de negócios.

Sustentabilidade aplicada e sustentabilidade incorporada são duas abordagens completamente diferentes para se lidar com as pressões sociais e ambientais na busca pela criação de valor. É a habilidade para reconhecer as diferenças entre as duas que separa os vencedores dos perdedores em todos os mercados e continentes. Para entender melhor a sustentabilidade incorporada, vamos examinar o que não é.

Só aplique!

Muitas empresas "aplicam" a sustentabilidade como algo externo ao cerne das estratégias, apesar de suas boas intenções. Elas divulgam ruidosamente suas iniciativas verdes e sua filantropia social que se localizam à margem dos negócios, com ganhos simbólicos que, involuntariamente, ressaltam a insustentabilidade do resto de suas atividades. Se a linha Considered da Nike é sustentável, o que dizer do resto de seus produtos? Se o Chevrolet Cruze 2011 ressalta sua utilização de filtros de óleo ecológicos,[281] o que é utilizado nos outros veículos da GM? A sustentabilidade se torna programática: um esforço do quartel-general colocado sobre uma só pessoa ou departamento encarregado de encontrar e comunicar aquelas coisas que a empresa estaria fazendo de qualquer modo, mas que agora podem ser repaginadas e vendidas como liderança em sustentabilidade.

Uma boa dica de que a sustentabilidade está sendo meramente "aplicada" é quando é declarada como uma estratégia em separado, que é – na verdade – paralela às atividades principais da empresa. Outra dica é o fato de existirem equipes internas trabalhando sem a colaboração estreita de fornecedores, clientes, ONGs e outros stakeholders. Uma terceira dica é visualizar a responsabilidade social como um ato de balanço no qual os interesses econômicos são cotejados com os objetivos sociais e ambientais. Podemos certamente apontar casos óbvios, como o da estratégia de cidadania corporativa[283] da Exxon-Mobil,[282] promovida por seus grupos de trabalho corporativos em sustentabilidade.

Mas a realidade é que a grande maioria das empresas procura projetos verdes e de responsabilidade social "aplicados" e muito mal integrados no resto das suas atividades de valor agregado.

Você precisa se perguntar: a sua empresa tem uma função específica ou departamento responsável pelo desempenho de sustentabilidade com o seu próprio link em separado no site corporativo? Será que ela tem produtos "verdes" emblemáticos – como o Chevy Volt, que custa quase o dobro do seu equivalente a gasolina – pelo qual os clientes devem pagar mais?

Todos nós já ouvimos histórias da vida real de sustentabilidade aplicada. Você pode até achar familiar o caso da gerente de sustentabilidade contratada por uma empresa de telecomunicações. Após um ano no cargo, ela produziu um chamativo relatório de sustentabilidade, produzido, em grande parte, por consultores externos, que brilhantemente abordava temas que iam desde a ética até a segurança da informação. Só em matéria de proteção ambiental, o relatório destacava sucessos de dois dígitos em conservação de energia nos principais centros de processamento dados, reciclagem de papel e carros híbridos para as frotas de vendas. O problema era: os chefes das unidades de negócios fogem dela, o presidente nunca menciona a sustentabilidade em seus webcasts trimestrais com os analistas, e dificilmente um único funcionário acredita que a sustentabilidade seja algo além de um mero exercício de relações públicas. O grupo sem fio não aborda questões de vulto em termos de sustentabilidade, como o risco EMF[284] para os usuários de telefone celular, a unidade de banda larga e telefonia fixa atuam no limite da compatibilidade com os regulamentos RoHS e WEEE de metais pesados, substâncias tóxicas e reciclagem de equipamentos eletrônicos. As oportunidades para servir aos pobres em mercados emergentes são amplamente ignoradas, e a empresa é retardatária na disponibilização de produtos a clientes com necessidades especiais ou da terceira idade.

Também pode soar conhecido o caso da reunião externa dos principais executivos de uma empresa fornecedora de produtos químicos especializados. Um consultor é convidado a falar para eles sobre a sustentabilidade e o que ela significa para o cerne dos negócios. Sua apresentação é seguida de um debate acalorado sobre os crescentes ataques por parte de ONGs internacionais, formadores de opinião, órgãos governamentais e grupos de consumidores que consideram cada vez mais o portfólio de produtos da empresa como sendo prejudicial à saúde humana e ao meio ambiente. "Nossa estratégia no cerne dos negócios é altamente lucrativa", comenta o CEO. "Mesmo com o declínio no *market share* e as crescentes pressões regulatórias, podemos continuar a ganhar dinheiro fazendo o que sempre fizemos." Dois anos depois, a companhia lançou diversas iniciativas de sustentabilidade que vão de embalagens verdes e programas de bem-estar para os empregados até uma fundação para a educação das mulheres jovens nos países emergentes. Mas o seu negócio principal é cada vez mais criticado no mundo inteiro, as vendas estão em baixa e a rotatividade de funcionários está no maior nível de todos os tempos, apesar de, por enquanto, os lucros continuarem fortes.

Histórias de sustentabilidade aplicada são, infelizmente, muito comuns. Elas produzem narrativas de autorreforço sobre a sustentabilidade corporativa e responsabilidade social como custos necessários ao invés de oportunidades de lucro. Quando a abordagem aplicada prevalece na prática, não causa qualquer surpresa que muitos dos esforços atuais de sustentabilidade gerem cinismo tanto entre gestores quanto ativistas sociais, com pouco valor sendo criado para cada lado. Ainda assim, há uma alternativa viável – construída sobre teoria, princípios e práticas radicalmente diferentes – que vem cada vez mais sendo buscada pelos líderes de mercado de diferentes tipos e tamanhos em todo o mundo.

Então... quais são as diferenças entre a sustentabilidade aplicada e a sustentabilidade incorporada?

Sabemos como atender as demandas do valor para os acionistas – e anos de pensamento sobre excelência administrativa já produziram uma *expertise* admirável nessa área. Também sabemos como criar valor para os stakeholders: abordagens tradicionais como a Responsabilidade Social Corporativa e a caridade que previsivelmente levam a trade-offs e custos adicionais. Agora temos ainda os esforços de sustentabilidade aplicada que produzem ganhos fragmentados e simbólicos à margem das atividades da empresa.

O que ainda estamos descobrindo é como atender tanto as exigências dos acionistas quanto as dos stakeholders no cerne dos negócios – sem mediocridade e sem comprometimentos – criando valor para a empresa que não pode ser desmembrado do valor criado para a sociedade e o meio ambiente. As empresas como a Fairmount Minerals e o Erste Group Bank estão nos mostrando como o fato de integrar a sustentabilidade ao cerne dos negócios pode criar valor duradouro para os acionistas e os stakeholders, numa relação de ganha-ganha entre empresa e sociedade.

Aqui vai uma maneira de pensar sobre a sustentabilidade aplicada versus a sustentabilidade incorporada como duas formas completamente diferentes de gerenciar as pressões sociais e ambientais diante de oportunidades de negócios:

	Sustentabilidade Aplicada	**Sustentabilidade Incorporada**
Meta	Buscar valor para os acionistas	Buscar valor sustentável
Escopo	Adicionar ganhos simbólicos à margem	Transformar o cerne das atividades de negócio
Oferta aos consumidores	Produtos "verdes" e "socialmente responsáveis" a um preço mais alto ou com qualidade inferior	Oferecer soluções "inteligentes" sem qauisquer trade-off e acréscimo de preço
Capturar valor	Foco na diminuição do risco e na melhora da eficiência	Abordar todos os sete níveis da criação de valor sustentável
Cadeia de valor	Gerenciar as próprias atividades da empresa	Gerenciar através da cadeia de valor de ciclo de vida do produto ou serviço
Alavancagem de relações	Relação transacional, stakeholders como consumidores, empregados e fornecedores são recursos a serem gerenciados e fontes de insumos	Construir relações transformadoras. Desenvolver soluções em parceria com stakeholders-chave, incluindo ONGs e legisladores para construir mudanças sistêmicas
Concorrentes	Operam somente em modo ganha-perde no qual qualquer ganho significa perda para um concorrente	Adicionar a cooperação com os concorrentes como fonte potencial de ganhos
Organização	Cria um departamento de sustentabilidade no estilo "bode expiatório"	Tornar a sustentabilidade uma tarefa de todos
Competência	Foco em análise de dados, planejamento e competências de gerência de projetos	Adicionar novas competências em design, questionamento, apreciação e totalidade

	Sustentabilidade Aplicada	**Sustentabilidade Incorporada**
Visibilidade	Tornar o verde e a responsabilidade social altamente visíveis e tentar gerenciar o ceticismo e a confusão resultantes	Tornar o desempenho em sustentabilidade altamente visível mas capaz de agrupar e motivar a todos

Pode parecer um tanto óbvio, mas o que significa integrar sistematicamente e transversalmente a sustentabilidade nos negócios, sem os trade-offs em qualidade, desempenho ou estética e sem cobrar mais por isso? Como isso pode criar valor para a empresa, não importa o que ela é hoje e para onde deseja seguir?

Para responder a essas perguntas, oferecemos um modelo para guiar gestores que desejam integrar a sustentabilidade ao DNA de suas empresas. Informalmente, temos usado essa metodologia por quase uma década em nossas consultorias e no treinamento de executivos. A depuração resultante disso deve muito aos gerentes que aplicaram o modelo em suas organizações e nos deram retorno e sugestões ao longo do caminho.

A Nuvem SI

Nessa altura, você deve estar se perguntando: para que precisamos de um modelo? Qual é o seu propósito? O renomado professor Derek Abell defende que o que ele chama de "generalizações úteis atualmente" são ferramentas importantes para os gestores competentes. Elas são um caminho para entrar no debate, e abrir-se às perguntas, ao invés de oferecer resultados hermeticamente fechados.[285] De modo semelhante, modelos efetivos ajudam os gestores a descobrirem novas formas de enxergar uma situação. Eles impulsionam os gestores a se fazerem as perguntas certas, mais do que a darem as respostas corretas.

O modelo da sustentabilidade incorporada – que chamamos de Nuvem SI – é oferecido no mesmo espírito.

Um objetivo-chave da Nuvem SI é ajudar os gestores a pensarem sobre o que significa a sustentabilidade incorporada para seus negócios. O modelo não é um novo conceito de estratégia tanto quanto é uma nova maneira de meditar, e de utilizar, conceitos de estratégia existentes. Ele se inspira na teoria de Michael Porter de posicionamento, na Estratégia do Oceano Azul de Kim e Mauborgne e na inovação disruptiva de Christensen para mostrar como a sustentabilidade incorporada pode melhorar a estratégia de negócios da empresa. Ele oferece uma maneira para os gestores pensarem sobre como usar a sustentabilidade incorporada para migrar de um tipo de estratégia para outro.

A Nuvem SI também oferece novas ideias sobre a criação de valor sustentável. A matriz do valor sustentável, discutida no Capítulo 2, é uma maneira de repensar a sustentabilidade como uma fonte de criação de valor. Ao repensar o seu negócio através da lente de valor para os acionistas e para os stakeholders, os gestores utilizam a matriz para descobrir oportunidades de negócio que poderiam permanecer obscurecidas. A Nuvem SI vai um passo além, tornando claro como o valor sustentável apoia a estratégia de negócios.

Bem-vindo à Nuvem

Para explorá-la, os gestores fazem duas perguntas. A primeira é "Quão verde e socialmente responsável é a empresa?" ao longo de um espectro que vai de ecológica e socialmente danosa (extrema esquerda) até liderança em resolver os problemas globais (extrema direita). A segunda é "Que tipo de mudança você deseja?" com as opções indo de incremental (parte inferior do eixo vertical) a radical (parte superior do eixo vertical).

Dependendo de onde enxerguem suas empresas no mapa e onde desejam que ela chegue, com qual tipo de mudança, a sustentabilidade incorporada produzirá diferentes resultados estratégicos.

O que Isso Significa para a Estratégia de Negócios   **143**

↑
Mudança
Radical

Que tipo de mudança você deseja?

Onde a sua empresa estará no futuro?

Mudança
Incremental
↓

← Poluindo ou inequivocamente   Resolvendo problemas globais →

Quão verde ou socialmente responsável é a sua empresa? (agora e no futuro)

Onde está a sua empresa hoje?

Comece por avaliar onde está a sua empresa hoje em termos de desempenho de sustentabilidade. Primeiro, em termos de sustentabilidade, a sua empresa é parte do problema ou da solução? A indústria de tapetes, não importa o quão verde e socialmente responsável se torne, será sempre parte do problema – mesmo se, assintoticamente, seguir para a visão de Ray Anderson de uma pegada zero. Visualmente, ele estará sempre do lado esquerdo da Nuvem SI. Por outro lado, se você está no negócio de fornecimento de água potável, energia renovável, ou de produtos alimentícios para os pobres – como fazem as unidades dentro da Unilever, GE e DuPont – então você está ajudando a resolver os desafios globais de sustentabilidade. Em segundo lugar, a sua empresa é mais ou menos sustentável do que outras empresas do setor? A General Motors é menos verde do que a média das montadoras, enquanto a Honda é relativamente mais verde, considerando-se a economia média de combustível de suas frotas nas categorias comparáveis (automóveis de passageiros, 2WD caminhões leves...) e os seus compromissos de financiamento com tecnologias de combustível limpas.

Com base na natureza da sua indústria e no desempenho de sua empresa em relação aos seus concorrentes, você pode decidir onde a empresa aparece no eixo horizontal. Uma revelação importante: muitos gestores, que são comprometidos demais com a narrativa interna de suas empresas assumirão que seus negócios são limpos, ecológicos e socialmente responsáveis – mesmo nos casos em que possuem uma pegada muito negativa. Para testar os pressupostos iniciais, é preciso que você se pergunte se a sua indústria atende aos princípios estabelecidos de sustentabilidade, tais como o The Natural Step, ou Berço a Berço. Você também precisa se perguntar sobre como sua empresa é percebida externamente. Confrontar as percepções dos stakeholders externos e internos e os dados técnicos pode ser uma tomada de consciência, como no caso das empresas de alimentos e bebidas que acondicionam seus produtos em embalagens que utilizam o plastificante bisfenol A (BPA) ou empresas de celulares que negam a existência do risco da radiação do telefone celular. Em ambos os casos, a visão interna das empresas – apoiada por dados técnicos e científicos – é muito diferente da visão dos stakeholders externos apoiados por um outro conjunto de dados.

Onde a sua empresa estará no futuro?

Qual é sua visão para a empresa em 5, 10 ou 15 anos? Ela continuará com a mesma estratégia subjacente no mesmo mercado com melhor posicionamento? Ou a sustentabilidade incorporada representará uma oportunidade para que ela mude suas estratégias de negócio? Nos termos da Estratégia do Oceano Azul, se o seu mercado atual está virando um oceano vermelho de competição destrutiva, então buscar mercados novos e inexplorados pode ser o caminho para fugir da morte certa – e integrar a sustentabilidade pode apontar um caminho (ainda que não seja o único) para seguir em frente.

Se hoje você se encontra no setor inferior esquerdo da Nuvem SI, a sustentabilidade incorporada pode tanto levar a um melhor posicionamento (permanecer com a mesma estratégia, no mesmo mercado mas ficando mais verde e mais socialmente responsável) ou pode levar a uma nova estratégia que coloca a solução dos problemas globais como meta principal. Essas alternativas são mostradas a seguir. Lembre-se de que nenhuma posição ou caminho no mapa é "melhor" do que outra, e as empresas podem criar valor de negócio em uma imensa variedade de situações.

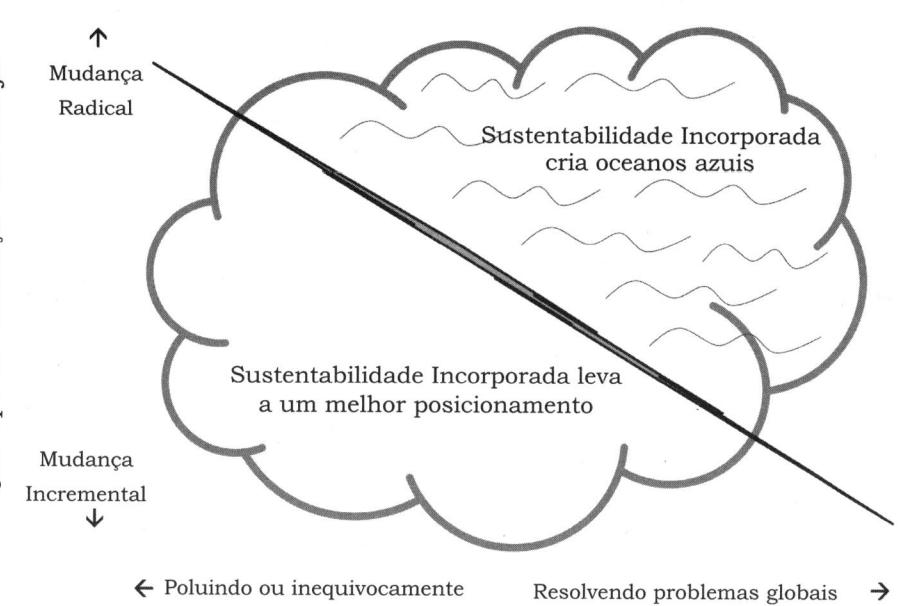

Que tipo de mudança você deseja?
↑ Mudança Radical
Sustentabilidade Incorporada cria oceanos azuis
Sustentabilidade Incorporada leva a um melhor posicionamento
Mudança Incremental ↓

← Poluindo ou inequivocamente   Resolvendo problemas globais →

Quão verde ou socialmente responsável é a sua empresa? (agora e no futuro)

Ao começar no limite entre "melhor posicionamento" e "oceanos azuis" você pode começar a refletir sobre o tipo de mudança que deveria realizar. É isso que vamos analisar a seguir.

Que tipo de mudança você deseja?

Não basta saber onde você está e onde deseja chegar. Você também precisa saber que tipo de mudança levará você daqui até lá. Há três tipos de mudança a se considerar: incremental, radical e disruptiva. Segundo a terminologia de Clayton Christensen, a mudança sustentada pode ser incremental ou radical – o segredo é ela melhorar o desempenho do produto "ao longo das dimensões de desempenho que os consumidores convencionais nos mercados principais historicamente valorizam"[286] A inovação disruptiva é sempre radical e introduz um novo conjunto de parâmetros de desempenho que são valorizados singularmente por consumidores não tradicionais. O caso do carro elétrico descrito no capítulo anterior ilustra a mudança disruptiva no caso de uma inovação dirigida pela sustentabilidade.

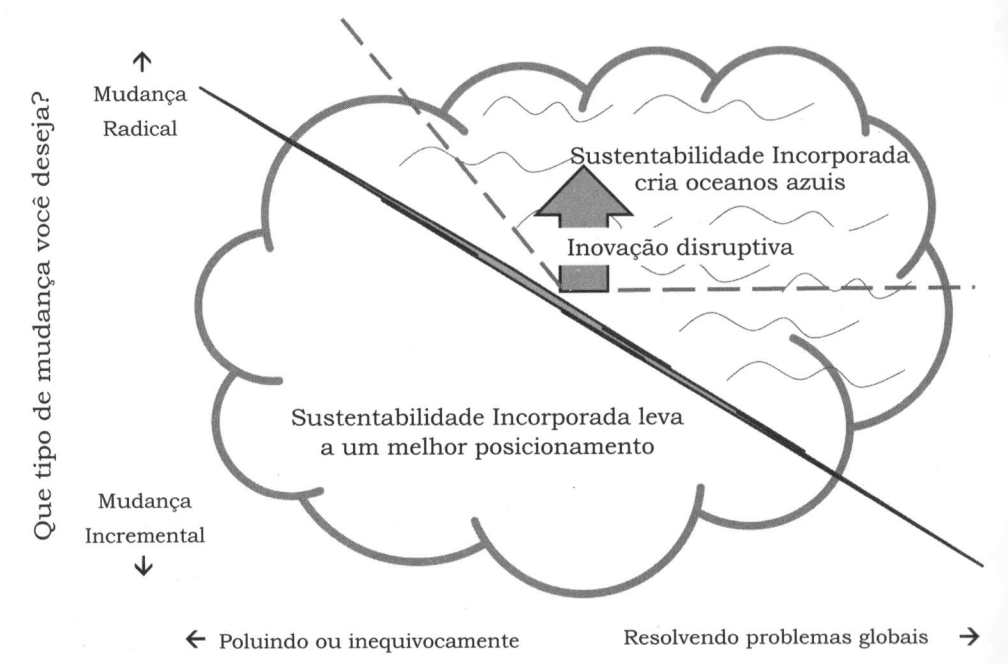

Que tipo de mudança você deseja?
↑ Mudança Radical
Mudança Incremental ↓

Sustentabilidade Incorporada cria oceanos azuis
Inovação disruptiva
Sustentabilidade Incorporada leva a um melhor posicionamento

← Poluindo ou inequivocamente   Resolvendo problemas globais →

Quão verde ou socialmente responsável é a sua empresa? (agora e no futuro)

Para uma empresa não sustentável que deseja permanecer em seu mercado convencional, as mudanças no desempenho de sustentabilidade tipicamente levam a um melhor posicionamento estratégico por meio da ecoeficiência. Os oceanos azuis esperam por aqueles que ousam integrar a sustentabilidade para transformar suas empresas em provedoras de soluções para problemas ambientais e sociais.

Na próxima seção, convidamos você a brincar com a Nuvem. Os muitos exemplos servem como uma versão particular dos brinquedos da Lego para você montar e construir diferentes casos de negócio e explorar diferentes caminhos. E não se esqueça de adicionar seus próprios exemplos, tanto reais quanto imaginários.

Explorando a Nuvem

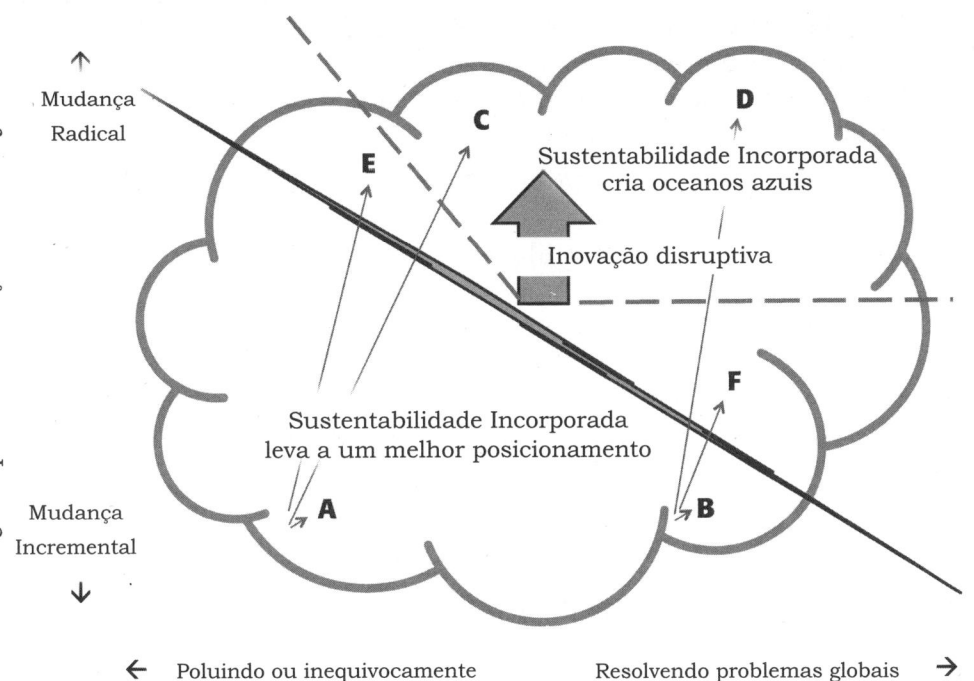

Que tipo de mudança você deseja?

↑ Mudança Radical

↓ Mudança Incremental

Dentro da nuvem:
- C
- D: Sustentabilidade Incorporada cria oceanos azuis
- E
- Inovação disruptiva
- F
- Sustentabilidade Incorporada leva a um melhor posicionamento
- A
- B

← Poluindo ou inequivocamente   Resolvendo problemas globais →

Quão verde ou socialmente responsável é a sua empresa? (agora e no futuro)

Então, quais são os diferentes pontos de partida e caminhos possíveis?

No caso A, uma empresa causa impactos negativos na sociedade ou no meio ambiente e está numa trajetória de mudança incremental. A sustentabilidade incorporada não vai ajudar uma empresa assim a ser vista como verde ou socialmente responsável, mas pode melhorar seu posicionamento competitivo, por exemplo, diminuindo os custos por meio da conservação de energia ou da redução de resíduos.

O caso B é para uma empresa que já está no ramo de oferecer soluções ecológicas ou sociais para o mercado. Ela também está no caminho da mudança incremental para seu desempenho de sustentabilidade. Aqui, a sustentabilidade incorporada reforça a estratégia central de ser uma empresa sustentável.

Nos casos C e D, a sustentabilidade incorporada se torna a impulsionadora de Estratégias de Oceano Azul. A mudança radical no desempenho de sustentabilidade é uma forma de criar um mercado sem concorrentes – seja começando de um ponto "sujo" (C) ou de um "verde" (D).

Os pontos E e F são casos especiais interessantes. Uma indústria "suja" pode buscar uma mudança radical no desempenho de sustentabilidade, sem necessariamente criar oceanos azuis. Este é o caso da indústria de limpeza a seco, na qual alguns elementos optam por mudar de percloroetileno para a tecnologia de CO_2 líquido. Embora dramaticamente menos tóxica, a tecnologia de CO_2 líquido serve os mesmos clientes com base nos mesmos atributos de desempenho. Da mesma forma, uma empresa "verde" (F) pode criar um espaço de mercado inexplorado, com apenas pequenas alterações no desempenho de sustentabilidade. Os telefones celulares que conectam indivíduos e comunidades em mercados desenvolvidos podem, com pequenas adaptações, servir às populações de baixa renda em mercados emergentes, dando-lhes acesso à informação e oportunidades de emprego que não estariam disponíveis para elas.

Os gerentes podem mapear seus negócios na Nuvem SI para determinar o modelo estratégico (Porter, Estratégia do Oceano Azul e inovação disruptiva) que melhor se aplica a eles. Aqui estão alguns exemplos:

1. A maioria das empresas automobilísticas convencionais começam no ponto A. Elas são relativamente poluentes e servem consumidores de relativamente alta renda utilizando recursos não-renováveis como o petróleo. A integração da sustentabilidade pode ajudar a melhorar a

sua estratégia de posicionamento através de uma maior redução de custos (por exemplo, novos sistemas de pintura OEM que reduzem o desperdício de pulverização para quase zero) ou ajudando-as a diferenciarem seus produtos (por exemplo, o Ford Fusion híbrido com a sua elevada eficiência de combustível).

2. O investimento de 6 bilhões de dólares da Nissan/Renault em veículos elétricos e sua decisão de lançar o Nissan Leaf em dezembro de 2010 a colocam no ponto C. A empresa está experimentando uma inovação disruptiva com uma tecnologia que atualmente ultrapassa as necessidades do mercado convencional. É cosservir um cliente novo – os governos que estão ansiosos para libcrtar o sctor estratégico dos transportes da dependência do petróleo – em um caso clássico de Estratégia do Oceano Azul.

3. A Smarter Planet da IBM, em alguns aspectos, insere-se no ponto B. É destinada a ajudar os clientes a reduzir a dependência energética e as alterações climáticas e aumentar a habitabilidade das cidades. "Redes inteligentes" são um exemplo de mudança incremental no desempenho de sustentabilidade – redução do consumo de eletricidade, mas sem mudar a fonte de combustível da geração de eletricidade.

4. Negócios emergentes como as da biotecnologia (Novozymes), fornecedores de energia limpa (Vestas Wind Systems A/S), e as empresas que atendem a clientes com renda inferior a US$ 3 por dia (a Bharti Airtel descobriu uma maneira rentável de vender um minuto de celular por 1 centavo, permitindo que ela possa atender lares pobres na área rural da Índia)[287] localizam-se no ponto D. São os exemplos perfeitos de se utilizar as pressões de sustentabilidade para criar mercados inexplorados por meio de inovações disruptivas. Os mercados crescentes para a dessalinização da água, plantas resistentes à seca e produtos alimentícios à base de soja para a base da pirâmide existem por causa das pressões de sustentabilidade.

A Nuvem SI permite que qualquer empresa – não importa o seu nível ou trajetória do desempenho de sustentabilidade – incorpore a sustentabilidade em sua estratégia de negócios para melhorar o seu posicionamento competitivo, para buscar novas estratégias do oceano azul, e procurar mais oportunidades de inovação disruptiva.

E quanto aos "sujos" oceanos vermelhos?

Embora existam muitas opções e caminhos, a maior oportunidade é, de longe, migrar de um oceano vermelho existente de uma empresa poluidora ou desigual para um oceano azul de fornecimento de soluções para problemas globais. Por causa da escala e da magnitude dos desafios da sustentabilidade global, essa migração na estratégia de negócios geralmente requer inovação disruptiva (ver ponto G). Para citar dois casos óbvios, a dependência de petróleo da América não será resolvida através do aumento da eficiência de combustível de seus carros em 25% ou mesmo 50% e satisfazer as necessidades dos 4 bilhões de pessoas que são excluídas dos mercados globais não pode ser feito apenas com pequenas alterações nos modelos atuais de negócio.

As empresas outrora insustentáveis que derem o "pulo do gato" das soluções limpas e socialmente equitativas para os problemas mundiais encontrarão um espaço de mercado crescente e amplamente inexplorado nos próximos anos.

Considere o caso da Química Burlington.[288] Fundada em 1950, a Burlington começou como fabricante de produtos químicos e corantes para a indústria têxtil dos EUA. Quando a regulação do governo sobre a qualidade da água efluente ficou mais rígida, na década de 1980, a Burlington tentou ajudar os seus clientes através da produção de produtos químicos e corantes ambientalmente mais amigáveis. Mas com a indústria têxtil em declínio contínuo e muitas empresas migrando para o exterior para tirar proveito dos baixos custos trabalhistas, a Burlington foi incapaz de evitar o desastre: ela logo se viu presa em um oceano vermelho de competição destrutiva diante da demanda do mercado continuamente em declínio. Entre 1995 e 2000, tanto as suas receitas como seu preço médio de venda tinham caído pela metade.

No período 2000-2004, a Burlington foi reestruturada com êxito – em parte porque foi capaz de alavancar sua tecnologia limpa de corantes têxteis. Mais importante ainda, durante este período, ela desenvolveu uma nova empresa de base ecológica – apoiada na química sustentável – para as indústrias de manufatura e serviços. A sustentabilidade incorporada leva ao melhor posicionamento de novos produtos que usam óleos vegetais, amaciantes feitos a partir da soja e novos sistemas de limpeza verdes.

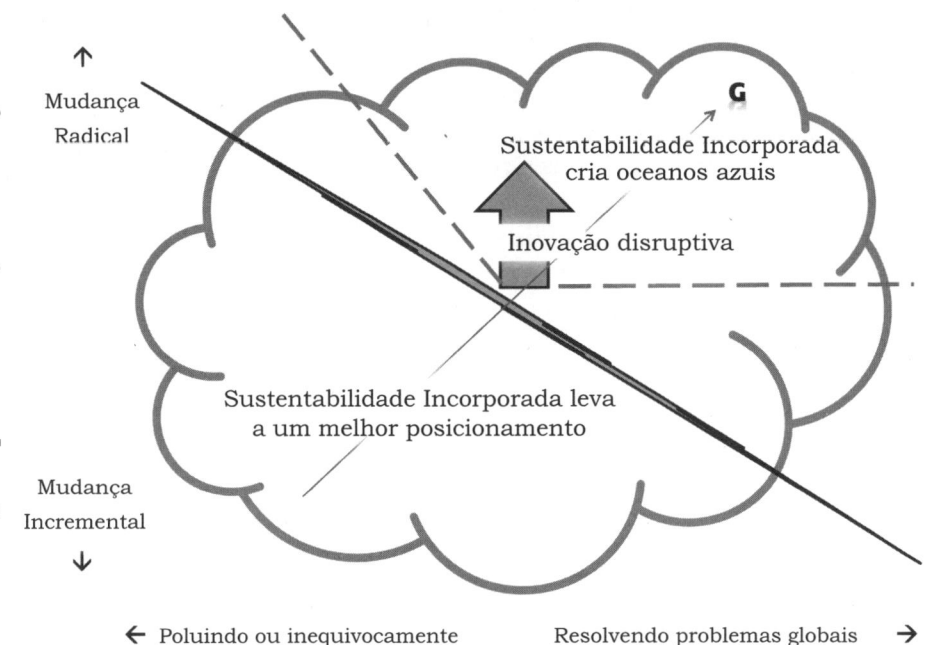

Que tipo de mudança você deseja?
↑ Mudança Radical
Mudança Incremental ↓

G
Sustentabilidade Incorporada cria oceanos azuis
Inovação disruptiva
Sustentabilidade Incorporada leva a um melhor posicionamento

← Poluindo ou inequivocamente   Resolvendo problemas globais →

Quão verde ou socialmente responsável é a sua empresa? (agora e no futuro)

A Burlington migrou de fornecedora de produtos químicos e corantes têxteis para provedora de soluções baseadas em bioquímica sustentável para uma variedade de indústrias. Em dois pontos críticos, a empresa enfrentou ameaças de sobrevivência que foram solucionadas pela integração da sustentabilidade em seu negócio principal. Na década de 1980 ela melhorou o seu posicionamento no oceano vermelho de produtos químicos e corantes têxteis através do desenvolvimento de produtos de baixa

152 Sustentabilidade Incorporada

toxicidade e mais eficiente energeticamente do que os produtos do concorrente. No ano 2000, ela fez uma mudança radical em sua linha, quando vendeu seus negócios químicos e reinvestiu em produtos de base biotecnológica. Desta vez, a incorporação da sustentabilidade por meio de inovações disruptivas levou a espaços de mercado relativamente incontestáveis, oferecendo soluções de sustentabilidade para outras empresas. Por exemplo, ela desenvolveu uma linha de tensoativos biodegradáveis que podem ser usados por clientes em fórmulas registradas para aprovação pelo Selo Verde, um projeto da EPA para o Meio Ambiente (DFE), e programas do Canadá EcoLogo.

Em 2004, a empresa registrou fluxo de caixa positivo pela primeira vez em seis anos e uma melhora no balanço.[289] Hoje, ela se tornou uma empresa relativamente pequena com 32 empregados, classificando-se como "provedora de soluções totais" e fabricante de "produtos químicos ambientalmente adequados para um amanhã mais verde"[290] Aqui vai uma forma de dar sentido à migração estratégica da Burlington:

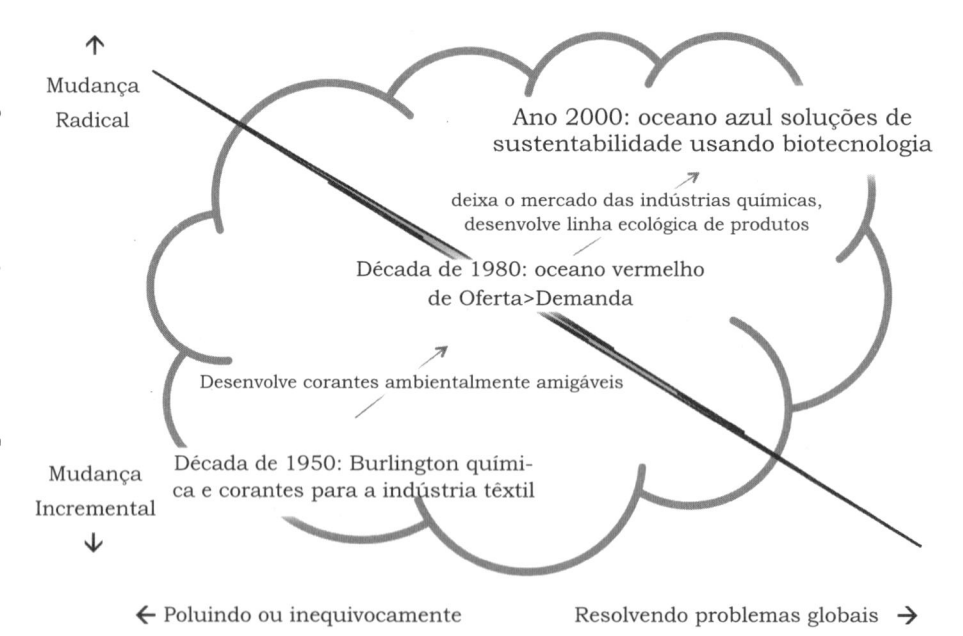

Que tipo de mudança você deseja?

↑ Mudança Radical

Ano 2000: oceano azul soluções de sustentabilidade usando biotecnologia

deixa o mercado das indústrias químicas, desenvolve linha ecológica de produtos

Década de 1980: oceano vermelho de Oferta>Demanda

Desenvolve corantes ambientalmente amigáveis

Década de 1950: Burlington química e corantes para a indústria têxtil

Mudança Incremental ↓

← Poluindo ou inequivocamente   Resolvendo problemas globais →

Quão verde ou socialmente responsável é a sua empresa? (agora e no futuro)

Então, quais os pressupostos fundamentais e os princípios que norteiam a incorporação da sustentabilidade no próprio DNA da sua empresa? Aqui está uma lista inicial de imperativos para direcionar seus esforços para integrar profundamente o desempenho social e ambiental nas estratégias empresariais existentes e explorar novas oportunidades para migrar para novas estratégias baseadas no fornecimento de soluções de sustentabilidade.

Os princípios SI

Os princípios da sustentabilidade incorporada são simples, mas – como um todo – capazes de mover empresas de um paradigma baseado no custo para melhores práticas dirigidas pela oportunidade dos atuais líderes de valor sustentável. Eles capturam a essência do que significa incorporar a sustentabilidade no cerne dos negócios de uma empresa sem trade-offs ou acréscimos de preço.

Princípios de criação de valor

1. Maximizar o valor sustentável, não o valor para os acionistas ou o valor para os stakeholders (e não um trade-off ou sacrifício entre os dois).

2. Foco nas necessidades dos clientes e stakeholders. Olhe para cada decisão de negócios através de uma perspectiva "de fora para dentro" das questões, interesses e frustrações dos stakeholders.

3. Ampliar o escopo da ação dos próprios limites da organização para cada uma das cadeias de valor do ciclo de vida dos produtos.

4. Ir além da mitigação de risco e da redução de custos para a diferenciação do produto orientada à sustentabilidade, a respeitabilidade da marca, a influência reguladora e a inovação radical.

5. Integrar o desempenho de sustentabilidade no seu *core business*, não só na margem (carros híbridos para a força

de vendas) ou de forma simbólica (uma linha de produtos verdes).

Princípios de Relacionamento

6. Envolver e integrar um conjunto diverso de stakeholders, incluindo aqueles que representam os interesses sociais e ecológicos que, *prima facie*, se opõem aos interesses da empresa. Codesenvolvimento de soluções de negócios com os parceiros externos, que podem proporcionar acesso ao conhecimento especializado sobre questões ambientais e sociais e aumentar o buy-in e a aceitação de mercado das atividades e produtos da empresa.

7. Construir relacionamentos que sejam transformadores e não transacionais. Eles devem incutir responsabilidade e compromisso, inserir os negócios na comunidade, e criar um sentimento de copropriedade de soluções de negócios. Evite a percepção de que as pessoas e a natureza são simplesmente vistas como recursos de produção para beneficiar a empresa contratualmente.

8. Concorra cooperativamente. A cooperação com os concorrentes pode criar valor de negócio diferenciado quando a complexidade é alta ou quando a indústria se beneficia de novas normas de regulamentação. Nestes casos, as empresas com melhor desempenho em sustentabilidade se beneficiam mais do que a média do mercado.

Princípios de desenvolvimento de capacidades

9. Aprenda habilidades criativas e de empatia do tipo "lado-direito-do-cérebro", tais como pensamento de design e engajamento criativo além das tradicionais habilidades de "lado esquerdo", como análise de dados e gerenciamento de projetos. Ao invés de simplesmente analisar problemas fragmentados antes de tomar decisões que são planejadas por equipes estanques buscando controlar os resultados, os gestores devem aprender a cocriar as soluções por

meio da colaboração com os stakeholders que, considerados juntos, dão voz a todo o sistema de negócios.

10. Faça perguntas heréticas sobre o que as pressões de sustentabilidade significam para a empresa. Ao invés de apenas explorar o menor dano, considere o que o zero dano e os benefícios positivos significariam para as atividades centrais da empresa. Considere a magnitude dos desafios globais como as mudanças climáticas e a pobreza global quando desenvolver soluções corporativas. Aprenda a desaprender rotinas, pressupostos e modelos de referências já existentes

11. Torne a sustentabilidade uma tarefa de todos, ao invés de gerenciá-la por meio de um departamento ou funcionário "bode expiatório". Acabe com o título "Gerente de Sustentabilidade".

12. Torne-se um indígena. Adquira "capacidades nativas" de "coinventar soluções contextualizadas que alavanquem o conhecimento local".[291] Em mercados globais, as empresas desenvolvem conhecimentos locais, ampliam as capacidades locais e encorajam o desenvolvimento flexível do mercado por meio de parcerias locais

Embora os princípios possam parecer rígidos e quase dogmáticos em sua natureza, nós convidamos você a considerá-los como ponto de partida para a conduta de negócios no mercado de hoje. De maneira alguma eles são os únicos princípios ou pretendem ser um conjunto completo. Pelo contrário, nós convidamos você a adicionar os seus próprios princípios, juntando-se à nossa comunidade no
www.EmbeddedSustainability.com.

Antes de concluirmos esta exploração da essência da sustentabilidade incorporada, vamos revisitar três pilares da estratégia de negócios: a vantagem competitiva, a análise da atividade e as externalidades. Através das lentes da sustentabilidade incorporada, o significado desses três conceitos muda substancialmente. Para os gestores que desejam incorporar a sustentabilidade em seus negócios, captar estes conceitos torna-se fundamental no mundo de hoje.

A vantagem competitiva

É quase impossível explorar o campo da estratégia, sem imediatamente tropeçar no conceito de vantagem competitiva. A vantagem competitiva tem sido definida como a capacidade de uma empresa de alcançar resultados acima da média da indústria.[292] Examinando essa definição em profundidade, torna-se particularmente evidente que a ênfase é dada ao ganho financeiro, em detrimento de uma definição mais ampla de valor que inclui – além de dinheiro – bem-estar individual, o bem social e a sustentabilidade ecológica. Para obter vantagem competitiva, as empresas são instadas a buscar um objetivo acima de todos os outros e com determinação inquebrantável: criar valor superior para seus clientes de maneira que se traduza no maior retorno possível sobre o capital investido.[293] Com uma atenção desmedida sobre os clientes, o entendimento tradicional de vantagem competitiva não pode dar conta da existência de múltiplos stakeholders, dos diversos componentes da cadeia de valor que, como o nome indica, têm algo em jogo em relação à empresa, seja ela o seu emprego, sua saúde ou sua comunidade. O valor superior também deve ser apenas de natureza econômica e técnica. Os textos sobre estratégia geralmente definem as dimensões de valor do cliente em termos de preço, características de desempenho, qualidade, disponibilidade, imagem e facilidade de uso.[294] Mesmo assim, a vantagem competitiva engloba muitas novas oportunidades para atingir um valor superior através da criação de valor para os stakeholders.

Análise da atividade de valor agregado

À noção de vantagem competitiva acrescentamos um outro conceito fundamental para a integração da sustentabilidade: a maneira pela qual as empresas criam valor superior para o comprador. Talvez o conceito mais conhecido e mais usado aqui seja o de atividades de valor agregado. Coletivamente, as atividades de valor agregado de um produto ou serviço são representadas pela cadeia de valor da empresa. As atividades primárias incluem tipicamente R & D, produção, logística, marketing e vendas e serviço. As atividades de apoio incluem funções como RH e gestão de infraestrutura. Michael Porter popularizou o modelo da cadeia de valor genérico.

À primeira vista – e à luz das três grandes tendências de sustentabilidade – é impressionante que, no modelo de Porter, as atividades não são especificamente designadas para tratar dos impactos ambientais ou sociais (positivos ou negativos) sobre os diversos stakeholders ao longo da cadeia de valor. Igualmente ausentes estão as atividades a montante como a extração de matérias-primas e atividades a jusante, como o fim de vida do produto. Mas se pararmos um minuto para pensar sobre isso, nada disto é surpreendente, dado o ambiente externo em 1985, que ainda não tinha sido influenciado pela transparência radical ou pelas expectativas dos consumidores por produtos sustentáveis (embora o sino da diminuição dos recursos já estivesse tocando[295]).

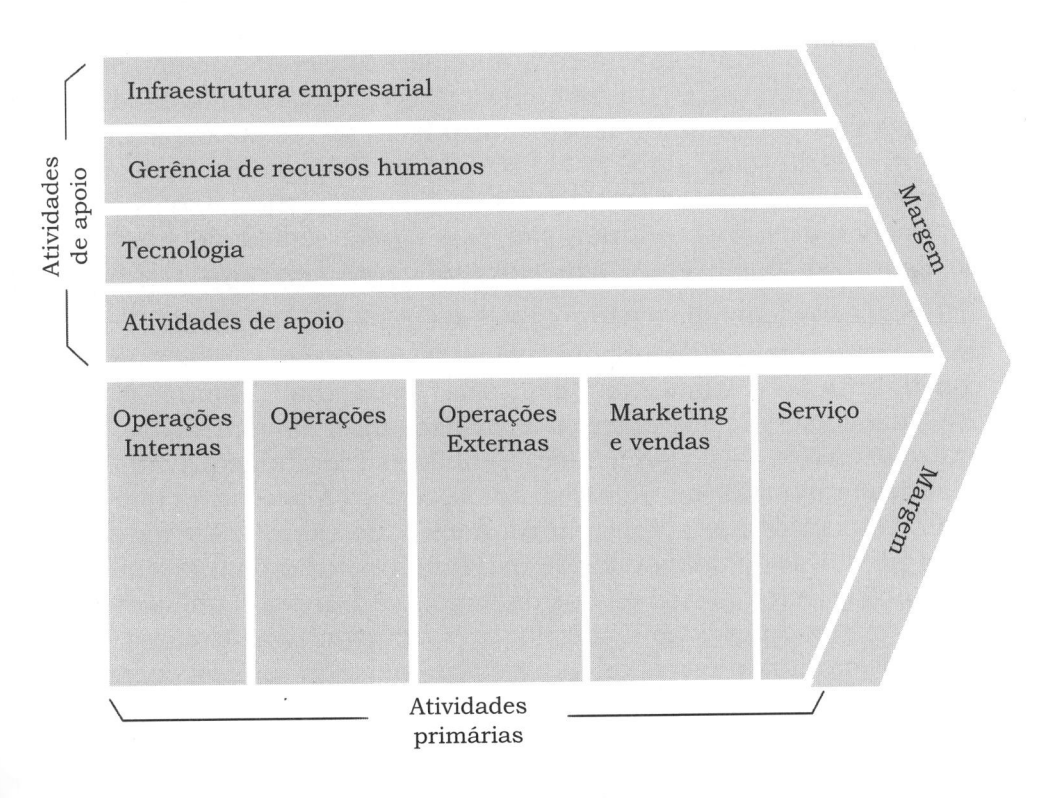

Atividades de apoio:
- Infraestrutura empresarial
- Gerência de recursos humanos
- Tecnologia
- Atividades de apoio

Atividades primárias:
- Operações Internas
- Operações
- Operações Externas
- Marketing e vendas
- Serviço

Margem

Atividades de valor agregado atualmente se estendem horizontalmente, do berço ao túmulo, ou do berço ao berço, no caso de produtos que podem ser reutilizados de uma maneira ou de outra, e verticalmente, para incluir um conjunto diverso de stakeholders que são impactados pelas atividades em cada fase do ciclo de vida.

Externalidades

Abra um típico livro de MBA em Economia e você verá a definição de externalidades como sendo os efeitos "diretos, independente de qualquer alteração de preços, que as ações de algumas famílias ou empresas têm sobre a utilidade de outras famílias ou na saída de outras empresas, sem que qualquer deles tenha causado esses efeitos".[296] Em outras palavras, as externalidades são os benefícios (ou custos) que os agentes econômicos impõem sobre os outros sem serem pagos (ou sem pagar o preço) por suas ações. Quando um fabricante oferece formação técnica em uma comunidade para aumentar a sua oferta local de trabalho qualificado, isso muitas vezes melhora o nível geral da educação e do bem-estar na comunidade – um valor que não se consegue capturar. O treinamento oferece uma externalidade positiva para a comunidade. Por outro lado, os resíduos químicos em um rio produzidos por uma fábrica de papel e celulose, ou quando os aspectos ambientais, sociais, de saúde e os custos econômicos dos resíduos são pagos pela sociedade e não pela empresa, são exemplos de externalidades negativas.

Desde o trabalho de Arthur C. Pigou's no início do século XX, pensava-se que o Governo, através dos impostos e subsídios, contribuiria para aumentar o bem-estar social total, eliminando eventuais divergências entre os benefícios marginais privados e os custos marginais à sociedade. Benefícios marginais privados se refletem no valor de um produto ou serviço a preços de mercado. Os custos marginais para a sociedade são o valor agregado para a sociedade de todos os recursos utilizados, mesmo que o valor se reflita nos preços de mercado. Lembra da história de Takeharu Jinguji no Capítulo 1? Você pode pensar em benefícios marginais privados, o preço de mercado do seu peixe. O custo marginal para a sociedade inclui a destruição agregada

O que Isso Significa para a Estratégia de Negócios   **159**

para os ecossistemas marinhos de sua pesca – externalidades, tais como a captura de albatrozes em seus anzóis e a poluição marinha de seu barco (e, claro, a sua contribuição para a pesca excessiva do atum-rabilho, ameaçado de extinção).

Com o benefício da retrospectiva, agora sabemos que o governo tem falhado em tomar as medidas corretivas necessárias para alcançar um equilíbrio entre os benefícios privados presentes e o bem-estar público futuro. Pigou se preocupou com a capacidade de equilibrar a utilidade privada com o bem-estar público futuro.

"O entusiasmo social que se revolta com a sordidez das ruas e a falta de alegria diante de vidas secas é o início da ciência econômica", escreveu na edição de 1920 de The Economics of Welfare. "O ambiente de uma geração pode produzir um resultado duradouro, porque pode afetar o meio ambiente das gerações futuras. Ambientes, em suma, assim como as pessoas, têm filhos."[297]

Considerada atualmente a pedra angular da teoria econômica, a própria existência das externalidades como um princípio de negócio aceitável está sendo desafiada pela nova realidade de mercado. Leis e regulações têm um papel importante na definição de contexto e continuará sendo assim no futuro. Mas, cada vez mais, é a internalização das externalidades – a privatização dos custos e benefícios públicos – que está forçando o benefício social marginal e os custos sociais marginais ao equilíbrio. Tomemos, por exemplo, o recente relatório do World Resources Institute e da AT Kearney voltado especificamente para os bens de consumo não duráveis (BCND). Com uma análise detalhada das tendências em sustentabilidade, o estudo oferece a seguinte estatística espantosa:

> Baseado em nosso cenário de uma regulamentação mais rigorosa a respeito de mudanças climáticas, políticas florestais rígidas e restritivas, a crescente escassez de água nas principais regiões agrícolas, políticas fundamentadas de biocombustíveis, e uma demanda maior dos consumidores por produtos verdes, estimamos uma redução de 13% a 31% no lucro antes de juros e impostos (EBIT) em 2013 e de 19% a 47% em 2018 para as empresas de bens de consumo não

duráveis, que não desenvolverem estratégias para mitigar os riscos decorrentes de pressões ambientais.[298]

Em outras palavras, se você é uma empresa de bens de consumo não duráveis e não está internalizando as externalidades de forma proativa no presente, você será empurrado a agir por pressão para baixo e para a linha de fundo.

Em suma

A sustentabilidade incorporada é uma nova resposta a uma nova realidade empresarial. Ao contrário das decantadas iniciativas de Responsabilidade Social Corporativa que criam valor para os stakeholders à custa dos acionistas, ou de esforços "aplicados" para abordar questões sociais e ambientais à margem dos negócios, a sustentabilidade incorporada oferece caminhos para lucros duradouros no cerne dos negócios.

Os fundamentos e princípios da sustentabilidade incorporada são totalmente diferentes da maioria das iniciativas ambientais e sociais que permeiam as empresas hoje em dia. É por isso que, para a maioria dos gestores, integrar a sustentabilidade é a estrada menos percorrida. A boa-nova é que há muitos caminhos que levam ao destino cobiçado. Seja reforçando seu posicionamento de mercado atual ou descobrindo novos e inexplorados mercados, a Nuvem SI oferece um meio de mapear onde você está, visualizar para onde você deseja ir e projetar um caminho que faz sentido para sua empresa e o seu contexto mais amplo.

A sustentabilidade incorporada exige um profundo repensar da empresa. Ela também exige o desenvolvimento de novas competências, processos e práticas adequadas ao desafio da criação de valor sustentável. Agora que olhamos o "o quê" da sustentabilidade incorporada é hora de explorarmos o "como" e descobrirmos o que é necessário para fazê-la acontecer.

Parte III

Fazendo Acontecer

As Raízes da Mudança
Introdução à Parte III

Não nos entenda mal: não temos nada contra as "empresas queridinhas" concebidas em primeiro lugar e acima de tudo para serem verdes e socialmente responsáveis, as Whole Foods e as Patagônias e do mundo. Esses empreendimentos são construídos desde o início sobre o fundamento dos valores e princípios de sustentabilidade. No entanto, com todo o respeito, para elas é até fácil, enquanto os jogadores tradicionais têm de lutar para se transformar em versões mais sustentáveis de suas identidades anteriores. Claro, já é uma tarefa imensa construir o melhor aspirador de pó do mundo, mas imagine o que seria necessário para transformar o melhor aspirador de pó no melhor aparelho de TV do mundo – sem desligá-lo da tomada e sem piorar o seu desempenho!

Então, se você estiver considerando esta tarefa aparentemente impossível, como pode fazê-lo? Como você pode ir muito além dos limites da RSE e dos resultados muitas vezes simbólicos das estratégias de sustentabilidade aplicada para integrar a sustentabilidade no próprio DNA do seu negócio? Como você faz isso funcionar?

Para responder a esta pergunta, nós voltamos nossa atenção para as histórias de empresas convencionais que integram a sustentabilidade no cerne do seus negócios. Embora a maioria desses exemplos ao redor do mundo esteja numa fase muito precoce, não conseguimos pensar em uma maneira melhor de embasarmos nossas explorações sobre a execução da estratégia do que recorrer a exemplos da vida real das empresas tradicionais, com as quais temos trabalhado e com as quais estudamos de perto.

Certamente, para uma parte do livro, centrada no "como" da sustentabilidade incorporada, você tem todo o direito de esperar grande clareza, precisão e instruções lógicas e sequenciais de "como fazer". De fato, essa era a nossa visão quando começamos o estudo mais abrangente sobre as melhores práticas emergentes na criação de valor sustentável. Essa era a nossa expectativa: depois do que deveria ser um tempo adequado para sistematizar o conhecimento e a experiência das empresas de ponta, teríamos uma metodologia ajustada e fácil de se seguir. Quando nos lançamos à tarefa, tínhamos a imagem de um kit de ferramentas, de regras simples e de 12 passos simples que impulsionavam nosso entusiasmo.

Mesmo assim, não deveria ser nenhuma surpresa o fato de que, diante de um desafio tão complexo e exigente quanto integrar a sustentabilidade no cerne dos negócios, não existam receitas simples. Não importa o quão tentador seja jogar alguns pontos e tópicos atrativos para você, na realidade, grande parte da jornada da sustentabilidade é bagunçada, não linear e repetitiva. Simplificar e negar esta realidade seria apenas danificar sua habilidade de trabalhar e projetar uma estratégia realmente competente de sustentabilidade incorporada.

Nos próximos capítulos, convidamos você a se juntar a nós nessa jornada. A Parte III foi imaginada como um ponto de referência para um conjunto de assuntos diferentes, os quais, quando interligados, criam a base para a prática da sustentabilidade incorporada. Esperamos que os caminhos e paisagens apontados possam dar a você alguns recursos concretos e tangíveis para tornar seus próprios esforços bem-sucedidos.

Começamos a Parte III explorando algumas capacidades insuspeitas que emergem como essenciais para a tarefa diante de nós. Embora habilidades tradicionais de negócios ainda permaneçam sendo vitais para integrar a sustentabilidade ao DNA da sua empresa, elas devem ser complementadas por competências raramente valorizadas no mundo corporativo: design, questionamento, apreciação, totalidade. Esses são os "músculos" iniciais que queremos exercitar antes de nos lançarmos no jogo.

Das competências, seguimos para os processos e examinamos os quatro elementos amplos de gestão da mudança que são relevantes para a sustentabilidade incorporada. Em uma divisão um tanto quanto artificial, colocamos de lado as questões de conteúdo estratégico e nos centramos simplesmente nas muitas dimensões do processo de mudança, começando com a questão que mais nos perguntam: "Por onde começamos?"

Por fim, voltamos às questões de conteúdo e examinamos as conversas-chave que são necessárias para embarcarmos no caminho sólido da sustentabilidade incorporada. No último capítulo da Parte III, recapitulamos os principais conceitos e então descrevemos os passos e perguntas correspondentes que devem ser feitas ao se planejar uma rota própria.

Embora o "como" da sustentabilidade incorporada possa não vir sob a forma de um passo a passo embalado e polido ou como itens ou tópicos concisos, esperamos que as próximas páginas ofereçam uma plataforma significativa, real e relevante para fazer a sua própria transformação organizacional funcionar – com as competências sendo nossa primeira parada.

6
Competências Quentes para um Mundo Aquecido

Em uma sala ensolarada ao redor de uma enorme mesa de reuniões, nove executivos seniores trabalham intensamente. À primeira vista, as discussões intensas e o engajamento passional podem parecer aqueles de uma típica reunião estratégica: formular o problema, analisar opções, discutir posições e decidir entre possíveis cursos de ação. Você quase consegue ver o que vem a seguir: o veredicto final, uma recomendação seguida de rascunhos para o "documento estratégico" e depois as seguidas reuniões com as equipes. Comunicações internas que repercutem por toda a empresa; reuniões de planejamento de ações centradas nos indicadores-chave para o desempenho... todos conhecemos isso muito bem, não é?

Agora olhe de novo. Os resumos de reunião, espalhados ao redor da mesa, oferecem pouco mais do que um conjunto de questões contundentes. Os PowerPoints bem empilhados e resmas de dados deram lugar a Post-it, marcadores e gigantesco flip charts. A tabela diante de você é uma das 40 tabelas em um salão de convenções gigante acomodando bem mais de 300 pessoas para uma reunião de estratégia. Intensas mesas-redondas são interrompidas por esquetes e outras apresentações criativas para toda a comunidade. E se isso não for chocante o suficiente, você acaba de reconhecer fornecedores, clientes, acadêmicos, ativistas de ONGs, trabalhadores e políticos levando tudo numa boa em cada rodada.

O que está se desenrolando na sua frente não é produto da imaginação de um guru da mudança enlouquecido. Na China e nos EUA, no Brasil e em Cingapura, os gestores se reúnem para fazer – e implementar – soluções estratégicas para os novos desafios de negócios. Os desafios em causa apresentam níveis completamente novos de complexidade e demandam inteiramente formas inteiramente novas de abordá-los: na era dos recursos declinantes, da transparência radical e das expectativas, nenhuma receita de bolo vai servir. As mudanças são drásticas, rápidas e furiosas. As respostas estão fora dos limites organizacionais tradicionais. O know-how está na mão dos inimigos mortais. As soluções não podem ser compartimentalizadas. Bem-vindo ao fim dos "são apenas negócios".

Embora uma discussão estratégica envolvendo 300 pessoas seja um dos exemplos mais extremos de como as empresas respondem à complexa realidade empresarial de hoje, ela responde diretamente à procura de novas competências necessárias para incutir o valor social e ambiental no próprio DNA da empresa. Sim, as respeitadas aptidões do mundo corporativo, muitas vezes referidas como as "capacidades do lado esquerdo do cérebro"[299], ainda estão no jogo: continuamos a precisar de análises sólidas, a medição precisa e de planejamento claro. No entanto, isoladamente, esses grampos do sucesso do negócio simplesmente não são suficientes. Um novo conjunto de competências, mais frequentemente associado com o mundo do hemisfério direito dos artistas, inventores e criativos culturais,[300] torna-se necessário para os desafios inesperados, complexos e confusos da criação do valor sustentável. Aqui, vamos falar sobre quatro deles.

Design, questionamento, apreciação e totalidade. Um conjunto surpreendente, não há dúvida sobre isso – e que parece ter saído diretamente das páginas de um livro de autoajuda? Não se preocupe. Essas novas aptidões de negócios estão por aí já faz alguns anos, e empresas grandes e pequenas têm experimentado com elas, conseguindo criar valor de negócio sustentável.

Design

Pergunte a qualquer líder empresarial – seja indiano, americano, russo ou suíço – o que é o trabalho de um bom gerente, e a resposta irá surpreendê-lo pela sua notável consistência.

Gestão tem a ver com tomada de decisão. Na verdade, a ideia da tomada de decisões como a principal tarefa que separa um gerente do resto da organização tornou-se profundamente enraizada na nossa concepção.[301]

A tomada de decisão, segundo a sabedoria popular, se resume à "seleção de um curso de ação dentre várias alternativas."[302] Como os pensadores sistêmicos Richard Boland e Fred Collopy apontam,[303] trata-se de uma determinada atitude ou abordagem para a resolução de problemas, que tende a dominar práticas de gestão e educação. Esta atitude de decisão se baseia no pressuposto de que é relativamente fácil encontrar alternativas a se considerar, mas bastante difícil escolher entre elas.[304] Complexas ferramentas analíticas e técnicas de raciocínio são necessárias para superar a dificuldade central da escolha.

> Não devemos subestimar a importância crucial da liderança e do design juntarem as forças. Nosso futuro global depende disso. Vamos projetar nosso caminho através dos desafios mortais deste século, ou não faremos isso. Para que nossas instituições – na verdade, para que nossa civilização – sobrevivam e prosperem, é preciso resolver problemas extremamente complexos e lidar com muitos dilemas desconcertantes. Não podemos presumir que, seguindo o nosso caminho atual, vamos simplesmente evoluir para um mundo melhor. Mas nós podemos projetar este mundo melhor.
>
> **Richard Farson**
> Psicólogo e escritor

Até aí, tudo bem? De fato, a mentalidade da decisão tem nos servido bem, e muito da estratégia e implementação de negócios é construído sobre a capacidade de analisar, avaliar e escolher o curso de ação correto. No entanto, quando se trata da tarefa de integrar a sustentabilidade no cerne dos negócios, sem fazer concessões nos preços ou qualidade, uma coisa se torna óbvia: não temos nenhuma escolha.

Volte no tempo apenas poucos anos e coloque-se no lugar dos

170 Sustentabilidade Incorporada

gestores da Walmart que desejavam criar os primeiros exemplos de valor sustentável. Em outubro de 2005, o Walmart CEO da Walmart, Lee Scott, fez um pronunciamento surpreendente a todos os 1.600.000 trabalhadores e comunicou a cerca de 60.000 fornecedores em todo o mundo,[305] que a Walmart estava iniciando uma profunda "estratégia de sustentabilidade do negócio", por meio da qual o valor ambiental passaria a ser incorporado aos pilares da competitividade atual da empresa: grandes lojas, distribuição de classe mundial e uma destacada gestão da cadeia de abastecimento. Três metas claras foram selecionadas como parte de sua visão da integração da sustentabilidade: "Ser 100 por cento abastecida por energia renovável, criar o desperdício zero e vender produtos que mantenham nossos recursos e meio ambiente".[306] Só havia um probleminha: ninguém sabia como fazer isso".[307]

Imagine-se numa dessas primeiras reuniões dedicadas a transformar essas metas em realidade. Enquanto você reflete sobre a enormidade das metas estabelecidas pela alta administração da empresa, torna-se óbvio que todas as competências e aptidões que trouxeram o sucesso no passado não são mais suficientes. Sim, boas técnicas analíticas para apoiar a tomada de decisões ainda são importantes. Mas, para um gerente pronto para escolher a melhor alternativa para criar valor sustentável, ainda falta uma coisa: as escolhas têm de existir em primeiro lugar. E é aí que o design entra em cena.

Esqueça as roupas da moda e os utensílios de cozinha elegantes e considere o design uma atitude, uma mentalidade, ou um modo de pensar. No núcleo dessa atitude jaz uma hipótese extremamente diferente da atitude decisória. Se a decisão diz respeito somente a fazer uma escolha difícil entre alternativas fáceis de

> Engenharia, medicina, arquitetura, pintura e administração estão preocupadas não com o necessário, mas com o contingente – não com a forma como as coisas são, mas com a forma como elas poderiam ser – em suma, com o design.
>
> **Herbert Simon**
> Economista e ganhador do Prêmio Nobel

identificar, a atitude do design assume uma escolha fácil entre alternativas difíceis de se criar.³⁰⁸ Diferentemente da sustentabilidade aplicada, que requer poucas mudanças em produtos e processos e, portanto, depende muito do que já existe, a incorporação de valor social e ambiental no cerne dos negócios cria um jogo totalmente diferente. Tim Brown, CEO e presidente da IDEO, classificada entre as dez empresas mais inovadoras do mundo, ilustra esta nova realidade da seguinte forma:

> uma filosofia de gestão baseada apenas na seleção de estratégias existentes é susceptível de ser superada por novos desenvolvimentos no país e no exterior. O que precisamos é de novas escolhas – novos produtos que respondam às necessidades dos indivíduos e da sociedade como um todo, novas ideias que enfrentem os desafios globais da pobreza, saúde e educação, novas estratégias que resultem em diferenças que importam de verdade e um senso de propósito que envolve todos os afetados por elas. O que precisamos é de uma abordagem para a inovação que seja potente, eficaz e amplamente acessível. A concepção do design... oferece justamente essa abordagem.³⁰⁹

Agora, se a concepção do design representa uma competência fundamental a ser adquirida como um complemento à boa tomada de decisões, como podemos desenvolvê-la? Quais são os elementos e características de um bom design que uma empresa deve considerar?

Tim Brown faz uma distinção útil no instigante "Mudança pelo Design". Para gerar grandes escolhas e chegar a soluções significativas, uma equipe para atender a três espaços que se sobrepõem: um espaço de inspiração, para o qual incorrem os insights e os insumos, um espaço de ideação, onde insights são traduzidos em ideias, e um espaço de execução, onde as melhores ideias são transformadas em realidade.³¹⁰ Enquanto você, como leitor, pode apreciar uma sequência definida na nossa apresentação dos três espaços, na realidade, uma equipe pode se mover para dentro e para fora dos espaços através de várias iterações e sem limites claros entre elas. Cada um dos espaços, no entanto, oferece benefícios e desafios exclusivos.

Inspiração

Alguns anos atrás, numa conversa com professores e alunos do Instituto de Arte de Cleveland, ouvimos uma história sobre um experimento surpreendente. Um grupo de alunos recebeu como tarefa projetar uma mochila confortável, leve e multifuncional. Com os projetos sendo apresentados durante o curso, a segunda parte da tarefa foi passada: utilizar as mesmas demandas e limitações e acrescentar mais uma. Com a perspectiva de minimizar o desperdício, os alunos deveriam se certificar que a mochila exigiria o menor número de partes possível. Com apenas uma exigência a mais para o design, as mudanças nos produtos finais foram espantosas. Não apenas os novos designs eram menos esbanjadores e geralmente mais elegantes; o custo projetado para a produção caiu significativamente abaixo da margem.

"O Design é o primeiro sinal da intenção humana",[311] diz Bill McDonough, o controverso arquiteto e designer e metade da dupla de autores por trás do sucesso de sustentabilidade, "Cradle to cradle". O que a história da mochila ilustra é a tarefa central do espaço inspiracional no processo do design: desenvolver uma intenção clara e traduzi-la em exigências e restrições específicas para o projeto.

Dan Pink, um autor que fez muito para popularizar a concepção do design e outras capacidades do lado direito do cérebro como sendo essenciais para os negócios, sugere duas restrições fundamentais para todo bom design: utilidade amplificada pela significância "um designer gráfico deve criar materiais que sejam fáceis de ler. Isso é utilidade. Mas em sua máxima efetividade, o material também deve transmitir ideias e emoções que as palavras por si sós não podem sugerir. Isso é significância".[312]

Tim Brown e sua equipe na IDEO falam sobre três restrições-chave para cada solução: "viabilidade (o que é funcionalmente possível no futuro previsível); viabilidade (o que deve se tornar parte de um modelo sustentável de negócios) e desejabilidade (o que faz sentido para as pessoas e pelas pessoas)".[313]

Bill McDonough e seus sócios apresentam as seguintes restrições poéticas para cada solução sustentável que conseguem agarrar: "nossa meta é um mundo deliciosamente diverso, seguro, saudável e justo, com ar, água, solo e energia limpos – econômica, equânime, ecológica e elegantemente desfrutada".[314] O maior telhado verde do mundo, com 10,4 acres de espaço cultivado no topo da fábrica de caminhões da Ford em Dearborn, é um dos projetos de McDonough desenvolvido em consonância com seus extraordinários princípios de design – entregando um notável valor sustentável ao mesmo tempo em que economiza para a empresa US$ 35 milhões até a instalação.[316] Seja a simplicidade ou a poesia o que atrai a maioria, quando se trata da tarefa da sustentabilidade incorporada, o papel de uma intenção clara é essencial. O conceito dos desafios da sustentabilidade desafiam os próprios pressupostos, os princípios do design no negócio como um todo. Sabemos como atender às demandas do valor para os acionistas. Também sabemos como criar valor para os stakeholders. O que ainda estamos descobrindo é como atender a ambos ao mesmo tempo, sem mediocridade e sem concessões. Claramente, temos um problema de design nas mãos.

Dentre as muitas empresas que estão sendo bem-sucedidas em inventar novas exigências de design para integrar a sustentabilidade ao cerne dos seus negócios, a Nestlé, gigante da nutrição, saúde e bem-estar global, vem à mente – apesar de seu passado controverso a respeito das práticas de marketing para o leite em pó.[317] Em 2007, a Nestlé apresentou seu primeiro relatório de Valor Compartilhado, enfocando "exigências de design" específicas para seus produtos e operações. Cada conjunto de exigências apresentava claramente os componentes de valor para os acionistas e stakeholders que deviam ser equilibrados e harmonizados. Aqui vão alguns exemplos: "reduzir nossa pegada ecológica e reduzir os custos operacionais", "melhorar a capacidade de ganhos dos nossos empregados e criar uma força de trabalho capacitada", "ajudar os fazendeiros a melhorarem seus ganhos e assegurarem nosso suprimento de matérias-primas de qualidade", assim como "expandir o acesso dos segmentos de baixa renda à nutrição e aumentar nossa base de consumidores".[318] Ao criar exigências que alinham metas sociais e ambientais com as prioridades existentes de negócio sem qualquer trade-off, a empresa criou condições para a inovação de sucesso.

Se a intenção – manifestada por meio de claras restrições e exigências – representa a meta da ideação na fase do design, então o engajamento com seus stakeholders representa o método primário. Para criar exigências significativas e de impacto, é crucial que se esteja profundamente engajado com todas as partes interessadas. Sejam elas os seus próprios empregados, clientes, fornecedores ou outros stakeholders, entender suas necessidades em um nível quase visceral se torna decisivo. Veja como a designer e escritora Jane Fulton Suri fala sobre esse princípio do bom design:[319]

> Testemunhar e experimentar diretamente os aspectos do comportamento no mundo real é uma maneira comprovada de se inspirar e de fundamentar (novas) ideias. Os insigths que emergem da observação cuidadosa do comportamento das pessoas... revelam todos os tipos de oportunidade que não estavam evidentes anteriormente.

Aplicada à tarefa de integrar a sustentabilidade, a observação e os insights em primeira mão sobre as necessidades e as realidades do conjunto de stakeholders tornam-se a melhor fonte de ideias para produtos, serviços e processos para serem reimaginados. E já que as necessidades – e soluções – de sustentabilidade desenvolvidas por ONGs, fornecedores, consumidores finais, ativistas e reguladores são raramente postas no centro das atenções dos negócios, o engajamento se torna um músculo que vale a pena exercitar.

Ideação

Embora o espaço de ideação ofereça insights e orientações para o futuro, o espaço da ideação está ali para traduzir insights em ideias que merecem ser exploradas. Mas, ao contrário das celebradas sessões de brainstorming velozes, típicas dos negócios convencionais, a geração de ideias com concepção de design é um processo que leva tempo, experimentação, determinação e iterações.

Nas palavras de um veterano do design

O pensamento de design é intrinsecamente um processo de protótipo. Uma vez que você descobre uma ideia promissora, você a constrói. O protótipo é geralmente um desenho, modelo ou filme que descreve um produto, sistema ou serviço. Construímos estes modelos muito rapidamente; eles são rascunhos, prontos para usar, nada elegantes, mas funcionam. O objetivo não é criar uma aproximação do produto ou processo finalizado; a meta é conseguir o feedback que nos ajude a trabalhar o problema que tentamos resolver. De certa forma, construímos para pensar.[320]

Brincar com as diferentes maneiras de integrar a sustentabilidade no processo ou produto torna-se parte do desenvolvimento estratégico. Quando você dedica tempo a construir suas ideias desde o fundamento, há mais chance de ela se encaixar mais precisamente entre os esforços sociais e ambientais e as prioridades empresariais existentes. Embora pareça que você esteja desperdiçando tempo precioso rascunhando e experimentando coisas que podem nunca ver a luz do dia, investir em ideias permite que você teste antecipadamente, cometa erros mais rapidamente e consiga soluções sólidas mais cedo. Para o extremamente complexo desafio de criar valor sustentável, o protótipo oferece formas de explorar territórios não mapeados com um mínimo de risco.

A GE, empresa global de tecnologia, mídia e serviços financeiros diversificados, expôs o valor dos protótipos rápidos e colaborativos com suas elogiadas Caças ao Tesouro. Projetadas como sessões concentradas de três dias envolvendo múltiplos stakeholders, as Caças ao Tesouro permitiam uma análise aprofundada do uso de água e energia, gerando opções viáveis de melhoria e lançando as bases para a implementação.[321] Originalmente desenvolvida pela Toyota, a Caça ao Tesouro geralmente começa numa tarde de domingo para minimizar o impacto sobre as operações. Um grupo multifuncional de empregados, fornecedores, terceirizados e representantes da GE e de outras empresas é dividido em pequenas equipes e treinado para identificar oportunidades nas instalações onde a energia ou outros recursos estão sendo desperdiçados. Uma auditoria na prática acontece, e na manhã seguinte cada equipe gera as primeiras sugestões de possível melhoria. A segunda-feira é o momento de conectar-se com os profissionais de operações e especialistas técnicos para gerar protótipos baseados nas ideias e testar sua viabilidade – este processo também envolve as compras das instalações. E através do processo iterativo dos protótipos, testes e discussões, ao chegar na terça-feira à tarde, cada equipe tem pelo menos dez ideias com estimativa de corte de custos já preparadas. Os impactos das Caças ao Tesouro da GE são de longo impacto. Como relata Gretchen Hancock, da GE:

> Embora a eficiência dos projetos seja o resultado direto da caça, a GE treinou mais de 3.500 empregados para pensar globalmente sobre o desperdício de água e energia de uma forma diferente e poderosa. Esses indivíduos identificaram mais de 5.000 projetos que representam a oportunidade de aumentar a eficiência energética, eliminar 700.000 toneladas cúbicas de emissões de gases de efeito estufa e 111 milhões de dólares em custos operacionais.[322]

Implementação

Enquanto a inspiração traz a introspecção, ideação e transforma o insight sobre alternativas viáveis, a aplicação diz respeito à criação de condições para o sucesso. Como ilustra o exemplo da GE, os três espaços se sobrepõem e interagem: a auditoria de sustentabilidade pode servir de inspiração, o envolvimento com os gerentes de fábrica produz ideias e promove a aceitação, e a aceitação se torna o primeiro passo para a implementação. Claro, uma boa execução de qualquer tipo de mudança depende de uma série de fatores. Um fator decorrente de pensamento de design é particularmente relevante para o desafio da sustentabilidade incorporada: a participação.

No Reino Unido, o Co-operative Bank pede que os clientes liderem o desenvolvimento contínuo da sua ética política, que determina onde o banco investe ou não.[323] Com sede nos EUA, a varejista Wal-Mart apoia os seus empregados no desenvolvimento de Projetos de Sustentabilidade Pessoal voluntários, nos quais os compromissos, como a reciclagem ou os exercícios físicos, servem como um mecanismo para abraçar um compromisso de toda a empresa com a sustentabilidade como filosofia de negócios.[324] Na África do Sul, a WIZZIT empresa aposta em seus clientes para vender os seus serviços exclusivos às pessoas em áreas pobres do país, sem acesso a contas bancárias. Desde que a empresa se concentrou em tornar os serviços bancários disponíveis e acessíveis para os pobres do país, os 1.300 agentes de vendas independentes – chamados Wizzkids – também têm de servir como educadores, promovendo a consciência financeira entre aqueles que nunca tiveram uma conta bancária. Tornar-se um Wizzkid também oferece uma valiosa fonte de renda para os desprivilegiados.[325] Enquanto isso, em todo o mundo, a GE está promovendo US$ 200 milhões para o Desafio Ecomagination, uma iniciativa de inovação aberta, que permite a qualquer pessoa contribuir para o desenvolvimento de produtos da GE.[326] O que liga todos esses exemplos é uma nova abordagem de colaboração para fazer as coisas. Para os clientes, mero consumo é cada vez mais insuficiente. Para os empregados, a execução indiferente é cada vez menos aceitável. Para a sociedade civil, só monitoramento e relatórios são muito pouco satisfatórios. Sim, bons produtos, processos e políticas ainda são o mínimo necessário – mas não são suficientes para competir. Jonas Ridderstråle e Kjelle Nordström discutem muito bem este ponto em seu best-seller *Funky Business*: "A sociedade do excedente tem um excedente de empresas similares, empregando pessoas similares, com semelhantes níveis de escolaridade, que trabalham em trabalhos similares, desenvolvendo ideias similares, produzindo coisas similares, com preços, garantias e qualidades semelhantes".[327] Em um mundo de abundância e de excedentes, o que nós precisamos é cada vez mais de experiências significativas.[328] Dar às partes interessadas a oportunidade de participarem verdadeiramente – e cocriar – a nova realidade do negócio é a melhor maneira de se criar esta experiência.

Quer se trate de um esforço para integrar a sustentabilidade aos produtos, serviços, processos ou procedimentos, o design é uma competência essencial para seu sucesso. Na ausência de soluções prontas e fórmulas práticas, não podemos analisar a nós mesmos em um futuro sustentável. Pelo contrário, temos que criá-lo. E quando se trata de criação, o design tem um histórico muito bom.

No entanto, design apenas não é suficiente. Na verdade, a próxima capacidade é essencial para dominar o pensamento de design. Pergunte a você mesmo agora o que poderia ser? Sim, estamos falando de questionamento.

Questionamento

Pense na última reunião de negócios da qual você participou e cujo objetivo era chegar a uma solução específica. Com uma agenda clara e definida com bastante antecedência, e materiais de apoio distribuídos de antemão, você está agora reunido e pronto para enfrentar o desafio. Feche os olhos e imagine-se logo no início da reunião. Realmente tente. O que você estaria pensando? No que você prestaria atenção?

Há grande chance de você ter vindo preparado com uma lista de propostas prontas para serem apresentadas, juntamente com argumentos bem desenvolvidos. Na verdade, como gestores, espera-se que forneçamos respostas – não ter o que dizer é uma posição dificilmente aceitável. No entanto, se pesquisas recentes forem qualquer indicação, respostas predefinidas podem não ser o melhor caminho para a alta performance.

Em 2004, os estudiosos Marcial Losada e Emily Heaphy publicaram um estudo focado no que faz com que equipes de negócios sejam efetivas.[329] Entre as dimensões exploradas, os pesquisadores estudaram a relação entre desempenho e maneira na qual as conversas estão estruturadas. Em particular, eles se concentraram em quantas respostas ou soluções são geradas durante as reuniões corporativas em comparação com a quantidade de perguntas abertas feitas. Eles chamaram essa relação de taxa de questionamento/defesa – referindo-se a perguntas exploratórias profundas como "questionamento" e argumentos fortes e sugestões como "defesa". (Só para registrar, talvez valesse a pena mencionar que "Você concorda comigo?" não constitui um questionamento dentro desta terminologia.) Para ter certeza de que o desempenho está sendo medido de forma adequada, os investigadores olharam a rentabilidade (demonstrações de lucros e perdas da UEN), a satisfação do cliente, e as avaliações 360°, que ofereceram as análises dos membros da equipe por superiores, pares, e subordinados. O que Losada e Heaphy descobriram foi uma diferença marcante entre equipes de alto e baixo desempenho quando o assunto é o uso de perguntas e respostas no trabalho diário. Equipes de alto desempenho equilibram questionamento e defesa, oferecendo, em média, 1,143 perguntas para cada resposta.

Equipes de médio desempenho utilizaram cerca de um questionamento para cada duas defesas. Mas quando se tratava de equipes de baixo desempenho, a proporção era imensamente desequilibrada: apenas uma pergunta foi feita para cada 20(!) defesas, argumentos, soluções e propostas.[330] Outros estudiosos, incluindo Chris Argyris e Donald Schön[331] assim como Peter Senge,[332] oferecem uma visão semelhante sobre a importância desta tarefa de equilíbrio.

O que os dados sugerem é que, enquanto as respostas são importantes, é nas perguntas que temos de prestar atenção se o alto desempenho for a nossa meta. E quando se trata do território inexplorado da sustentabilidade incorporada, as perguntas têm um papel crucial.

Quais são as principais atividades e impactos do ciclo de vida do produto – desde a mais tenra (como o planeamento do serviço ou a extração da matéria-prima) até o seu fim de vida? Quem tem interesse em sua companhia e o que interessa a esses agentes? Quais os riscos que enfrentamos ao longo da cadeia de valor – a montante e a jusante – e como estes riscos podem ser traduzidos em oportunidades? Em níveis escalonados de detalhe, como se parecem os nossos serviços se a sustentabilidade foi

> Se eu tivesse uma hora para resolver um problema e minha vida dependesse da solução, eu passaria os primeiros 55 minutos na determinação da pergunta adequada a se fazer. Eu sei que, diante da pergunta apropriada, eu poderia resolver o problema em menos de cinco minutos.
>
> **Albert Einstein**
> Físico e detentor
> do Prêmio Nobel

incorporada sem comprometer a qualidade e sem acréscimos verdes ou sociais? A arte da pergunta torna-se essencial se valor sustentável é o destino final. Como existem poucas soluções comprovadas, e as decisões apressadas são perigosas, o questionamento – mais do que a defesa - torna-se o melhor veículo para a criação de valor, o melhor modelador do que é possível e o melhor instrumento para a cocriação.

No final da década de 1990, o Weatherhead School of Management – ao qual ambos temos a sorte de estar ligados – comprometeu-se a construir uma nova sede. O arquiteto mundialmente conhecido Frank O. Gehry e sua empresa, Gehry Partners, tornaram-se parceiros na concepção e na construção do novo edifício Peter B. Lewis. No processo de design, a equipe começou com perguntas surpreendentemente simples: "O que é ensinar?" "O que é a aprendizagem?" "O que é um escritório?" "O que é uma faculdade?"[333]

De forma semelhante à arquitetura, a sustentabilidade incorporada exige o questionamento sobre os fundamentos. Lembra-se da história do xampu sólido no Capítulo 1? Ao desenvolver este produto, a empresa voltou-se para perguntas muito básicas. O que é um xampu? Como é a experiência de uma ótima limpeza capilar? Como podemos oferecer os mesmos benefícios finais para os usuários – mas oferecer muito mais valor ambiental e social?

A sustentabilidade incorporada é o território de exploração por excelência. O questionamento torna-se um mecanismo de exploração significativa; a sustentabilidade torna-se uma nova lente para se reencontrar – e redesenhar – a sua empresa. Se o equilíbrio do questionamento e da defesa é de importância crucial para a tarefa de sustentabilidade incorporada, como podemos aprender esse ato delicado? Quais as opções que temos de considerar e adotar?

Em seu trabalho pioneiro de 1990 *A Quinta Disciplina: A arte e a ciência da organização de aprendizagem,* Peter Senge ofereceu uma paleta colorida de competências disponíveis para o balanceamento de questionamento e defesa. Embora algumas das habilidades sejam menos eficazes para o nosso propósito (incluindo a politicagem, interrogar, ditar, ou retirar-se), a maioria delas tem um papel importante a desempenhar no desenvolvimento organizacional. Desenvolver os fundamentos dessas habilidades irá atendê-lo bem na tarefa de criação de valor sustentável e, ao mesmo tempo, apoiar as prioridades do negócio como um todo. A seguir, descrevemos o menu de opções adotadas a partir da Quinta Disciplina de Senge.[334]

É claro que a vida organizacional cria a necessidade de cada um dos quatro aspectos do ato de equilíbrio – observar, dizer, perguntar e gerar. Você pode achar que algumas das opções no menu são mais atraentes do que outras, mas é notável o que acontece com uma reunião, uma vez que seu repertório se expande. Então, enquanto você continua exercitando o músculo do questionamento, aqui estão algumas maneiras simples de verificar se você está dominando a arte da pergunta:

1. **Um final em aberto.** Boas perguntas estão em aberto. Como você sabe que a sua pergunta é uma investigação real? Bem, se você pode responder com "sim" ou "não", ou fornecer qualquer outra resposta "correta", você provavelmente caiu fora da rota da investigação verdadeira. "Como podemos..." ou "O que lhe parece..." estão entre as melhores formas de questionar o seu caminho para a sustentabilidade incorporada.

2. **Poder gerador.** Boas perguntas criam. Ponto. Se você consegue vislumbrar uma onda de entusiasmo, inspiração e desejo de cocriar como resultado da pergunta feita, as maiores chances são de que você esteja no meio de um questionamento gerador. E já que muito desafios sociais e ambientais oferecem questões polêmicas, delicadas e complicadas para resolver, projetar perguntas geradoras é uma apólice de seguro contra impasse, perda de energia e retrocesso.

3. **Pressupostos magistrais.** Quase todas as questões que colocamos têm suposições embutidas. Uma pergunta do tipo: "Como devemos criar um departamento de sustentabilidade em nossa empresa?" já pressupõe que haja um acordo em torno da necessidade de tal departamento. Gerenciar habilmente os pressupostos – estar ciente deles, escolhendo com cuidado, e alinhando com maestria os pressupostos – é decisivo para toda a trajetória do seu esforço pela sustentabilidade incorporada.

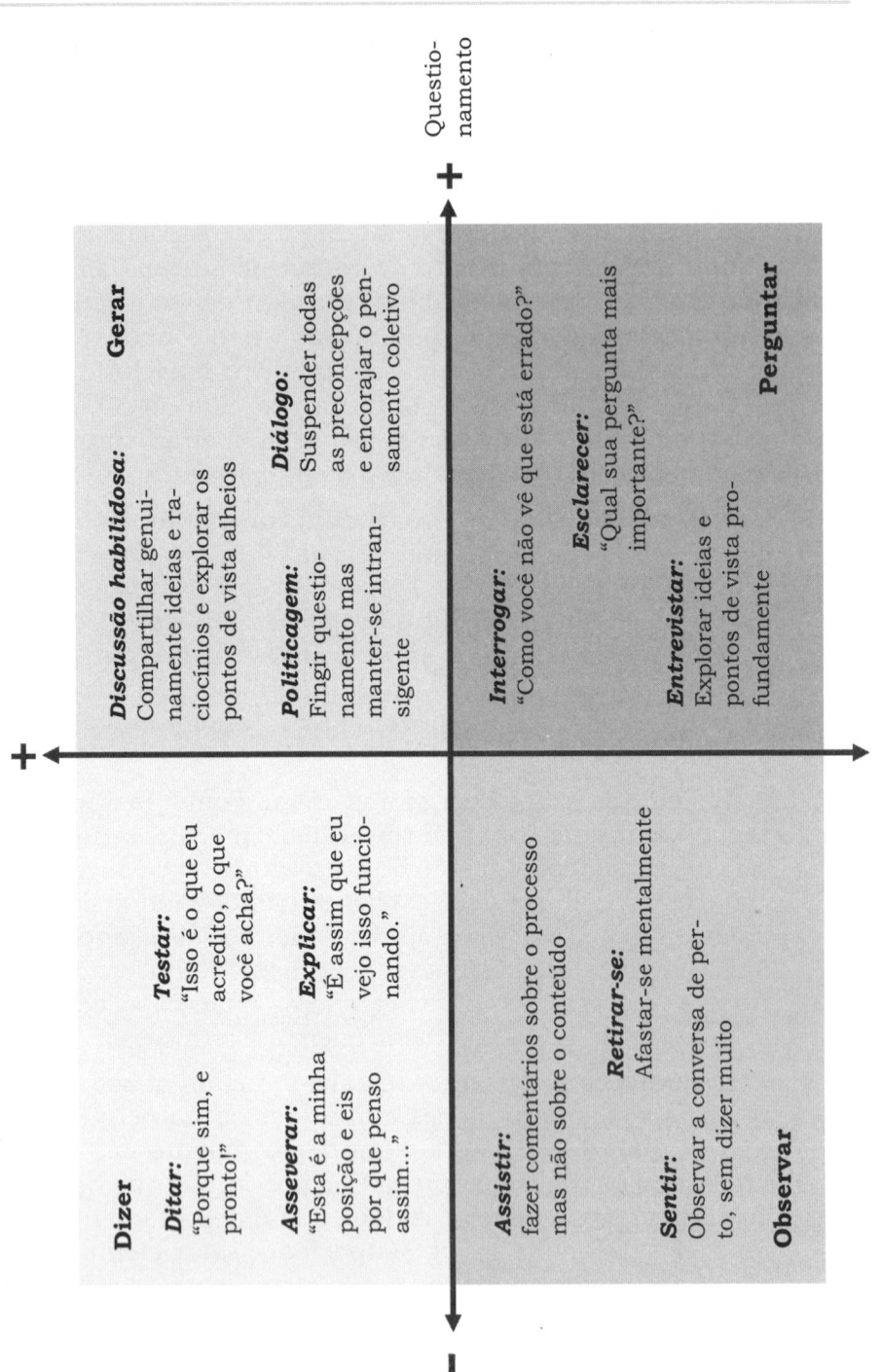

182 Sustentabilidade Incorporada

Questionamento (+)
Defesa (+)

Quadrante superior esquerdo — Dizer / Gerar

Dizer

Ditar: "Porque sim, e pronto!"

Asseverar: "Esta é a minha posição e eis por que penso assim..."

Testar: "Isso é o que eu acredito, o que você acha?"

Explicar: "É assim que eu vejo isso funcionando."

Discussão habilidosa: Compartilhar genuinamente ideias e raciocínios e explorar os pontos de vista alheios

Politicagem: Fingir questionamento mas manter-se intransigente

Diálogo: Suspender todas as preconcepções e encorajar o pensamento coletivo

Gerar

Quadrante inferior direito — Observar / Perguntar

Observar

Assistir: fazer comentários sobre o processo mas não sobre o conteúdo

Retirar-se: Afastar-se mentalmente

Sentir: Observar a conversa de perto, sem dizer muito

Interrogar: "Como você não vê que está errado?"

Esclarecer: "Qual sua pergunta mais importante?"

Entrevistar: Explorar ideias e pontos de vista profundamente

Perguntar

Eric Vogt, Juanita Brown e David Isaacs oferecem um exemplo perfeito do poder das perguntas geradoras abertas e bem concebidas em seu trabalho de 2003 sobre A Arte das perguntas Poderosas.

> O diretor do HP Labs perguntou por que a organização não foi considerada o melhor laboratório de pesquisa industrial do mundo. E designou Barbara Waugh, membro do pessoal-chave, para a coordenação do esforço de responder à pergunta "O que significa ser o melhor laboratório de investigação industrial do mundo?" Para esse fim, Waugh iniciou uma rede global de conversas em torno dessa questão, utilizando infraestrutura de tecnologia da empresa, juntamente com encontros presenciais para dar suporte aos diálogos. Assim, explorando as implicações práticas da questão de forma disciplinada, o laboratório começou a ver os ganhos de produtividade. Mas um dia um engenheiro do HP Labs entrou no escritório de Barbara e disse: "Essa pergunta está boa, mas o que realmente me energizaria e me faria levantar de manhã seria perguntar: "O que significa ser o melhor laboratório de pesquisa industrial *para* o mundo?"
>
> Essa pequenina mudança alterou todo o jogo ao intensificar o significado e deslocando os pressupostos embutidos na pergunta original. Ela alterou profundamente o contexto do questionamento – tornar-se o melhor para o mundo como um contexto mais amplo para tornar-se o melhor do mundo. Esta questão, obviamente, "pegou" – já não era apenas um questionamento do laboratório, mas algo que muitos outros dentro da HP começaram a se perguntar.
>
> Empregados da HP Labs e de toda a empresa responderam a este novo foco com uma onda enorme de energia coletiva. O esforço de inclusão digital da HP, um grande projeto para permitir que os pobres do mundo possam entrar na nova economia, ao mesmo tempo que fornece informações médicas e outras importantes para as comunidades no mundo em desenvolvimento, surgiram, em grande medida, do esforço da HP para o mundo.[335]

A história da Hewlett-Packard ilustra o poder das perguntas de mudarem de uma mentalidade ou paradigma para outro. A empresa iniciou a sua exploração dentro da mentalidade tra-

> Uma mudança de paradigma ocorre quando uma pergunta é feita dentro do paradigma atual que só pode ser respondida de fora dele.
>
> **Marilee Goldberg**
> Autor

dicional de valor para os acionistas como o objetivo principal da empresa. A nova questão permitiu a entrada em um novo paradigma, no qual o valor do acionista não é abandonado, mas alargado e reimaginado dentro do contexto de valor sustentável.

No fim das contas, o questionamento é uma competência desejável para um grande conjunto de desafios empresariais. Quando se trata da sustentabilidade incorporada, porém, o questionamento não é apenas desejável, é essencial. Mas será que todas as perguntas são criadas da mesma forma? Para encontrar a resposta, é hora de voltar nossa atenção para a próxima competência vital numa era de exigências sociais e ambientais: a apreciação.

Apreciação

Num palco minúsculo mas ainda assim provocativo na conferência do TED 2010, Chip Conley nos conta uma história de uma senhora que tinha sido sua amiga e empregada do hotel que ele possui há 23 anos. (TED é uma comunidade mágica criada em torno de ideias revolucionárias, portanto, se você ainda não conhece, garantimos que vai se viciar.) Nessa história, Chip falou sobre a pergunta que ele fez a si mesmo e a sua empresa, e que foi inspirada pela sua amizade: como alguém pode encontrar prazer em limpar um banheiro?

Talvez uma pergunta incomum para um líder em busca de melhores resultados de negócios, mas para Chip esse questionamento era uma questão de sobrevivência. Diante da recessão que se seguiu aos atentados terroristas de 11 de setembro de 2001, os hotéis da área da baía de São Francisco enfrentaram a maior porcentagem de queda de receita na história hoteleira da América. A empresa de Conley era a maior operadora de hotéis na região, e encontrar uma forma de apaziguar a tempestade era o objetivo do jogo.

Em busca de soluções possíveis, Chip acidentalmente esbarrou num conceito conhecido mas negligenciado: a hierarquia das necessidades de Maslow. Refletindo sobre a pirâmide que cobre as necessidades como abrigo, comida, água, segurança, afeição, estima e atualização pessoal, ele se perguntou como sua companhia abordava as categorias mais altas dentre as necessidades para seus clientes e empregados. Investindo nesse interesse, a empresa começou a sistematicamente questionar seus empregados sobre seu sentido de significado e seus clientes pelo senso de conexão emocional com a organização. Miraculosamente, quanto mais atenção a empresa dava para o significado e a conexão, mais significado e conexão pareciam ser criados. A lealdade dos clientes subiu às alturas; a rotatividade de empregados caiu a um terço da média do mercado; e a empresa triplicou de tamanho durante os cinco anos de crise.[336]

A história de Chip Conley e seus hotéis Joie de Vivre Hotels fala muito claramente sobre o que vem a ser um bom questionamento. Quando se trata de gerar mudanças positivas, todas as questões não são criadas da mesma forma. O que investigamos conta. De fato, as perguntas podem frequentemente determinar o próprio destino da empresa.

Provavelmente ninguém contribuiu mais para nossa compreensão sobre o poder de boas perguntas do que os estudiosos de comportamento organizacional David Cooperrider, Ron Fry e Suresh Srivastva, cocriadores da investigação apreciativa. A Investigação Apreciativa (IA) é uma filosofia de gestão de mudança geralmente considerada a inovação mais importante no desenvolvimento organizacional das últimas décadas. Como qualquer abordagem tradicional de gestão de mudança, a investigação apreciativa dedica-se a uma área desafiadora do desempenho da empresa – seja sua produtividade, satisfação do consumidor, eficiência de custos ou qualquer outro assunto. Mas ao contrário da resolução de problemas tradicional, a IA procura respostas em lugares menos óbvios. Ao invés de analisar as falhas e buracos do passado numa tentativa de melhorar o desempenho, através do processo da investigação apreciativa, os gestores sistematicamente buscam e analisam os sucessos – e empresas convencionais desde a Ernst & Young até a Walmart estão embarcando nessa.

Mas como seria essa mudança na verdade?

Quando uma empresa de aviação passa a ter excesso de perda de bagagens, é tentador centrar o olhar sobre problemas ou falhas específicas ao tentar entender o que estava dando errado. A investigação apreciativa muda o foco da análise da perda extraordinária de bagagem para as extraordinárias experiências de chegada – encontrando e analisando sistematicamente as situações nas quais um passageiro teve uma chegada exemplar mesmo quando todas as circunstâncias, do tempo ao controle de tráfego aéreo, trabalhavam contra a empresa.

Para uma locadora de carros lutando por 100% de satisfação do consumidor, é normal olhar para cada cliente perdido ou insatisfeito, buscando as razões para a falha. A investigação apreciativa desafia a empresa a compreender profundamente as razões por trás de cada cliente leal e satisfeito, assegurando-se de que existe uma razão verdadeira para que cada cliente continue com a empresa no futuro.

Para uma empresa de cafés especiais experimentando um rápido crescimento, os custos são o que importa. Ao invés de centrar-se nas ineficiências, a investigação apreciativa convida a empresa a encontrar as melhores mas subutilizadas práticas dentre todas as práticas correntes, e assegura que essas práticas de economias de custo se tornem a norma, e não a exceção.

Sejam manufaturas ou serviços, sejam pequenas ou grandes, em todas as organizações, as descobertas da IA diferem dramaticamente dos esforços tradicionais de mudança estratégica. Quando nos centramos no que estamos fazendo de errado, tornamo-nos especialistas em repetir nossos próprios erros. A análise captura até o último detalhe sobre como falhar, mas nos diz muito pouco sobre como ter sucesso. Quando abordamos o assunto diante de nós ignorando os muitos casos de falhas passadas, e enfocando os exemplos em que assuntos semelhantes foram resolvidos com sucesso, não apenas descobrimos respostas surpreendentes, mas também energizamos os empregados, estimulamos a criatividade e evitamos o jogo da culpa em meio às nossas equipes, e assim nos asseguramos de uma virada de sucesso no processo de mudança.

E o que dizer dos resultados? Para uma abordagem tradicionalmente percebida como "branda", a investigação apreciativa possui um retrospecto impressionante.[337] Para o departamento de vitrines de moda da Hunter Douglas, usar a investigação apreciativa numa iniciativa de melhora de processos empresariais gerou economias de 3,5 milhões de dólares no primeiro ano. A torrefadora de café Green Mountain conseguiu vencer o "desafio dos 25 cents", o que permitiu uma redução dos custos operacionais em 25 centavos de dólar para cada meio quilo de café, uma redução de aproximadamente 7% nos custos brutos. Os gerentes do Cassino Santana Star acreditam que a investigação apreciativa foi decisiva em aumentar as receitas e obter lucros de 10 milhões de dólares em 2003. A lista é longa...

Está tudo muito bom, está tudo muito bem, você poderia dizer, mas o que isso tem a ver com o desafio da sustentabilidade incorporada?

Na verdade, tem muito. Entre as muitas coisas que tornam a IA relevante estão duas descobertas decisivas para a sustentabilidade incorporada.

Na primeira, o questionamento e a mudança são simultâneos. Costumávamos pensar que a análise vinha antes, e depois as recomendações, depois a decisão, e só então a implementação. O que estamos descobrindo é que as perguntas por si só já encorajam a mudança, muito antes de qualquer resposta formal ser obtida e implementada. Como David Cooperrider e Leslie Sekerka descrevem:

> O inquérito propõe uma agenda, modela a linguagem, afeta a criação e gera conhecimento. O inquérito está integrado em tudo o que fazemos como gestores, líderes e agentes de mudança. Por causa de sua onipresença, geralmente não notamos que ele está ali. Mesmo assim, vivemos nos mundos que nossas perguntas criam. O inquérito em si é uma intervenção.[338]

Em segundo lugar, as organizações se movem na direção do seu estudo.[339] Não apenas a mudança começa imediatamente com o questionamento colocado, mas as perguntas que fazemos determinam a trajetória coletiva das nossas organizações. O que combatemos é combatido. O que apreciamos é apreciado. Lembra da descoberta acidental de Chip Conlay que partilhamos no início do capítulo? O inquérito sobre o significado e a conexão levou a mais significado e conexão – e trouxe na bagagem grandes dividendos financeiros para a cadeia de hotéis.

Coloque essas duas descobertas juntas, e fica claro que o IA foi praticamente feito sob medida para a sustentabilidade incorporada. Já que há muitos buracos e fraquezas nesse assunto, questionar tudo o que está errado com o desempenho social e ambiental na empresa produz culpa, desconexão e desesperança em abundância. Todos já passamos por incontáveis conferências, apresentações e reuniões nas quais tudo o que havia de errado era revolvido até o ponto da completa exaustão – com muito pouco de positivo à vista. O que precisamos agora é de uma capacidade de apreciar – e fazer prosperar – tudo o que está certo, questionar sobre os sucessos, ainda que pequenos, que seriam necessários para integrar a sustentabilidade aos produtos, processos e políticas. Seja a colaboração interdepartamental, a inovação rápida ou os projetos passados de ganha-ganha, toda empresa tem experiências e boas práticas que podem servir como fundamento para novas tarefas de criação de valor sustentável. Apreciar essas experiências – sistemática e diligentemente – é uma habilidade essencial da sustentabilidade incorporada a se dominar.

Vamos fazer um pequeno experimento. Pegue lápis e papel. Pegou? Agora pense sobre as muitas reuniões de que participou nos últimos três meses – e escolha aquela que se destacou como a pior reunião de todas. Lembra dessa? Agora escreva uma lista dos fatores que – no seu entender – tornaram essa reunião tão ruim. Apenas escreva um a um, sem pressa.

Provavelmente, a sua lista se parece com esta aqui:

Pior Reunião

- *sem pauta definida*
- *facilitador ruim*
- *as pessoas chegaram despreparadas*
- *muitas conversas paralelas e pessoas lendo e-mails*
- *poucas falas construtivas e muitas perguntas irrelevantes*
- *nenhum ponto relevante ao final da reunião*

Agora vire a folha de papel e escreva uma nova lista. Dessa vez, volte à melhor reunião que você teve nos últimos anos. Pense em tudo o que fez ela ser tão boa. Pelo menos alguns dos pontos a seguir estarão provavelmente em sua lista:

Melhor Reunião

- *pauta clara e definida*
- *bom facilitador*
- *engajamento e compromisso*
- *conversas abertas e honestas*
- *discussão de coisas importantes*
- *senso de excitação*
- *atmosfera relaxada mas focada*

Fizemos essa experiência com centenas de gestores. Impressionantemente, cada vez que comparávamos as duas listas uma coisa saltava aos olhos. Você consegue perceber o que é? As duas listas não combinam. Sim, de fato, alguns pontos são quase idênticos – especialmente aqueles que enfocam o lado "técnico" das reuniões. Mas então as coisas ficam mais interessantes. O que descobrimos, em suma, foi que centrar o olhar no que não funciona e depois eliminar esses fatores de fracasso não produz o sucesso. O mesmo acontece com desafios muito mais complexos – seja a lealdade do consumidor, a satisfação dos empregados ou a sustentabilidade incorporada, a investigação apreciativa vai lhe dar respostas que são dramaticamente diferentes daquelas saídas de um questionamento baseado nos erros. Remover o que é ruim não garante o que é bom. Na melhor das hipóteses, tudo o que você consegue é algo que "não é ruim". E para uma empresa lutando para gerar lucro na era dos recursos declinantes, da transparência radical e das expectativas crescentes, "não é ruim" simplesmente não é bom o bastante.

Agora, mais um pedido. Volte àquela segunda lista e relembre da melhor reunião. O que você sentiu? Você consegue visualizar os rostos na sala ao seu redor? Você consegue sentir a excitação? Felizmente, para você e para muitos outros, a investigação apreciativa evoca emoções positivas (e, se não for o caso, aceite nossas desculpas). Um bom adicional, você pode pensar, mas que não é essencial. Mas alguns fatos adicionais podem ser importantes neste momento.

Nos últimos anos, a ciência das emoções positivas fez significativos progressos. O que sabemos agora é que as emoções positivas trazem um largo alcance de benefícios individuais: elas geram funcionamento otimizado, expandem os modelos de pensamento e ação habituais, aumentam os recursos pessoais e interpessoais e permitem o pensamento criativo e flexível.[340] E quando se trata de desempenho, as emoções positivas – como apreciação, validação e encorajamento – são vitais. Lembre-se dos estudos de Marcial Losada e Emily Heaphy[341] que exploramos no início deste capítulo? Além de um bom índice questionamento/defesa, os pesquisadores também se centraram no índice de comportamentos e expressões verbais e não-verbais positivas e negativas em equipes de diferentes níveis. O que descobriram foi que equipes de baixo rendimento tinham índices de 0,363, enquanto equipes de alto desempenho tinham índices de 5,614 – demonstrando quase cinco vezes mais comportamentos positivos do que negativos em interações de grupo. A apreciação faz a diferença.

E pode fazer ainda mais quando se trata do desafio de integrar a sustentabilidade ao DNA dos negócios. Com pilhas e pilhas de questões difíceis, polêmicas e controversas à nossa frente e ao nosso redor, a habilidade de gerar a investigação apreciativa e centrar-se nas forças compartilhadas é uma competência na qual vale a pena se investir.

Inúmeras companhias estão fazendo exatamente isso. A Green Mountain, que se tornou a número um na lista das 100 melhores empresas de cidadania corporativa de 2006 e 2007 segundo a revista *Corporate Responsibility Officer*, tem usado a investigação apreciativa para suas necessidades de sustentabilidade desde 2000.[342] A Fairmount Minerals, relativamente novata no mundo da sustentabilidade, organizou sua primeira conferência de IA de toda a empresa em 2005, o que permitiu que ela realinhasse sua estratégia, e levou ao desenvolvimento de novos produtos, melhoria de processos internos e aumentou o engajamento dos empregados.[343] Em 2008, a Walmart usou o IA em seus esforços de sustentabilidade, conseguindo gerenciar um processo de mudança total de mercado diante dos stakeholders para sua divisão de laticínios.[344]

Em geral, as soluções semelhantes à investigação apreciativa saltam de uma empresa para outra ao longo de uma estratégia alinhada de valor sustentável, enquanto energiza seus empregados a seguirem em busca das metas e modelos projetados. Mas, além de mudar o "quê" da estratégia e do desenvolvimento organizacional, a investigação apreciativa também muda o "quem" e o "como". Ela parte de um entendimento claro de que integrar a sustentabilidade para o valor recíproco exige uma habilidade inteiramente nova de se mover do local e fragmentado para o unificado e sistêmico. Agora, vamos examinar a última competência em nossa lista inicial: a totalidade.

Totalidade

Em nossa busca pelas competências que são mais importantes para a integração bem-sucedida dos valores sociais e ambientais nas atividades do cerne dos negócios, examinamos o design, o questionamento e a apreciação. Mas existe outra capacidade que se destaca como essencial para o desafio da sustentabilidade incorporada. Em contraste com as noções limitadas e fragmentadas de valor para os acionistas, o valor para os stakeholders e o valor para o cliente, o valor sustentável exige uma aptidão para a totalidade através de uma série de dimensões:

- **A totalidade do "quem".** A criação de valor sustentável requer consideração e engajamento de interesses, necessidades, opiniões e compromissos de todos os envolvidos – acionistas, funcionários, clientes, fornecedores, comunidades locais, mídia, governo, da sociedade e em geral.

- **A totalidade do "o quê".** A criação de valor sustentável exige profunda integração de considerações sociais e ambientais em toda a composição dos produtos ou serviços da sua empresa. Design de produto, processo de fabricação, desempenho em uso e o fim de vida são reimaginados, reunindo valor para o consumidor, o valor do acionista e o valor para os stakeholders.

- **A totalidade do "como".** A criação de valor sustentável expande as fronteiras organizacionais tradicionais, comandando uma compreensão profunda e redesenho ativo da cadeia de valor, a montante da extração de matérias-primas e a jusante, até a eliminação do produto. Cada passo do negócio e todo o processo e política correspondentes são reimaginados, criando um processo integral para um valor total.

- **A totalidade do "porquê".** Finalmente, a criação de valor sustentável recupera e reafirma o papel vital e fundamentalmente positivo das empresas na sociedade como motor para a inovação, o bem-estar e a prosperidade no sentido mais amplo dos termos, devolvendo o que alguns podem considerar como sendo uma nobreza e senso de propósito intrínsecos à profissão de gestor. O valor sustentável oferece uma inovação qualitativamente diferente, alternativas "harmônicas" à economia ineficiente, intensiva em carbono, alienadora dos stakeholders, orientada ao curto prazo e produtora de resíduos do presente. Mas o seu apelo é apenas proporcional à dificuldade de sua implementação. Num mundo onde a especialização é a norma, os silos funcionais são celebrados, as fronteiras organizacionais são fixas, os stakeholders estão automaticamente disputando entre si, e a externalização é a moda, a ideia da totalidade pode parecer como a escolha menos do que óbvia.

Ainda assim, se o valor sustentável é nossa meta final e a sustentabilidade incorporada é nosso meio primário, a totalidade deixa de ser opcional. Os imensos desafios da prosperidade ambiental e social são complexos, interdependentes e dinâmicos. Eles atravessam todo o sistema de negócios – e vão além – e por isso exigem uma abordagem sistêmica. Ver e agir de acordo com a magnitude da totalidade é a nova habilidade a se dominar.

Para alguns de nós, ela vem naturalmente. Peter Senge e seus colegas por trás do movimento de aprendizagem organizacional nos dão um exemplo da aptidão para a totalidade em seu nível mais fundamental:

> As crianças nas fazendas aprendem naturalmente sobre os ciclos de causa e efeito que criam os sistemas. Elas enxergam os elos entre o leite da vaca, a grama que ela come e o estrume que fertiliza os campos. Quando uma tempestade surge no horizonte, mesmo uma criança pequena sabe abrir as comportas do açude, com medo de que galhos e troncos carregados pela água das chuvas possam danificá-las. Elas sabem que se não fizerem isso terão de ferver sua água, ou carregar baldes por longas distâncias. Elas aceitam facilmente os fatos contraintuitivos da vida: a maior enchente representa um tempo em que você deve ter mais cuidado de preservar a água.[345]

Para muitos de nós, a totalidade é um músculo atrofiado, esperando ser exercitado. Por séculos, nossa ciência nos ensinou a dividir as coisas em pedaços e centrar a atenção às partes – a física newtoniana sendo o maior exemplo disso. Margaret

Wheatley, que nos dá uma incrível descrição da nova ciência da física quântica, da teoria do caos, da biologia e da evolução e de suas implicações para gestores em seu trabalho *Leadership and the New Science* fala sobre uma alternativa que devemos considerar:

> Uma das primeiras diferenças entre a nova ciência e o newtonianismo é um foco no holismo, em vez de nas partes. Os sistemas são entendidos como sistemas inteiros, e é dada atenção às relações dentro dessas redes. Donella Meadows, uma escritora e ambientalista visionária, cita um antigo ensinamento sufi que capta essa mudança de foco: "Você acha que porque entende o um você deve compreender o dois, porque um e um dá dois. Mas você também deve compreender o 'e'." Quando vemos os sistemas a partir dessa perspectiva, entramos em um cenário totalmente novo de conexões, de fenômenos que não podem ser reduzidos a simples causa e efeito, ou explicados pelo estudo das partes de forma isolada. Nós nos movemos em uma terra onde se torna fundamental perceber o funcionamento constante dos processos dinâmicos e, em seguida, perceber como esses processos materializam-se como comportamentos e formas visíveis.[346]

Se a totalidade é uma habilidade de uso diário, ou uma aptidão raramente aplicada na sua vida empresarial, o desafio da sustentabilidade incorporada certamente usa tudo, e depois exige um pouco mais. Aqui estão alguns exercícios que você pode usar para continuar a exercitar o músculo da totalidade:

- **Aprenda a linguagem do pensamento sistêmico.** A disciplina do pensamento sistêmico desenvolveu um conjunto diversificado de ferramentas que permitem compreender os elementos de um sistema e as relações entre eles. Enquanto "loops de retroalimentação" e "arquétipos de sistemas" podem parecer complicados num primeiro momento, esses termos usados para analisar e descrever o conjunto podem vir a calhar quando você descobrir o mecanismo por trás de suas vendas, da rotatividade de funcionários, ou do processo de inovação. Utilizar esta linguagem para entender a relação entre as pressões sociais e ambientais e o desempenho de sua empresa irá facilitar o processo de integração da sustentabilidade.

- **Pratique a análise do ciclo de vida.** Ofereça você um produto ou serviço, a compreensão do ciclo de vida, do berço ao túmulo, desde a extração da matéria-prima até o processo de fim de vida, é essencial para gerenciar os riscos para a sustentabilidade e descobrir oportunidades de criar valor orientado ambiental e socialmente.
- **Jogue com o mapeamento dos stakeholders.** Temos falado muito sobre a importância crucial de se compreender e de envolver os seus stakeholders para o objetivo do valor sustentável. Ambas as tarefas começam com um passo muito simples: saber quem são os seus stakeholders. Mesmo o menor negócio pode ser surpreendido pelo número de pessoas que têm uma participação no seu futuro. Mapear seus stakeholders – e as relações entre os diferentes grupos e redes de stakeholders – é uma ótima maneira de construir reflexos de totalidade.

Afinal de contas, a tarefa de qualquer exercício de totalidade é ajudar a desenvolver uma forma particular de olhar o mundo ao seu redor. A sustentabilidade incorporada ao cerne dos seus negócios exige uma habilidade de ver o cenário mais amplo, de entender os elos e vetores que criam o sistema. Como muitas habilidades complexas, a totalidade não pode ser aprendida simplesmente lendo-se sobre ela. A boa notícia é que temos diversas pressões para começarmos a nos exercitar. Talvez seja a hora de tomar um café com aquele grupo de ativistas que você vem evitando faz algum tempo. Afinal, goste ou não, eles são parte do todo também.

Em suma

Ao contrário das receitas delineadas para a sustentabilidade aplicada, a tarefa de integrar o valor social e ambiental ao DNA de uma empresa exige um pensamento novo e soluções heterodoxas. Esteja você buscando a sustentabilidade incorporada como forma de reforçar seu posicionamento de mercado atual ou para explorar águas não catalogadas, a jornada à frente exige o domínio de novas competências. Design, questionamento, apreciação e totalidade representam apenas um ponto de partida na lista a ser descoberta e conquistada. Ainda assim, as empresas que encontram uma forma de criar valor sustentável demonstram que esses quatro são bons fundamentos para a ação.

À medida que a jornada da sustentabilidade incorporada se torna longa e cheia de percalços, habilidades sólidas são vitais para se chegar ao destino desejado. Agora que examinamos esses blocos fundamentais, chegou a hora de voltar nosso olhar para algo muito mais tangível: fazer a mudança ser permanente.

7
Gerenciando a Mudança: O Retorno

Começamos a nossa viagem para o "como" da sustentabilidade incorporada com visão das competências e capacidades necessárias para efetuar a mudança. No entanto, como já foi dito sobre muitas outras habilidades, essas competências não podem ser desenvolvidas através da leitura sobre elas. Arregaçar as mangas e pôr mãos à obra é o melhor – na verdade o único – caminho a seguir. Então, agora é hora de colocar os pés firmemente no chão e descobrir como fazer as coisas. O que fazer para criar valor sustentável? Como você pode integrar a sustentabilidade no próprio DNA do seu negócio?

Para responder a essas questões, voltamos nossa atenção às novas histórias de sucesso. Embora nenhuma empresa ainda esteja para chegar ao topo da montanha cobiçada "maior do que o Everest", como Ray Anderson, presidente da gigante dos tapetes Interface coloca, uma série de exploradores começaram a viagem da sustentabilidade aplicada para a integrada e desfrutaram de seus benefícios e recompensas mais cedo. Suas histórias guiam nossas viagens.

Agora, em um capítulo dedicado à gestão da mudança, seria absolutamente normal esperar um claro conjunto de ferramentas e medidas destinadas a guiá-lo através dos corredores confusos e turbulentos da mudança. No entanto, nossas pesquisas e dados levaram a uma conclusão muito diferente. Seguindo o convite pessoal de "aprender o caminho para a estratégia", de Henry Mintzberg, descobrimos que cada instância bem-sucedida de integração de valor social e ambiental em produtos e serviços mostrou caminhos emergentes, iterativos e bagunçados. Acontece que você não pode analisar o seu caminho para a sustentabilidade. Você só pode aprender e inovar.

Ainda que pareça uma descoberta óbvia, suas implicações são de longo alcance. Em essência, a integração da sustentabilidade quebra a sequência esperada de gestão da mudança. Tradicionalmente, supõe-se que primeiro desenvolve-se e, depois, implementa-se a estratégia. Na verdade, a linha entre estratégia e execução tornou-se tão aguda que é considerada sinal de grande sabedoria quando líderes empresariais, como Jamie Dimon, agora CEO do JP Morgan Chase, afirmam: "Eu prefiro ter uma execução de primeira e estratégia de segunda do que ter uma ideia brilhante e uma gestão medíocre".[347]

Ainda assim, para a maioria de nós que passamos por pelo menos um processo de gestão estratégica, é bem claro que esta linha, se existe, é muito menos uma muralha da China e mais uma linha pontilhada guiando a dança frenética entre a estratégia e a execução. Roger Martin, teórico da estratégia e gestor na prática, dá um exemplo disso em seu artigo na *Harvard Business Review*:

> Se a estratégia produz resultados ruins, como podemos dizer que ela é brilhante? Essa é certamente uma definição bem estranha de brilhantismo. O propósito de uma estratégia é gerar resultados positivos, e a estratégia em questão não fez isso, e ainda assim é brilhante? Em qual outro campo de trabalho podemos proclamar uma coisa como sendo brilhante se ela falhou miseravelmente em seu único objetivo? Uma peça "brilhante" da Broadway que sai de cartaz depois de uma semana? Uma campanha política "brilhante" que faz o outro candidato vencer? Se pensarmos sobre isso, temos de aceitar que a única estratégia que pode ser legitimamente chamada de brilhante é aquela cujos resultados são exemplares. Uma estratégia que falha em gerar resultados positivos é simplesmente uma falha.[348]

De fato, os sucessos iniciais com a sustentabilidade incorporada ecoam o poderoso questionamento de Martin da linha ilusória entre estratégia e execução. Porém, mais ainda, eles desafiam a sequência da mudança em si. Todas as empresas que estudamos, que ousaram não considerar a sustentabilidade um custo, que se aventuraram no terreno desconhecido de criação de valor sustentável e que se recusaram a se contentar com a abordagem da sustentabilidade aplicada tiveram de fazê-lo no escuro, cada etapa conduzindo à próxima, experimentando e agindo – e produzindo resultados – muito antes que uma estratégia verdadeiramente global pudesse ser articulada. Muito antes de ficar claro quais caminhos estratégicos levariam daqui até lá, as empresas tiveram que dar os primeiros passos, colher os primeiros frutos mais baixos, desenvolver as primeiras novas capacidades e sobreviver às primeiras falhas. Em outras palavras, elas tiveram que aprender o caminho até a sustentabilidade incorporada.

Na sequência dos resultados algo surpreendentes de nossa pesquisa, neste capítulo vamos falar sobre o processo de integração da sustentabilidade, compartilhando os principais desafios e soluções que as empresas descobrem ao longo do caminho. No capítulo seguinte, colocaremos todas as peças do quebra-cabeça no lugar e faremos algumas reflexões sobre como o conteúdo da estratégia de sustentabilidade incorporada poderia ser desenvolvido para atender às demandas e necessidades da sua situação específica.

Então, vamos arregaçar as mangas.

Daqui até ali: caminhando e falando

Ao contrário da bastante conhecida Responsabilidade Social Corporativa e dos esforços de sustentabilidade aplicada, a sustentabilidade incorporada ao cerne dos negócios sem concessões nos preços ou qualidade exige uma renovação completa dos negócios. Esta transformação não acontece da noite para o dia. A experiência das empresas que já se aventuraram neste território sugere quatro linhas de ação interdependentes e interconectadas para guiar a jornada:

- **Começando do jeito certo.** Mobilizar, educar e agir em torno de determinados "frutos mais baixos".

- **Construindo a aceitação.** Alinhando a empresa, as atividades de valor agregado e todas as partes interessadas em torno da visão da sustentabilidade incorporada.

- **Mudando do incremental para a inovação.** Desenvolvimento de metas claras, mas não ortodoxas, elaboração da estratégia e a captura de valor através da cocriação e da inovação.

- **Manter-se fiel.** Gestão de aprendizagem e de energia ao mesmo tempo que se torna a sustentabilidade onipresente, mas invisível, na prática de negócios. Embora a lista mencionada anteriormente possa sugerir uma possível sequência linear, na realidade, grande parte da jornada de sustentabilidade é não linear, repetitiva e bagunçada. O engajamento de uma unidade de negócios após a outra exige um começo "do jeito certo", novas ações necessitam de novas instruções, enquanto criar a aceitação verdadeira permanece sendo uma tarefa diária. Muitos "frutos mais baixos" são perseguidos e colhidos antes de as empresas estarem prontas para implementar – sem falar de projetar – uma magistral estratégia de negócios de sustentabilidade incorporada.

Nas páginas seguintes, convidamos você a explorar estes quatro elementos gerais do processo que se destacam como a pedra fundamental para a integração de valor social e ambiental nas atividades principais. Em vez de dar-lhe receitas definitivas, gostaríamos de oferecer um rico buffet de opções, derivadas de histórias reais de gestores reais perseguindo resultados concretos. Selecionar e escolher o seu próprio prato pode ser a melhor maneira de criar uma refeição nutritiva que é perfeita para você.

Começando do jeito certo

Entre as muitas perguntas que ouvimos nos seminários de executivos, conferências e reuniões com clientes, uma das mais frequentes é: "Como vamos começar?" De fato, o início correto é crucial ao tentar-se um empreendimento tão polêmico e, muitas vezes, controverso. Mas há muito pouca mágica no começo desse processo de gestão de mudança. Assim como qualquer outra transformação organizacional. A integração da sustentabilidade ao cerne dos negócios começa quando alguém dentro da organização decide dar o primeiro passo.

Conseguindo o patrocínio organizacional

Para a maioria das empresas, o patrocínio inicial vem de gerência sênior. Na DuPont, a empresa global de produtos químicos, o compromisso atual de colocar "a ciência em prática criando soluções sustentáveis essenciais para uma vida melhor, mais segura, e mais saudável para as pessoas em toda parte" foi construído sobre um compromisso de longo prazo da elite executiva. O ex-CEO Dick Heckert (1986-1989) liderou a decisão de eliminar progressivamente os clorofluorocarbonos halogenados (CFCs) no final da década de 1980. Ed Woolard, que dirigiu a empresa de 1989 a 1995, referia-se a si mesmo como o "Diretor Ambiental" e definiu para a empresa uma "meta zero" – zero ferimento, doença, acidente, resíduo e emissão. Chad Holliday, o CEO do período 1995 a 2009, ex-presidente do World Business Council for Sustainable Development e coautor do livro de sustentabilidade, Walk the Talk, estabeleceu metas de crescimento sustentável para a DuPont, que exigiam uma integração plena do desempenho econômico, social e ambiental. Este alto nível de comprometimento continua até hoje, com a atual CEO, Ellen Kullman.

Na Gorenje, fabricante de eletrodomésticos da Eslovênia, a sustentabilidade é gerenciada pelo Conselho de Administração, com novos negócios iniciados e supervisionados pelo presidente e CEO da companhia, Franjo Bobinac. O comandante-em-chefe da Coca-Cola, Muhtar Kent, também se considera o "oficial-chefe de sustentabilidade" do gigante internacional das bebidas.[349] Enquanto a empresa brasileira de alimentos Nutrimental recebe muito de seu primeiro impulso do fundador Rodrigo Loures.

Obter o comprometimento e o apoio da alta administração cria um trampolim para toda a ação futura e torna mais fácil a tarefa de alinhar os muitos interesses e funções de uma empresa. Fazer com que esse apoio seja explícito, é fundamental para enquadrar os esforços de sustentabilidade como uma fonte de vantagem competitiva no apoio às prioridades de negócios existentes – ao invés de uma nova iniciativa de direcionar os recursos já limitados em uma direção questionável. As palavras de Lee Scott, ex-CEO da Walmart, que liderou o compromisso da companhia para integrar a sustentabilidade desde 2005, falam por si sobre o poder de moldar corretamente o novo esforço:

> O que foi interessante para mim, quando começamos esta jornada para a sustentabilidade, foi realmente a superficialidade da minha motivação inicial... Eu simplesmente olhei e disse: onde estão os riscos que a empresa enfrenta? O que aprendemos no passado que devemos ouvir? Onde estão os nossos pontos fracos? Onde as pessoas vão nos atacar? O que é que temos de fazer melhor se o que queremos fazer é sermos capazes de nos apoiarmos no fato de que vendemos barato e cuidamos dos clientes? Porque, como você sabe, no mundo de hoje, de repente, é "a Walmart vende mais barato", mas a que custo para a sociedade? Essa foi a motivação para reunir o primeiro grupo... o que foi surpreendente para mim é que o que eu pensei que seria uma estratégia defensiva, que faria com que as pessoas não fossem capazes de prejudicar a Walmart porque estaríamos protegidos, está se transformando exatamente no oposto disso. Esta é uma estratégia ofensiva. Esta é uma estratégia sobre a mercadoria. Esta é uma estratégia sobre gestão de custos. Esta é uma estratégia de atrair e reter as melhores pessoas, as mentes mais criativas, porque essas são as pessoas... para as quais este assunto ressoa... Há um velho ditado que diz que mesmo um porco cego encontra comida de vez em quando – eu me sinto um pouco assim.[350]

Enquanto a maioria das transformações bem-sucedidas dependem fortemente do empenho de cima para baixo, várias empresas tiveram sucesso cultivando o poder dos gerentes para defender e apoiar a mudança. Na Herman Miller, uma empresa de móveis global, um grupo multifuncional denominado Equipe de Qualidade e Ação Ambiental (EQAT) vem oferecendo apoio para toda a organização desde 1989. Ao gerenciar e ligar os pontos entre os diversos desafios, tais como Design Ambiental, qualidade do ar, Embalagens/Transporte e Lei de Impacto Ambiental, a EQAT foi o mecanismo para a implementação do zero resíduo, como o primeiro objetivo claro em 1991, e iniciou o processo de integração da sustentabilidade no núcleo estratégico da empresa. Em 2008, a empresa registrou vendas líquidas de 2,012 bilhões de dólares, ao mesmo tempo que se tornou uma das únicas seis empresas a aparecer nas listas "Fast 50" mais inovadoras da Fast Company, "Mais Admiradas" e "100 melhores empresas para se trabalhar", da *Fortune*.

Para a Si.Mobil, a primeira operadora privada de celular na Eslovênia, uma viagem para o valor sustentável também começou na parte inferior da organização, quando um grupo de especialistas em TI decidi tentar algumas novas ideias sugeridas pela crescente onda de "TI verde". Como o departamento de TI recebeu claros benefícios financeiros a partir desses esforços, uma "equipe verde" voluntária envolvendo toda a empresa foi convocada.

Escolher entre as abordagens de-cima-para-baixo ou de-baixo-para-cima para iniciar a mudança depende em última instância do que se encaixa melhor para a cultura e as práticas estabelecidas pela empresa. Em ambos os casos, a construção de seu argumento para a sustentabilidade incorporada com base no conhecimento sólido e no insight é crucial. No campo em rápida evolução da sustentabilidade, educar-nos na arte do valor sustentável torna-se um investimento contínuo, com uma taxa de retorno bastante elevada.

Obtendo insights-chave

Embora as crescentes pressões sociais e ambientais possam parecer uma tendência momentânea – algo como o "prato do dia" – as suas exigências sobre as empresas vêm crescendo e criando um movimento próprio ao longo de décadas. A boa notícia é que grandes quantidades de recursos já foram gastas e muitos testes de campo desenvolvidos e testados, que podem ajudar você a achar seu próprio caminho.

Para a Weatherchem, uma empresa norte-americana de tampas de plástico, um programa educacional interno foi a melhor forma de adquirir conhecimentos fundamentais no campo. Empresas com presença global, como a Green Mountain, a Nike e a Waste Management e muitas outras obtêm ideias e desenvolvem o conhecimento coletivo através do Consórcio de Sustentabilidade da Society for Organizational Learning. O crescimento de cursos de especialização relevantes para a sustentabilidade nos negócios também significa que você pode adquirir conhecimentos e recursos necessários para a complexa tarefa multidisciplinar da sustentabilidade incorporada – e a proliferação de anúncios de emprego adaptados a esta necessidade significa que é cada vez mais fácil conectar a oferta e a procura no mercado de trabalho.

Uma série de excelentes livros também podem vir a calhar enquanto você busca construir seu próprio entendimento de como criar e maximizar o valor sustentável. Vários deles já fizeram uma diferença real no pensamento e na ação gerencial. O *Capitalism at the Crossroads: Next Generation Business Strategies for a Post-Crisis World*, de Stuart Hart, que saiu em uma terceira edição atualizada em 2010, juntamente com o *Green to Gold: How Smart Companies Use Environmental Strategy to Innovate, Create Value, and Build Competitive Advantages*, por Daniel Esty e Andrew Winston, aborda as questões de sustentabilidade a partir da perspectiva da estratégia de negócios e com foco na criação de vantagem para as empresas e a sociedade, sem trade-offs. O *Biomimicry: Innovation Inspired by Nature*, de Janine Benyus e o *Cradle to Cradle: Remaking the Way We Make Things*, de William McDonough e Michael Braungart, oferecem uma base detalhada e com base científica para se pensar a sustentabilidade. E para aqueles que procuram uma abordagem mais ampla sobre a relação entre a economia e o resto do planeta, *The Ecology of Commerce: A Declaration of Sustainability*, um clássico de Paul Hawken, um empreendedor por trás da Smith & Hawken, um império de materiais de jardinagem, é um dos "grandes livros" originais, assim como sua obra-prima em coautoria com Amory e Hunter Lovins, *Natural Capitalism: Creating the Next Industrial Revolution*. Você também pode encontrar uma lista atualizada de nossos favoritos pessoais na seção "Good finds" do nosso website, www.EmbeddedSustainability.com.

Embora essa lista seja apenas um kit de partida, convidamos você a explorar e desenvolver sua própria coleção de bons achados dentro do campo. Iniciando sua jornada com a exploração das melhores práticas e modelos testados e aprovados poderia poupar algum tempo e "bateção de cabeça" ao longo do caminho. Uma vez que seu próprio mapa da criação de valor sustentável comece a emergir, chegará a hora de botar as mãos na massa e se aventurar mais no território desconhecido. O próximo passo é detectar os impactos da sua empresa (ou unidade de negócio) para estabelecer uma base do desempenho de sustentabilidade.

Estabelecendo a base inicial

É difícil avaliar a atual geração de valor sustentável sem uma compreensão aprofundada dos impactos ambientais, sociais e econômicos das atividades atuais da empresa. Como é criado ou destruído atualmente o valor para os stakeholders? Qual é o valor de saúde, social ou ambiental atualmente integrado aos produtos e serviços? Onde estamos perdendo valor? Onde está sendo criado o valor financeiro "nas costas" dos principais interessados?

Para obter insights sobre essas questões, os impactos sobre as partes interessadas devem ser avaliados a montante a partir da extração de matérias-primas e a jusante, até o fim de vida do produto. Cadeias de valor do ciclo de vida são avaliadas porque, no ambiente competitivo atual, as empresas, de bancos a fabricantes de brinquedos para crianças, estão sendo responsabilizadas pelas atividades dos seus parceiros na cadeia de valor. Felizmente, disciplinas tais como a avaliação do ciclo de vida (ACV) e pegadas de carbono estão se tornando o padrão – você pode começar, por exemplo, com "Lifecycle Assessment: Where Is It on Your Sustainability Agenda?", da Deloitte Consulting.[351] Dito isto, uma análise do AVC em toda a empresa muitas vezes exige um esforço significativo em termos de gestão de tempo e recursos. Ao invés disso, você pode achar mais fácil se concentrar em apenas umas poucas linhas de produtos de alto impacto e priorizar os impactos sobre os stakeholders para tornar o esforço de coleta de dados gerenciável.

Em cada uma das esferas ambiental, social e econômica, os impactos sobre as partes interessadas são organizados em categorias distintas. Normalmente as empresas optam por não se concentrar em todas as categorias e, ao invés disso, selecionam um subconjunto adaptado ao seu negócio. A seguir, apresentamos um quadro exemplificando como o escritor e praticante da sustentabilidade, Bob Willard, sugere que nós pensemos sobre o exame do menu de impacto.[352]

A Tennant, fabricante de equipamentos de limpeza de pisos, publica dados sobre seu uso de energia e emissões de gases de efeito estufa em conjunto com as emissões das máquinas de limpeza produzidas pela companhia. A GE, o conglomerado global de infraestrutura, finanças e mídia, disponibiliza um grande conjunto de dados para o público num site dedicado a isso. As lojas Walmart levam o diagnóstico de impactos a um nível inédito. Em sua abordagem 360° da sustentabilidade, que permite uma visão mais abrangente dos negócios e do engajamento de mais de 100.000 fornecedores, mais de 2 milhões de associados e milhões de clientes em todo o mundo, a empresa publica suas próprias informações de impactos como um mero tira-gosto para a meta de medir (e gerenciar) o impacto de sua miríade de cadeias de abastecimento finais. Embora a meta ainda esteja longe de ser atingida, sua iniciativa de um Índice de Sustentabilidade de julho de 2009 já está bem adiantado em termos de engajamento de fornecedores-chave em 2010. Após o engajamento dos fornecedores, um banco de dados abrangente de análise de ciclo de vida desenvolvido por um consórcio de universidades, fornecedores, varejistas, ONGs e representantes do governo criará a base para o estabelecimento de ferramentas simples para os clientes fazerem melhores escolhas sobre os produtos que compram, informados não apenas sobre o preço, mas também por informações facilmente compreensíveis sobre o desempenho sustentável baseadas em fatores como o conteúdo de carbono embutido, o uso de água e resíduos.[353]

Pegada Ambiental

1. **Energia.** Quais as tendências no uso? Qual o mix de combustíveis? Onde estão as maiores demandas de energia na cadeia de suprimentos?
2. **Água.** Quais as taxas de consumo de água? Quais os níveis atuais de contaminação da água e de reutilização de água e resíduos? O descarte impacta os mananciais locais?
3. **Ar.** Qual a pegada de carbono do ciclo de vida do produto? Onde na cadeia de suprimentos estão as maiores emissões de CO_2? Quais são as emissões de NOx, SOx e partículas?
4. **Resíduos.** Quanto dos resíduos é despejado versus reciclado? Que desperdícios ocorrem na cadeia de suprimentos? O que acontece com produtos usados/obsoletos?
5. **Uso da terra.** Como a cadeia de suprimentos impacta no uso global da terra? Quais as taxas de utilização de material de florestas, campos e minas certificadas?
6. **Biodiversidade.** Como a flora e a fauna locais são afetadas pela extração de matérias-primas? Como as instalações impactam na biodiversidade? Qual o impacto do uso e do descarte do produto?

Impactos Sociais

1. **Condições de trabalho.** Quais as condições de trabalho em toda a cadeia de suprimentos? Qual o total de dias de trabalho perdidos e o total de horas de licenças médicas em relação ao tempo de trabalho total?
2. **Segurança do produto.** Os produtos são construídos, usados e descartados de forma segura para todos?
3. **Impactos na comunidade.** Quais os impactos das atividades da empresa na comunidade? São positivos? Qual a média de distância de trajeto ou o nível geral de dependência de automóveis?
4. **Equidade social.** A empresa realiza esforços de boa-fé para suprir as necessidades de consumidores desprivilegiados? Pagam-se salários justos ao longo da cadeia de valor?

Impactos Econômicos

1. **Empregos.** Como a empresa lida com demissões e desemprego? O treinamento profissional está integrado ao desenvolvimento profissional do empregado ou apenas às necessidades de curto prazo da empresa?
2. **Crescimento econômico.** A empresa está contribuindo para a expansão econômica regional? Ela investe na competitividade da região? A empresa está gerando uma base local de impostos?

Para a maioria das empresas, os gestores geralmente abordam inicialmente o valor para os stakeholders a partir de dados dos sistemas de gestão internos. Mas como você pode ver facilmente pelos exemplos existentes, muitos dos impactos – e dados – encontram-se do lado de fora dos limites das organizações. Diálogos estruturados com as partes interessadas, tais como painéis de aconselhamento comunitário, agregam perspectivas externas de valor. Ver o mundo a partir da perspectiva dos stakeholders é uma lente poderosa através da qual se pode abordar o desempenho sustentável. E cada vez mais, as pesquisas mostram que os gestores que envolvem os stakeholders e abordam proativamente as suas percepções podem antecipar melhor as mudanças no ambiente de negócios e evitar serem surpreendidos pelas mudanças nas expectativas da sociedade que pode pôr em risco o valor para os stakeholders.[354]

Colhendo os frutos mais baixos

Quando o dinamismo organizacional e o comprometimento começam a ser construídos, com a instrução e a experiência de gerentes, empregados e parceiros externos crescendo a cada dia, e os diagnósticos de impacto de CVA mantêm você ocupado, é hora de começar a experimentar de verdade com projetos reais de valor sustentável.

Escolher o projeto para se começar é fundamental. As empresas se saem melhor quando centram-se nos "frutos mais baixos" – mudanças pequenas mas visíveis que prometem recompensas.

Para a Walmart, o gigante do varejo internacional, gestão de custos e suprimentos ocupa o centro do seu sucesso e de sua estratégia de longo prazo, por isso, os esforços de valor sustentável introduzidos pela empresa em meados de 2004 estavam alinhados com seus tradicionais pontos fortes operacionais e prioridades estratégicas. Redesenhar as embalagens e os modelos de distribuição permitiu uma significativa redução de gasto de papel, plástico e combustíveis – além de significativos benefícios ambientais. Um dos primeiros experimentos da Walmart nessa área foi um esforço para "regularizar" as embalagens em sua linha de brinquedos infantis, onde alguns centímetros foram retirados das caixas para melhor se adequarem aos produtos. A pequena – e surpreendentemente óbvia – iniciativa economizou 3.425 toneladas de papelão, 1.358 barris de petróleo, 727 contêineres de transporte, enquanto gerou economia de 3,5 milhões de dólares em custos de transporte.[355]

Para a Fairmount Minerals, empresa norte-americana de areias industriais, a área de embalagens estava entre as primeiras a serem exploradas. Tradicionalmente, a empresa empregava caixas descartáveis que comportavam um máximo de 700 quilos de resina usada para revestir a areia. Centenas de caminhões eram usados para transportar o material todo ano. Uma das equipes de desenvolvimento sustentável trabalhou junto com os fornecedores para desenvolver um saco que comportasse 925 kg e reduziu o número de caminhões necessários para transportar o material. O saco podia ser reutilizado em até 11 recargas e era reciclável. As caixas utilizavam um forro de plástico com travessas de madeira, enquanto o saco eliminou completamente o uso de madeira. Isso o tornou mais leve e empilhável até três vezes a sua altura. Ele também exigia menos mão de obra e aumentava a carga máxima dos caminhões. Veja na foto as duas opções de embalagem e compare.

Para a Henkel, empresa alemã de colas, detergentes e cosméticos, operando através de filiais em 75 países em todo o mundo, muitos dos frutos mais baixos encontram-se no desenvolvimento de produtos e inovação. Apesar de algumas inovações exigirem investimentos significativos, outros não requerem nada além de uma nova lente de sustentabilidade incorporada. Um dos produtos mais famosos da empresa, a primeira cola em bastão do mundo, a cola Pritt, passou por um processo de transformação que aumentou continuamente o valor gerado sustentável. A cola em bastão original, livre de solventes, foi reformulada em 2000, substituindo a polivinilpirrolidona (PVP), derivada do petróleo por amido renovável; matérias-primas renováveis representam atualmente 90 por cento do peso bruto do produto.[356] Mas o segredo da vitória do produto foi uma mudança muito mais simples: após a pesquisa mostrar que os clientes muitas vezes não conseguiam usar todo o bastão, levando a grandes quantidades de resíduos, a empresa diminuiu o volume do produto,[357] levando à redução dos custos, sem afetar a usabilidade.

Em busca dos "frutos mais baixos", a GE começou a envolver funcionários em todas as partes da empresa, para ver onde poderia haver economia de energia. Podia ser algo como desligar as luzes quando uma fábrica estivesse ociosa, ou a instalação de um interruptor de modo que as luzes pudessem ser desligadas. Para se certificar de que haveria incentivo suficiente, os gestores foram avaliados em termos de quanta energia tinham economizado. Até agora, a GE já economizou US$ 100 milhões a partir destas iniciativas e cortou a sua intensidade de gases-estufa – uma medida das emissões em relação à produção – de 41 por cento.

Como esses exemplos demonstram, a colheita do fruto mais baixo é principalmente uma mudança na forma como olhamos para os produtos e processos segundo os quais as nossas empresas trabalham a cada dia. Projetos simples, como substituir a água engarrafada por sistemas de filtros de água, podem trazer vantagens significativas à medida que a empresa começa a se engajar (basta perguntar à Genentech, que economizou mais de 200.000 dólares por ano com esta ação).[358] Para muitas empresas com as quais trabalhamos ou que estudamos, o melhor caminho a seguir foi definir uma pequena equipe transfuncional. As reuniões regulares e sessões descontraídas de brainstorming são uma obrigação, assim como os projetos de testes reais, com foco na busca de caminhos onde o valor para os acionistas e partes interessadas pode ser aumentado. Quando realizados, esses projetos tornam-se o mecanismo mais importante para exercitar os músculos da sustentabilidade, desenvolvendo novas formas de ver o seu negócio, e construindo credibilidade para a estratégia de sustentabilidade incorporada. Ao longo do caminho, a colheita dos frutos mais baixos se torna um passo crucial para o sucesso de toda a empresa: obter a aceitação da organização como um todo.

Construindo a aceitação

Com os experimentos iniciais em curso para incorporar com sucesso a sustentabilidade, uma outra linha de ação se apresenta como uma grande prioridade: a agenda aprovada tem de tornar-se pessoalmente relevante para toda a empresa, para que a verdadeira colheita de valor aconteça. Muito frequentemente, os projetos morrem prematuramente nas organizações por causa do pouco comprometimento e da falta de engajamento dos colaboradores da empresa e dos principais interessados. No caso de ações sociais e ambientais, o potencial para encontrar o ceticismo e a oposição dos trabalhadores é ainda maior, à medida que as questões em geral são vistas como marginais ou simplesmente de relações públicas e governamentais, e não como oportunidades estratégicas de negócio. Como muitos projetos sociais são gerenciados pelos departamentos de relações públicas, recursos humanos, ou jurídico, os gerentes de linha, em particular, têm razão em considerar qualquer iniciativa social como gasto de tempo e destruição de valor, um capricho chato dos executivos.

A busca de uma estratégia de valor sustentável tem de trazer benefícios claros e específicos para os corações e mentes individuais na empresa – caso contrário, não existe razão ou incentivo para sua força de trabalho se engajar. Trabalhar em projetos-piloto é uma boa forma de começar, e aqui vão algumas ideias para se construir a aceitação:

A Walmart encontrou uma maneira de garantir esse compromisso através do lançamento de seu programa Projeto Sustentabilidade Pessoal (PSP), uma iniciativa voluntária destinada a ajudar os quase 2 milhões de associados da empresa com a integração de princípios de sustentabilidade em suas vidas diárias. Convidando os empregados da Walmart a estipular e atingir metas de sustentabilidade pessoal – como parar de fumar, comer direito e melhorar os hábitos de reciclagem da família – o PSP tornou o esforço de valor sustentável de toda a empresa mais compreensível, pessoal e motivador para os funcionários.

Troika Dialog inseriu a sua opinião sobre a intersecção dos negócios e ações sociais diretamente em sua declaração de identidade:

> Estamos empenhados em desenvolver adequadamente a infraestrutura, a mecânica e as normas que regem os mercados de capitais da Rússia. Para nós da Troika Dialog, a Rússia não é um empreendimento de risco ou especulativo, é a nossa casa, e nós estamos dedicados a construir um futuro brilhante para ela.

A identidade da empresa foi então apoiado pelo *Livro de uma Pessoa Racional* – um manual de instruções para todos os funcionários, que fornece diretrizes para a conduta pessoal, e que guarda uma linha muito forte de "benefício mútuo".

Sodexo, a empresa mundial de alimentos sediada na França, envolveu os seus funcionários, criando uma comunidade de práticas, com o título de SEED, que significa "Educação para a Sustentabilidade e Desenvolvimento de Especialistas". A SEED conecta especialistas dos hospitais e os museus aos escritórios corporativos, para compartilharem sua experiência com as novas tecnologias e práticas e trabalhar em conjunto na identificação de novas oportunidades.[359]

Bayer, a gigante dos produtos químicos, ciências agrícolas e de saúde, criou um programa semelhante, denominado STEP – Piloto de Educação e Pensamento Sustentável – em sua filial norte-americana. Os primeiros participantes do programa STEP incluíam o CEO e muitos de seus subordinados, antes de ele ser lançado para o resto da organização.

Trimo, a empresa global sediada na Eslovênia de soluções de aço e construção, criou uma série regular de eventos relacionados à sustentabilidade, projetado para reunir os funcionários da empresa e as partes interessadas e criar uma consciência universal. O tradicional Dia do Meio Ambiente e da Comunidade, por exemplo, serve como uma oportunidade para a instrução e o engajamento rápidos de toda a empresa, ao mesmo tempo que oferece uma oportunidade de diálogo com sua maior comunidade de stakeholders.[360]

Mais ideias para o engajamento dos funcionários efetivos são geradas diariamente. Em 2010, por exemplo, a Fundação Nacional de Educação Ambiental lançou o relatório "Caso de Negócios para a Sustentabilidade Ambiental e Educação de Funcionários", repleto de orientações claras e as mais diversificadas práticas.[361] O estudo conjunto *Generating Sustainable Value: Moving Beyond Green Teams to Transformation Collaboratives* é outra fonte de histórias e conselhos sobre o tema,[362] assim como o relatório "GreenBiz.com's Green Teams",[363] ambos disponíveis para o público em geral.

Em todas as empresas e relatórios, algumas poucas melhores práticas se destacam como decisivas para construir a aceitação de todo o sistema de negócios:

- **Criar uma comunidade.** A interação transfuncional e multigeracional é uma obrigação, assim como um calendário de reuniões regulares. Um "almoço verde" pode ser a melhor maneira de iniciar.

- **Pôr as mãos na massa.** Comece com projetos reais propostos e desenvolvidos pelos empregados e outros membros da equipe (ao invés de impor projetos pré-construídos ao grupo). Esta é a melhor maneira de criar a animação e o comprometimento. Projetos visíveis, tangíveis e claros com um prazo curto de execução são necessários nesses primeiros e mais frágeis estágios do processo de mudança. Um caso de negócios convincente torna-se necessário para assegurar a aceitação dos níveis hierárquicos superiores, por isso, trate a sustentabilidade como se fosse qualquer outra ideia de negócios.

- **Comunique-se com clareza e consistência.** Há tempos as pesquisas demostram que precisamos receber informações muitas vezes, de muitos canais, de muitas formas diferentes, para assegurar a compreensão e o impacto. A tarefa de integrar a sustentabilidade não é exceção; e muitos já provaram que não existe o conceito de comunicação demais – e certamente não existe nada mais ofensivo para um empregado do que ficar sabendo sobre o compromisso da sua empresa com a sustentabilidade pelo jornal. Newsletters, memorandos internos, artigos, dicas do dia via intranet, esforços de web 2.0 como blogs e promoções nas mídias sociais, anúncios com recompensas e reconhecimento, em conjunto com brindes legais, concursos de foto, vídeo e artes, feiras de saúde e sustentabilidade, séries de palestras por convidados, clubes do livro e cineclubes – a lista é infinita. O que junta todos esses esforços é o compromisso de tornar a sustentabilidade a nova rotina de negócios dentro e através dos limites da organização.

- **Mantenha a atenção.** À medida que o trabalho de integrar a sustentabilidade vai se tornando um compromisso de longo prazo, é importante manter o ritmo e encontrar maneiras de manter os esforços atraentes e inovadores. Campanhas e programas especiais são excelentes para isso: com metas claras e prazos definidos, eles acrescentam uma pontuação interessante aos seus esforços de desempenho social e ambiental. Você pode começar com iniciativas simples como um programa de amigo secreto de comércio justo, programas de carona solidária ou reciclagem de lixo eletrônico. Com o primeiro programa em andamento, fica mais fácil experimentar com tarefas mais complexas, como campanhas de dietas de baixo carbono.

- **Envolver consumidores, fornecedores, ativistas comunitários e mais.** Construir a aceitação dentro da organização sem fazer o mesmo para fora dos limites da empresa é uma guerra perdida. Como a maioria das empresas descobre durante a avaliação do ciclo de vida dos seus produtos ou serviços, muito do impacto ambiental e social (e muitas das oportunidades!) encontra-se para fora dos muros da empresa, exatamente onde todos temos menos poder. Com menor influência, o engajamento é nosso melhor aliado. Por isso, certifique-se de incluir os fornecedores, clientes e outras partes interessadas em seus esforços e programas.

Construir a aceitação é um processo contínuo. À medida que os desafios da sustentabilidade incorporada exige a integração cada vez mais profunda dos valores sociais e ambientais em toda a empresa, sua cadeia de valor e linha de produtos, novos níveis de compromisso são necessários para assegurar que a transformação siga seu curso. Divisões geográficas, departamentais e de unidades de negócio também são importantes – geralmente, engajar uma nova filial ou unidade de negócios significa começar do zero. Tratar o processo da aceitação como um projeto de investimento de longo prazo é a melhor maneira de assegurar que esse esforço não se perca.

Passando do incremental à inovação

Embora os primeiros aprendizados, as avaliações iniciais, as experiências preliminares e os esforços de construção de compromisso sejam elementos cruciais da integração da sustentabilidade no cerne dos negócios, a coisa só começa a andar quando a empresa está pronta para se deslocar da mudança incremental para uma mudança revolucionária. Esse movimento tem lugar quando os muitos esforços ocasionais e dispersos de inovações de valor sustentável são ampliados, elevados e conectados em um esforço global essencial para alcançar a vantagem competitiva. Essencialmente, a criação de valor sustentável diz respeito ao aprimoramento de suas principais competências e forças competitivas já existentes, em vez de desenvolver novas. A integração da sustentabilidade no cerne da estratégia exige que se encontre um ajuste claro, um ponto de equilíbrio entre as prioridades de negócios e os novos esforços sociais e ambientais.

Encontrando o ajuste perfeito

Para a Lafarge, uma empresa francesa líder de materiais de construção em 76 países, a análise dos riscos sociais e ambientais sugere que o engajamento da comunidade local, o gerenciamento mais eficiente dos resíduos e o investimento em tecnologias de construção verdes representam a mais importante orientação estratégica para a criação do valor sustentável. Entre os sucessos iniciais, a empresa de gerenciamento de resíduos Eco-processa, criada em 2004 num empreendimento conjunto entre a Lafsarge e a Cimpor, no Brasil, destina-se a fornecer resíduos que podem ser usados como combustíveis alternativos pela Lafarge e a Cimpor. Em 2006, o empreendimento conjunto coprocessou 115.000 toneladas de resíduos, e definiu a meta para 2009 em 350.000 toneladas. Em suas fábricas em Cantagalo, Matozinhos e Arcos, a Lafarge reduziu o consumo de combustíveis fósseis em 25.000 toneladas e o consumo de matérias-primas em 10.000 toneladas, graças à coleta e reciclagem de lixo; projetos semelhantes são implantados pela Lafarge em todo o mundo.

Para o Troika Dialog, o maior e mais antigo banco de investimentos privado da Rússia, a má governança corporativa e a disciplina financeira das empresas russas representaram um risco social significativo. A empresa transformou o risco em oportunidade ao introduzir um novo produto como parte de suas propostas de pesquisa de mercado. O Relatório de Riscos de Governança Corporativa classifica os riscos de investimento associados ao desempenho de governança corporativa das maiores empresas do país. Desde sua introdução, o relatório passou a ser um dos produtos de pesquisa mais procurados, ao mesmo tempo que contribui para mudanças positivas na governança, transparência e disciplina de empresas russas.

Para a Walmart, a gestão de custos e suprimentos está no centro do seu sucesso e estratégia de longo prazo, por isso os esforços de valor sustentável introduzido pela empresa em meados de 2004 alinhavam-se com as suas tradicionais vantagens operacionais e prioridades estratégicas. O redesenho das embalagens e dos modelos de distribuição permitiu a redução significativa das despesas com papel, plástico, e combustível –

tudo isso conjugado com benefícios ambientais significativos. A Walmart aproveitou o seu conhecimento profundo de escala e de gestão da cadeia de abastecimento para ter certeza de que os novos produtos ecointeligentes fossem introduzidos ao longo das lojas Walmart a preços baixos, ajudando a atrair novos clientes. Centenas de iniciativas semelhantes têm sido implementadas pela Walmart desde 2004.

Para a General Electric, a inovação é o motor principal para proposição de valor da empresa, e o trabalho de sustentabilidade da empresa está totalmente alinhado com essa força estratégica. Conectando os seus diversos esforços "verdes" em um programa coerente em toda a empresa, em 2005, a GE lançou o seu programa de grande visibilidade "Ecomagination", que inclui inovações que vão desde lâmpadas eficientes, locomotivas econômicas e pouco poluentes até o ecodinheiro da GE MasterCard, que apoia a compensação de emissão de gases de efeito estufa. Em 2007, a "colheita verde" da GE chegou a US$ 14 bilhões, um nível de receitas que cresceu mais de 15% a partir de 2006, com receita projetada para 2010 de US$ 25 bilhões. A visão de Jeff Immelt, presidente e CEO, fala explicitamente sobre o alinhamento entre estratégia corporativa, necessidades sociais e lucros das empresas: "Nós vamos resolver os difíceis problemas globais e dos clientes e ganhar dinheiro fazendo isso".

Durante décadas, o grupo indiano Tata colocou a filosofia de "excelência empresarial" no centro da sua estratégia de longo prazo. O grupo vem se centrando na área de operações para a melhoria contínua da qualidade de maneiras que beneficiem a sociedade indiana – construindo hospitais e escolas para garantir uma força de trabalho de alta qualidade muito antes disso virar moda. Portanto, faz todo sentido que os esforços recentes de sustentabilidade do grupo também estejam na área de operações: mais especificamente, energia. Até 2009, as metas prioritárias da empresa incluíam a melhoria da eficiência energética, recuperação de metano para permitir a troca de combustível nas instalações, coleta de fontes alternativas de energia, como solar e eólica, geração de energia elétrica a partir do vapor originário da queima de resíduos.

O que as experiências da Lafarge, Troika, Walmart, General Electric, Tata e muitos outros estão mostrando é que o movimento da mudança incremental para a revolucionária requer a descoberta de um forte alinhamento entre a agenda da sustentabilidade e fontes de vantagem competitiva da empresa. Se empregados leais e inovadores são a principal fonte de sua vantagem competitiva, como será que o esforço de sustentabilidade pode contribuir para a eficácia, a criatividade e o compromisso dos empregados? Se a inovação de produto é sua área de competição, então de que forma o desempenho ambiental e social pode ajudá-lo a encontrar novas e melhores maneiras de entregar os benefícios desejados para os seus clientes? Se a excelência operacional é o que distingue a sua empresa das dos seus concorrentes, como o desempenho social e ambiental pode ajudá-lo a descobrir maneiras novas e mais eficientes para operar? Onde está o ajuste perfeito entre as prioridades estratégicas, as vantagens competitivas existentes e as oportunidades sociais e ambientais à disposição?

Em suma, a integração da sustentabilidade no DNA das empresas para a transformação inovadora oferece uma série de desafios e obstáculos. Encontrar um ajuste com a atual estratégia exige uma nova visão do negócio. Entre as transições mais difíceis estão as seguintes:

- **Da independência à interdependência.** As três grandes tendências dos recursos declinantes, da transparência radical e das expectativas crescentes estão redefinindo os limites da empresa moderna. Agora não é mais suficiente considerar apenas o impacto e a viabilidade de decisões estratégicas dentro das fronteiras da empresa; para criar valor sustentável, uma empresa precisa conhecer e gerenciar o desempenho social e ambiental ao longo de toda a cadeia de valor do ciclo de vida, a montante até as matérias-primas e a jusante até o final de vida do produto.

- **Das questões marginais de RP para um fator essencial do sucesso empresarial.** Tradicionalmente, a maioria dos projetos sociais e ambientais têm sido tratados pelos departamentos de relações públicas, recursos humanos ou jurídicos. A visão de sustentabilidade incorporada defende a ideia do desempenho social e ambiental como parte do trabalho de todos, especialmente dos gerentes de linha e líderes de unidade de negócios.

- **Desde a manutenção ao design.** A rápida mudança no ambiente competitivo causada pelo declínio acentuado dos recursos e aumento das expectativas sociais está criando novos desafios empresariais jamais vistos. Sem soluções e fórmulas óbvias, e poucas "melhores práticas" acumuladas, a transição para um paradigma de valor verdadeiramente sustentável requer vontade e apetite pela inovação constante, a criação e o design, ao invés da manutenção de modelos de negócios e abordagens existentes.

- **A partir do curto prazo para o equilíbrio entre curto e longo prazos.** Como as oportunidades e os riscos apresentados pelo cenário social e ambiental mudam rapidamente, já não é aceitável operar dentro dos tradicionais enfoques trimestrais e anuais. Seja para desenvolver um novo produto, avaliar um novo mercado ou procurar uma nova fonte de capital, um horizonte de tempo expandido é necessário para se prever e tratar de questões de relevância estratégica. O desenvolvimento de uma nova mentalidade, apoiado por novos sistemas de avaliação de desempenho, é necessário para evitar a maximização do retorno a curto prazo à custa da criação de valor no longo prazo.

É difícil encontrar uma abordagem melhor para a gestão da mudança e o desenvolvimento estratégico que atenda esses desafios de criação de valor sustentável do que a investigação apreciativa (IA) que apresentamos nos capítulos anteriores. Especialmente adequado para grandes mudanças organizacionais, o IA tem sido usado recentemente para introduzir e reforçar os esforços de sustentabilidade nos negócios.

Mudança na escala da totalidade

Construído sobre a convicção de que as técnicas tradicionais de solução de problemas forçam os gestores a se tornarem especialistas na compreensão – e, no fim das contas, na repetição – de seus próprios erros, a IA convida as empresas a aplicarem a análise igualmente rigorosa para os sucessos do passado, dentro e fora das fronteiras da empresa. Além da mudança no "que" da análise e desenvolvimento da estratégia, a investigação apreciativa muda também o "quem" e o "como" do planejamento estratégico, envolvendo um grupo significativo de stakeholders da empresa – gerentes, empregados, fornecedores, clientes, autoridades governamentais e membros da comunidade – em diálogos estruturados e planejamento de ações destinadas a intensificar os pontos fortes e envolver rapidamente todo o sistema.

A torrefadora de café Green Mountain, que chegou ao número um na lista de "100 Melhores em Cidadania Corporativa" da revista *Corporate Responsibility Officer*, em 2006 e 2007, tem utilizado a IA para suas necessidades de sustentabilidade desde 2000. A Fairmount Minerais realizou sua primeira conferência empresarial de IA em 2005, o que permitiu o realinhamento de estratégia e levou ao desenvolvimento de novos produtos, melhorias dos processos e um maior engajamento dos funcionários. Em 2008, o Walmart utilizou a IA em seus esforços de sustentabilidade, gerenciando com sucesso um processo multilateral para a mudança global da indústria para seus fornecedores de laticínios.

A Green Mountain, a Fairmount Minerals e a indústria de laticínios utilizaram uma metodologia bem desenvolvida e, talvez, mais tangível da plataforma IA, chamada de Reunião de Cúpula da IA. Bernard Mohr e Jim Ludema, pensadores experientes em desenvolvimento organizacional, descrevem a metodologia da seguinte forma:

> A Reunião de Cúpula de Investigação Apreciativa é um método para acelerar a mudança, envolvendo um amplo leque de atores internos e externos no processo de mudança. Normalmente um evento ou série de eventos de 3 a 5 dias de duração, uma reunião de cúpula reúne as pessoas para: (1) descobrir competências e pontos fortes coletivos; (2) vislumbrar possibilidades de mudanças positivas; (3) projetar as mudanças desejadas e (4) implementar e sustentar a mudança faz tudo funcionar.

Mais do que um único evento, uma Reunião de Cúpula de IA é um processo abrangente que envolve a organização de cima para baixo e de baixo para cima, com o evento externo servindo como culminância de um processo sustentável de criação de valor. A seguir, temos a forma como o processo de Reunião de Cúpula de IA se apresenta quando utilizada para a sustentabilidade incorporada.

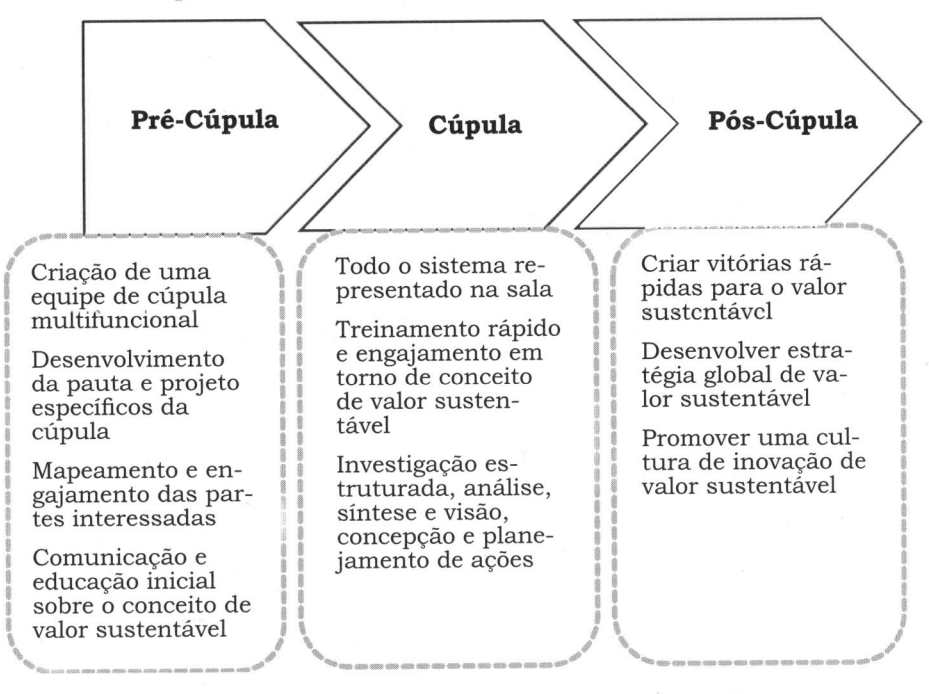

Pré-Cúpula	Cúpula	Pós-Cúpula
Criação de uma equipe de cúpula multifuncional	Todo o sistema representado na sala	Criar vitórias rápidas para o valor sustentável
Desenvolvimento da pauta e projeto específicos da cúpula	Treinamento rápido e engajamento em torno de conceito de valor sustentável	Desenvolver estratégia global de valor sustentável
Mapeamento e engajamento das partes interessadas	Investigação estruturada, análise, síntese e visão, concepção e planejamento de ações	Promover uma cultura de inovação de valor sustentável
Comunicação e educação inicial sobre o conceito de valor sustentável		

A força das Reuniões de Cúpula de IA para o desafio de valor sustentável é ilustrado na íntegra pela história de Fairmount Minerals, a principal fabricante de areias industriais nos EUA, com sede em Chardon, Ohio. Em 29 de agosto de 2005, mais de 300 pessoas reuniram-se no Eaglewood Resort para participar da Reunião de Cúpula de IA da Fairmount Minerals, com o título criativo de "SiO_2": a fórmula química da areia de sílica, escolhida como abreviatura para o título da cúpula, "Sustentabilidade no Interior da Organização". Misturando diversas funções e grupos interessados, participantes reunidos em mesas-redondas foram rapidamente levados à investigação, e, em seguida, aos diálogos grupais, votações da comunidade, prototipagem rápida e o planejamento pós-cúpula. A intensa cúpula de três dias era fruto do trabalho de uma dedicada equipe de organização, que recebeu treinamento em sustentabilidade para vantagem empresarial e no método de IA para lançar o projeto e a execução da cúpula. O objetivo específico da reunião de cúpula era dar início à mudança na escala da totalidade – com todo o sistema engajado e reimaginado. Não é surpresa alguma então que, em 31 de agosto, a empresa estava cheia de projetos, grupos de trabalho e soluções iniciais.

A Cúpula de 2005 lançou as bases para uma revisão completa das estratégias e práticas da Fairmount Minerals. Na sequência da cúpula, a empresa desenvolveu novos processos, tais como novos processos de limpeza da areia que reduziram significativamente a quantidade de água e energia utilizados; novos produtos, tais como um novo elastômero aprovado pelo governo, utilizado com piso de gramados e jardins, que oferece a mesma absorção de choque com riscos ambientais e de saúde mínimos (além de ser resistente aos raios UV e 100% reciclável), e novos relacionamentos, como diálogos com as partes interessadas antes de executar aquisições de novas minas. Além do mais, a IA permitiu à empresa passar por uma rápida transformação, elevando projetos diversos e desconectados ao nível da estratégia global de negócios, coerente para a criação de valor sustentável.

As soluções colaborativas globais semelhante às Reuniões de Cúpula de IA tendem promover um salto da empresa em direção a uma estratégia alinhada de valor sustentável, ao mesmo tempo que incentiva os empregados a seguirem com as metas e modelos projetados. No seu melhor, a IA responde ao chamado da transformação revolucionária: ela expande as fronteiras organizacionais para incluir uma vasta gama de stakeholders no processo de tomada de decisão, promovendo o diálogo interfuncional que inflama a inovação rápida e coloca a sustentabilidade no cerne do negócio e conectando passado, presente e futuro para ir além do pensamento aceito de curto prazo em direção a uma visão de longo prazo.

Mantendo o ritmo

Conforme o trem começa a se mover, e o pó da excitação inicial vai assentando, torna-se decisivo manter as coisas em movimento. Quando se trata de manter o ritmo, o objetivo de integrar a sustentabilidade no núcleo de negócios oferece desafios específicos. Veja como um dos nossos clientes coloca esse desafio em perspectiva: "É difícil seguir em frente, quando o objetivo final é tornar a mim mesmo desnecessário. Quanto melhor você se sai com a sustentabilidade, mais invisível você se torna. Por isso, a motivação é um problema".

Assim como na vida pessoal, ter uma infraestrutura de suporte pronta a apoiar você durante pequenos tropeços, grandes confusões e perdas de energia globais é extremamente importante. Grupos corporativos de apoio à sustentabilidade estão surgindo em todo o país e em todo o globo. Alguns dos maiores nomes da indústria se reúnem sob os auspícios do Consórcio da Society for Organizational Learning Sustainability, que permite que membros como Unilever, Coca-Cola, Seventh Generation e Schlumberger troquem ideias, resolvam problemas comuns e unam forças em torno de soluções específicas.[364] E o poder dos grupos de apoio não é exclusividade de grandes empresas. Pequenas e médias empresas do Nordeste de Ohio obtêm os mesmos benefícios através do Grupo de Implementação de Sustentabilidade conduzido pelos Empresários para a Sustentabilidade, também conhecido como E4S, no qual as empresas participantes codesenvolvem novos fluxos de receitas, aprendem novas tecnologias e visitam-se mutuamente para obter experiências reais com operações sustentáveis. De um pequeno grupo que começou em 2000, até tornar-se uma organização com 8.000 membros em 2010, o E4S é um exemplo perfeito de como manter a energia ao mesmo tempo que se torna a sustentabilidade relevante para um contexto local.[365]

Embora o grupo de aprendizado entre pares é uma excelente maneira de manter a sua energia e empenho, as avaliações e medições tornam-se um meio essencial para manter o ritmo. À medida que o desempenho social e ambiental torna-se a nova rotina em sua empresa, perpassando os produtos, processos e modelos de negócio, é fundamental tomar um fôlego e lembrar o quão longe você chegou.

Para o Rabobank Group, uma empresa internacional de serviços financeiros fortemente centrada em alimentos e agronegócios, comprometer-se com os indicadores-chave de desempenho (KPIs) e manter um olho no progresso oferece uma maneira de manter a energia em torno de objetivos de sustentabilidade de longo prazo. A empresa registra – e disponibiliza para o público – dados longitudinais em indicadores como "Volume de produtos de poupança e empréstimos sustentáveis e responsáveis", "Valor dos ativos sustentáveis sob gestão e mantidos em custódia" e "O consumo de energia por fonte e atividade".[366]

A TerraCycle, o império de "caca de minhoca" que discutimos no Capítulo 1, que produz uma gama de produtos feitos de lixo, faz questão de manter os principais indicadores sempre em destaque em sua home page. Dados em tempo real sobre o número de pessoas na coleta de lixo (13.773.550 em 19 de janeiro de 2011), as unidades de resíduos coletados (expressivos 1.862.664.505), o número de produtos fabricados (209) e o volume de dinheiro doado para a caridade (US$ 1.589.276,17) estão em exibição na parte superior da home page.

Inúmeras orientações e relatórios bem desenvolvidos podem ajudá-lo a passar da avaliação de base para uma abordagem de medição verdadeiramente global e personalizada. Não há dúvida de que o GRI (Global Reporting Initiative) oferece as diretrizes mais famosas e completas para relatórios na área, juntamente com recursos e eventos valiosos.[367] Auditorias de grande alcance, como o relatório "O Negócio da Sustentabilidade", do MIT Sloan Management Review, de 2009, pode dar uma medida do progresso no nível estratégico.[368] Modelos métricos altamente personalizados e técnicos também estão disponíveis: por exemplo, a Coalizão de Embalagens Sustentáveis oferece um programa altamente desenvolvido para guiá-lo através de decisões de embalagem e dos temas relacionados.[369]

James Collins e Jerry Porras oferecem um conceito que pode vir a calhar para uma empresa que estiver tentando manter a energia em temos de progresso real e mensurável. Em seu artigo de 1996 intitulado "Construindo a Visão da sua Empresa", Collins e Porras propõem a expressão Grande Meta Audaciosa e Cabeluda (BHAG, em inglês):

> Uma verdadeira BHAG é clara e convincente, serve como ponto focal de unificação de esforços e atua como um claro

catalisador para o espírito de equipe. Tem uma linha de chegada clara, de modo que a organização pode saber quando atingiu o objetivo, as pessoas gostam de correr até a linha de chegada.[370]

Definir um BHAG para um período determinado e gerenciável de tempo dá a sua empresa e à sua cadeia de valor um impulso necessário de atenção, energia e progresso.

Em suma

Embora a exposição apresentada possa criar a ilusão de que o movimento no sentido da sustentabilidade incorporada representa um caminho sequencial e linear, a pesquisa e a prática demonstram que é tudo menos um processo passo a passo claro. A tarefa de mudança da estratégia de negócios tradicional para um modelo de valor verdadeiramente sustentável é um processo complexo e em evolução – por isso não temos como fazê-lo em "cinco passos fáceis".

Como as histórias dos pioneiros no movimento da sustentabilidade aplicada para a integrada demonstram, mudar a história da empresa exige uma gestão cuidadosa de quatro áreas de foco interdependentes. Juntas, estas quatro áreas representam um mapa de ação para guiar a sua própria transformação:

Começando do jeito certo	Construindo a aceitação	Passando do incremental à inovação	Mantendo o ritmo
• Patrocínio organizacional • Insight • Fundamentos • Frutos mais baixos	• Liderança • Organização • Cadeia de valor • Os principais interessados	• Visão • Estratégia • Coinovação	• Métricas • A aprendizagem organizacional • Energia

As quatro áreas interagem de uma forma imprevisível e não linear. Poderíamos escrever sobre os frutos mais baixos antes de falarmos sobre o sistema da mudança organizacional como um todo, mas na realidade as duas atividades estão profundamente interligadas, como vertentes interdependentes de um processo iterativo.

Porém, é necessário separar a conversa sobre o conteúdo da estratégia de sustentabilidade incorporada dos processos de desenvolvimento e implementação dessa estratégia. Não se trata apenas de saber qual será nossa própria estratégia – em muitos casos, é ainda mais importante saber como a estratégia foi desenvolvida e implementada. Mas agora é hora de passarmos do processo para o conteúdo – e considerarmos como tudo se encaixa. No próximo capítulo, vamos ter a chance de juntar os pontos ao longo de todas as ideias que abordamos até aqui e vislumbrar um caminho possível até o desenvolvimento de sua própria estratégia de sustentabilidade incorporada.

8
Juntando Tudo

Ao longo de sete capítulos, viajamos por muitos conceitos, modelos e exemplos reais. Exploramos as megatendências que estão remodelando o cenário dos negócios e descrevemos diversas respostas estratégicas à disposição aos líderes empresariais. Para além da sustentabilidade como custo, delineamos duas abordagens completamente diferentes – aplicada versus integrada – que transformam as pressões da sustentabilidade em novas oportunidades de lucro e crescimento. Avançamos na noção da sustentabilidade incorporada como essencial para o cerne da estratégia de negócios e desbravamos as competências singulares exigidas para sua execução. Mas a pergunta permanece: como projetar um caminho que integre a sustentabilidade ao cerne dos negócios? Como fortalecer e estender as escolhas estratégicas existentes no suporte às prioridades-chave para a empresa?

Embora não exista uma solução passo a passo definitiva – nada de "modelo único" – para suprir as demandas de todas as empresas, há pontos de referência que ajudam a indicar o caminho. Esses marcos nos dão a chance de repensar, reimaginar e reprojetar uma estratégia de negócios que integre a sustentabilidade no DNA de sua organização para criar valor duradouro. Antes de mapearmos o território com esses marcos, considere o que já abordamos e como isso tudo se encaixa.

Uma rápida recapitulação: nossas descobertas até aqui

Até este ponto, percorremos um longo caminho – uma paleta colorida de conceitos e ideias para pintar um novo quadro da realidade atual dos negócios:

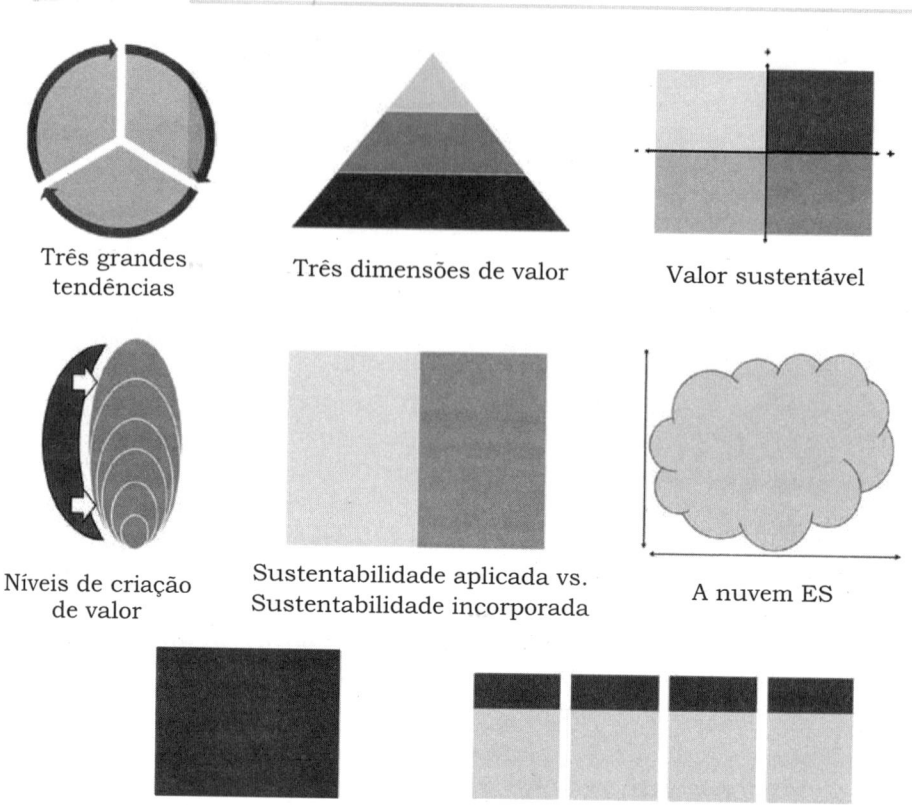

228 Sustentabilidade Incorporada

Três grandes tendências

Três dimensões de valor

Valor sustentável

Níveis de criação de valor

Sustentabilidade aplicada vs. Sustentabilidade incorporada

A nuvem ES

Novas competências

Dimensões da mudança

Agora, como juntamos tudo de forma que faça sentido na prática para gestores prestes a embarcar em suas próprias jornadas empresariais? Vamos recapitular.

Nos últimos anos, crescentes pressões sociais e ambientais criaram uma perfeita tempestade de confusão e frustração para gestores em todo o mundo. Para nós, a melhor maneira de dar sentido a essas forças de mercado complexas, interligadas e que evoluem rapidamente é pensar nelas em termos de três tendências interdependentes: recursos declinantes, transparência radical e expectativas crescentes. Os recursos naturais declinantes, sejam eles cardumes de peixes, metais preciosos ou igualdade social, ameaçam a segurança de nossas cadeias de valor. Os consumidores e investidores (entre outros) estão começando a exigir produtos social e ambientalmente responsáveis que não demandem nenhuma contrapartida em termos de preço ou qualidade. A transparência radical, impulsionada pelo crescimento do terceiro setor e apoiada pela evolução das tecnologias das mídias sociais, torna tanto só recursos declinantes quanto as expectativas crescentes ainda mais presentes na opinião pública e, portanto, fazem deles fatores ainda mais importantes para a vantagem competitiva. Ainda mais importantes para a estratégia, as três grandes tendências estão remodelando a forma como as empresas criam valor. Já é passado o tempo em que era possível centrar-se somente no valor para os acionistas – a perversa lógica da "economia de cassino" – sem dar atenção ao produto ou aos seus benefícios e resultados finais.

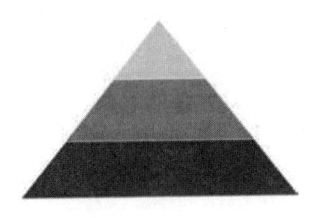

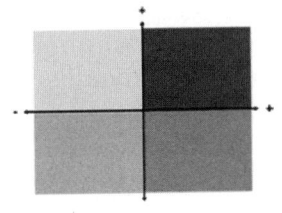

Para competir com sucesso, as empresas devem agora criar um modelo de valor com produtos e soluções destinados a ajustar-se às necessidades de consumidores e stakeholders, produzindo benefícios e resultados desejados para a empresa e a sociedade e sem externalidades onerosas. À medida que os recursos declinantes, a transparência radical e as expectativas crescentes ocupam o cerne dos novos benefícios e resultados finais desejados pelo mercado, as empresas enfrentam um notável desafio. Não podem mais perseguir o lucro à custa da sociedade. Ainda assim, o oposto – uma missão de ativismo social ou ambiental como a coisa responsável a se fazer mesmo que signifique sacrificar os lucros – também está se provando indesejável no mercado exigente de hoje em dia. Ao invés de escolher entre lucros e responsabilidade social, o valor sustentável – criar valor para os acionistas e para os stakeholders – é uma terceira via, um modelo de negócios mais inteligente em um novo ambiente competitivo que o exige. Indo muito além das questões do trade-off entre o bem social e os resultados financeiros, o valor sustentável é uma visão dinâmica da oportunidade, inovação e sinergia. Se novas forças sociais e ambientais estão exigindo valor para os acionistas e uma grande parcela de partes interessadas, sem os trade-offs, como vamos responder a essas pressões?

Para responder a essa pergunta da forma mais abrangente e consequente possível, passamos um pente-fino na disciplina da estratégia, voltando aos pensadores mais importantes do campo em busca de ajuda para encontrar as respostas estratégicas mais efetivas.

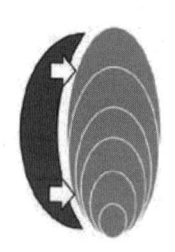

Duas maneiras iniciais de se abordar a sustentabilidade saltaram imediatamente aos olhos: a sustentabilidade pode ser tratada como um custo necessário (e, pior ainda, como uma distração desnecessária), ou pode ser vista como uma oportunidade de negócio. De forma nada surpreendente – e ao contrário dos mitos de "sustentabilidade como custo" que prevalecem em muitos círculos empresariais – quando se abordam os modelos analíticos e insights de estratégia aplicados à sustentabilidade, os dados e pesquisas disponíveis pesam irreversivelmente a favor da oportunidade. Mais especificamente: dentre oito respostas possíveis, sete delas tratavam de formas singulares e altamente atrativas de criar vantagem competitiva. Os sete níveis de criação de valor são: usar a sustentabilidade como forma de diminuir os riscos, adquirir maior eficiência operacional, diferenciar nossos produtos, adentrar ou criar novos mercados, proteger e reforçar nossa identidade de marca, remodelar as regras do mercado e os contextos regulatórios – todos com potencial de serem amplificados pela inovação radical. O veredicto: há um enorme valor a ser criado e capturado quando a sustentabilidade é abordada como oportunidade de negócio. Ainda assim, nem todas as oportunidades são criadas da mesma forma. Muitas empresas em busca de novas paisagens simplesmente aplicam a sustentabilidade a suas estratégias centrais e operações como um curativo mal colocado. Quando simplesmente aplicadas, as iniciativas verdes ficam à margem dos negócios e, na melhor das hipóteses, produzem ganhos simbólicos que inadvertidamente ressaltam a insustentabilidade das demais atividades. Ao contrário, a sustentabilidade incorporada pede uma abordagem inteiramente diferente, onde o valor social e ambiental é integrado aos produtos e processos ao longo de toda a cadeia de valor, sem concessões em termos de preço e qualidade; ou, em outras palavras, sem nenhum acréscimo verde ou social. Com a sustentabilidade incorporada ao DNA do seu negócio, o valor é criado ao longo de todos os sete níveis, do gerenciamento de riscos à criação de novos mercados, da mudança incremental à inovação radical e todo o resto no meio do caminho. Também ficou claro que, quando integrada, a sustentabilidade permite que as empresas explorem uma dentre duas rotas bem diferentes. No primeiro caso, as empresas integram a sustentabilidade para reforçar seu posicionamento estratégico existente, reforçando a diferenciação do produto ou melhorando a liderança de preço e custos (o canto inferior esquerdo da nuvem SI). No segundo caso, as empresas integram a sustentabilidade para perseguir mercados novos e relativamente inexplorados – os oceanos azuis criados pelas crescentes necessidades por soluções de negócio para os problemas ambientais, de saúde e sociais (o canto superior direito da Nuvem SI).

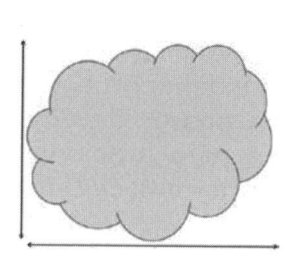

Esteja você integrando a sustentabilidade para reforçar sua estratégia existente ou para desenvolver uma nova, algumas poucas competências novas são indispensáveis. Embora as habilidades convencionais de gestão ainda sejam necessárias – não há caminho promissor sem avaliação, análise sólida e gerenciamento efetivo de projetos – inúmeras novas capacidades são necessárias para transformar a mentalidade da sustentabilidade incorporada em realidade. Embora possam parecer um conjunto incomum, a experiência

Design, o questionamento, a apreciação e a totalidade

dos pioneiros mostra que o design, o questionamento, a apreciação e a totalidade compõem um excelente pacote inicial para aqueles gestores que desejam integrar a sustentabilidade no cerne dos seus negócios.

Naturalmente, essas habilidades e competências não emergem no vácuo, ou a partir de memorandos proclamando a nova visão. Prática é a palavra-chave. E quando se trata da prática da sustentabilidade incorporada, fica claro que as ações capazes de produzir ganhos rápidos vêm muito antes de uma estratégia abrangente ser formulada. Embora pareça atraente começar com a estratégia desde o início, na realidade o processo de mudança começa com a "brincadeira" – muitos projetos experimentais que ajudam você a começar do jeito certo asseguram a aceitação desde o início e preparam a empresa para as grandes discussões estratégicas. Quatro dimensões diferentes de mudança têm que ser consideradas e gerenciadas com cuidado para assegurar a transição correta para a sustentabilidade incorporada. Agora, com tudo exposto e considerado, que passos devemos seguir na empresa para colocar essas ideias para funcionar? Como escolher o conteúdo e os processos para começar uma nova iniciativa?

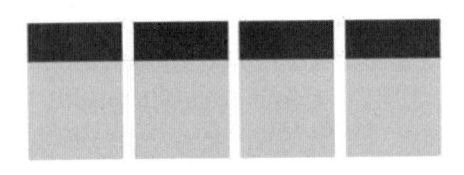

Embora os exemplos de empresas que já foram bem-sucedidas em integrar a sustentabilidade mostrem que não há mapa definitivo para se tomarem as decisões estratégicas corretas, inúmeros sinais oferecem marcos consistentes de uma boa estratégia. Convidamos você a tratar cada um dos passos a seguir como exercícios direcionados a ajudar você em seu processo decisório. Reunidos, eles formam um guia até a descoberta de sua própria estratégia empresarial de sustentabilidade incorporada.

Caindo na estrada novamente: descobrindo seu próprio caminho

Pode parecer tentador colocar as discussões estratégicas sobre a sustentabilidade incorporada logo no começo de seus esforços de transformação. Ainda assim, na grande maioria das empresas com as quais trabalhamos ou as quais estudamos, as discussões estratégicas vieram bem mais tarde, bem depois da primeira leva de experimentos e da colheita dos primeiros frutos mais baixos. Depois que essas vitórias fáceis tiverem sido asseguradas e o movimento inicial é gerado, a empresa está pronta para engrenar e seguir para os níveis mais profundos da estratégia e inovação.

Não há uma "maneira melhor" de organizar essa mudança de forma eficiente. Muitas empresas reúnem uma equipe multifuncional – com ou sem parceiros externos – enquanto outras designam o papel de coordenador e facilitador a um único líder. Algumas escolhem fazer o grosso de suas discussões estratégicas em uma ou mais sessões ou eventos externos com centenas de participantes de uma vez, enquanto outras dividem as discussões em reuniões sequenciais de pequenos grupos de 8 a 12 pessoas. Embora o formato não seja o mais importante, o que é crucial é permitir que o tempo e os recursos exigidos para explorar cada questão-chave na empresa em profundidade – desenvolvendo uma abordagem abrangente, multifuncional e sob medida para integrar a sustentabilidade em seus produtos, processos, modelos de negócio e tecnologias.

Os passos decisivos e os marcos para sua conquista são:

1. **Comprometa-se.** Como asseguramos o compromisso dos líderes com a mudança da sustentabilidade aplicada meramente incremental para a revolucionária sustentabilidade incorporada ao cerne dos negócios?

2. **Escolha.** Onde centrar o foco? Em que cerne de negócios você vai integrar a sustentabilidade?

3. **Posicione-se.** Em que lugar da Nuvem SI nossa empresa se encontra agora e para onde está indo?

4. **Visualize.** Quais são as atividades de valor agregado de ciclo de vida de fim a fim?

5. **Escute.** Quem são as partes interessadas decisivas para a empresa e quais são suas questões e demandas?

6. **Antecipe-se.** Como as expectativas estão mudando? Quais serão elas daqui a cinco ou dez anos?
7. **Busque o valor.** Como a pegada de sustentabilidade de sua empresa se converte em riscos e oportunidades de negócio? De que formas as oportunidades criarão valor?
8. **Defina metas.** Quais são os objetivos de valor sustentável para sua empresa?
9. **Aja.** Que ações vamos tomar? Com quem e com que recursos?
10. **Meça.** Qual o retorno financeiro ou o investimento para cada ação proposta?
11. **Priorize.** Quais são as vitórias rápidas, as mudanças incrementais e as inovações disruptivas e em que ordem vamos realizá-las?

Nas próximas páginas, convidamos você a examinar cada passo e descobrir as perguntas, os instrumentos e as abordagens que podem ser úteis ao longo do processo. Esperamos que, uma vez completadas, essas discussões possam municiá-lo com um conjunto de opções estratégicas claras e coesas. Ao longo do texto, agradecemos às incontáveis empresas que nos ajudaram a desenvolver e polir esses passos ao longo dos últimos anos.

Comprometa-se

Como garantimos o compromisso dos dirigentes com o movimento da mudança incremental da sustentabilidade incremental para a mudança revolucionária da sustentabilidade incorporada ao cerne dos negócios? Esse é um questionamento decisivo para lançar as bases certas para a sua estratégia de sustentabilidade incorporada. Assegurar-se que o apoio dos executivos está garantido é importante para compreender o que já está acontecendo na empresa, e como as questões sociais e ambientais podem ser modeladas como uma fonte de oportunidades de negócio.

Para começar, seria útil realizar encontros com os defensores da sustentabilidade dentro da empresa, para compreender o que foi conquistado até o momento, como a sustentabilidade vem sendo definida (ou não) dentro da organização e como as questões ambientais e de sustentabilidade foram integradas à tomada de decisão. Usando essas informações, envolva, eduque e convoque um grupo abrangente de líderes em sustentabilidade como fonte de inovação e vantagem competitiva. Geralmente, as vitórias mais rápidas já obtidas dentro da empresa ainda não são muito divulgadas, e as diversas atividades relativas à sustentabilidade em diferentes partes da organização não estão interligadas sob um guarda-chuvas estratégico consistente. Apresentar e discutir as conquistas de hoje e as decisões estratégicas para o amanhã é uma forma de adquirir e construir o apoio da cúpula hierárquica.

Escolha

Uma vez que o compromisso da liderança esteja garantido, a primeira grande decisão a se tomar é: em que cerne de negócios será integrada a sustentabilidade? Quanto mais específica for a escolha, melhor – geralmente se começa com uma única marca, ou linha de produtos, ou mercado geográfico. Dois critérios são decisivos para esta escolha:

Primeiro, quais são os produtos, processos, modelos de negócio e tecnologias que são centrais para nossa capacidade de competir atualmente e no futuro? Quais atividades estão no cerne de nossa estratégia? O que representa a essência do atual modelo de captura de valor? Por exemplo, para uma usina elétrica, o tipo de combustível (carvão, geotérmico, nuclear...) usado para gerar energia é o núcleo central dos negócios; a reciclagem de material de escritório ou a escolha de carros para a frota corporativa não é.

Em segundo lugar, quais são as pressões de sustentabilidade mais significativas para a empresa atualmente? Onde já estamos sentido essas pressões? Que áreas da empresa oferecem alguma promessa de fazer as coisas de forma diferente?

Geralmente, as empresas realizam discussões criativas em torno de uma longa lista de produtos e processos potenciais – assim como modelos de negócio e tecnologias – para se centrar, e depois eliminam opções até chegar a uma lista mais curta para ser explorada em paralelo. Pode ser interessante permitir que pequenas equipes escolham seu próprio foco e apoiá-las à medida que exploram os passos seguintes.

Posicione-se

Em que lugar da Nuvem SI nossa empresa se encontra atualmente? Esse é o próximo assunto a se discutir. Embora a Nuvem sirva como uma espécie de mapa para dar sentido ao seu cenário pessoal de sustentabilidade, vale a pena ter conversas multifuncionais em profundidade sobre sua posição atual como ponto de partida para a transformação.

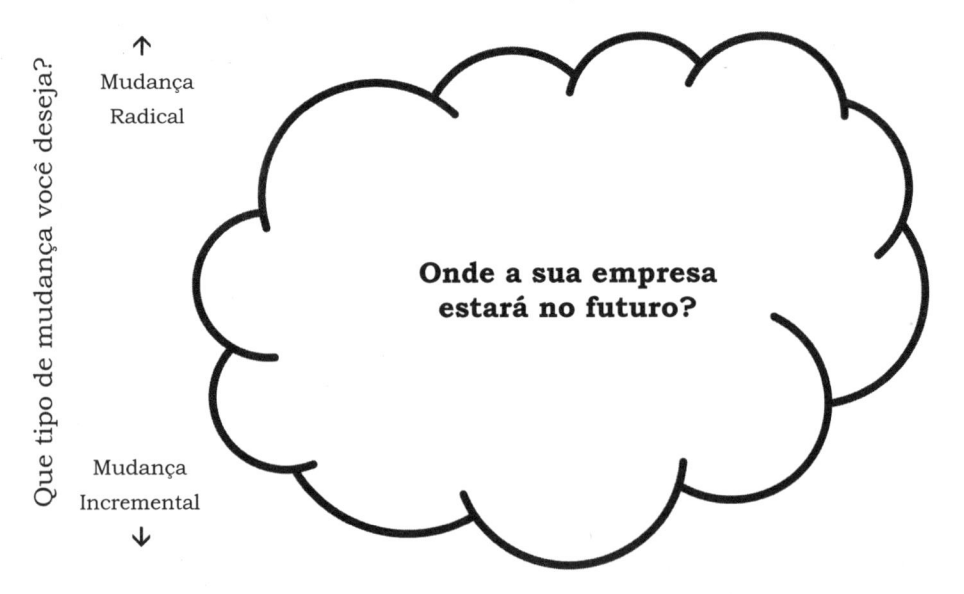

Que tipo de mudança você deseja?
↑ Mudança Radical
Mudança Incremental ↓

Onde a sua empresa estará no futuro?

← Poluindo ou inequivocamente   Resolvendo problemas globais →
Quão verde ou socialmente responsável é a sua empresa? (agora e no futuro)

Enquanto você realiza essas discussões, você pode perceber que os representantes dos diferentes departamentos, funções e localizações geográficas possuem avaliações tremendamente diferentes sobre a posição atual da empresa. Discussões com stakeholders externos podem trazer ainda maiores disparidades. No entanto, colocar todas essas percepções e visões sobre

Fazendo Acontecer **237**

a mesa desde o início é a melhor maneira de ter uma conversa realista e produtiva necessária para se elaborar uma rota de sucesso para o valor sustentável.

Visualize

Quais são as atividades de valor agregado do ciclo de vida de fim a fim? Essa é outra conversa decisiva para se ter em toda a empresa. Para responder a essa pergunta, os gestores consideram útil desenvolver um desenho simplificado do ciclo de vida dos negócios que estão analisando. Comece com as próprias atividades da empresa (como a fabricação e a distribuição) e adicione as atividades a montante dos seus fornecedores até a extração das matérias-primas ou as atividades de planejamento de recursos, assim como as atividades a jusante até o fim da vida do produto. Algumas atividades-chave a se considerar:

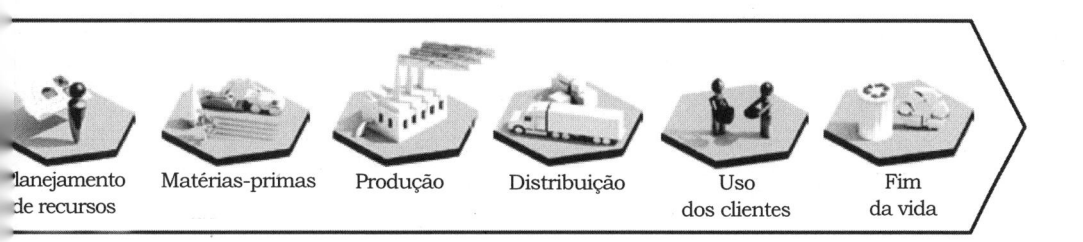

Planejamento de recursos — Matérias-primas — Produção — Distribuição — Uso dos clientes — Fim da vida

Seu desenho deve ser específico para sua indústria e provavelmente será um pouco diferente da cadeia de valor do ciclo de vida genérico apresentado aqui.

Por exemplo, na indústria farmacêutica, o ciclo de vida começa com a descoberta de novas moléculas (P&D, validação, teste, otimização). A próxima etapa de atividades são os testes clínicos e a apresentação para aprovação pelos órgãos de regulação. Só então são buscadas as matérias-primas para o fornecimento dos ingredientes farmacêuticos ativos e dos excipientes que seguem para a fabricação, o marketing e as vendas dos remédios. A última atividade de interesse é o descarte dos produtos farmacêuticos, tanto não usados quanto os não metabolizados, que são jogados no lixo ou excretados no sistema de esgoto.

Escute

Diante da cadeira de valor, a próxima pergunta é: quem são os stakeholders mais importantes e quais são suas questões e demandas? É interessante considerar o alcance total das partes interessadas ao longo de cada passo da cadeia de valor – e você pode se surpreender ao descobrir grupos e indivíduos que possuem interesse em sua empresa e que estão bem distantes do conjunto comum de fornecedores e clientes.

Enquanto você realiza sua análise das questões e demandas dos stakeholders ao longo da cadeia de valor do ciclo de vida, um instrumento simples como a tabela a seguir pode ser útil. Enquanto você trabalha com a tabela, a questão-chave é: para a sua empresa, do jeito que ela é hoje – com suas estratégias e atividades atuais –, quais são as perspectivas dos stakeholders mais importantes sobre o valor econômico, ambiental e social criado ou destruído pela sua empresa?

Grupo de interesse	Quais são as questões-chave e as frustrações existentes?	Quais são os maiores interesses e demandas?
Comunidades		
ONGs		
Governos		
Clientes		
Empregados		

Para a coluna da esquerda, escolhemos cinco stakeholders genéricos como exemplo. Convidamos você a escolher aqueles stakeholders que são essenciais para o sucesso da sua organização – e você pode descobrir que é bastante útil enumerar organizações e grupos específicos.

Agora, vamos em busca das respostas. Além do diálogo com os stakeholders para conhecer sua perspectiva sobre os impactos ambientais, sociais e econômicos da sua empresa, você pode apelar para os sistemas de gestão existentes e para dados externos para determinar sua pegada de sustentabilidade básica.

O processo até agora resultou num mapa de todos os impactos para os stakeholders que a sua empresa causa – estejam eles sob o controle da sua organização ou não. Por exemplo, se você vende camisetas de algodão, deve incluir os danos de saúde e ambientais para se cultivar o algodão convencional com culturas com uso intensivo de pesticidas e técnicas de mono irrigação (e não apenas a fiação, tecelagem e costura e distribuição das suas camisetas). Uma vez que as necessidades e questões das partes interessadas estão identificadas, a pegada sustentável do ciclo de vida do produto é mapeada no seu modelo visual sob medida, que deve se parecer com isto:

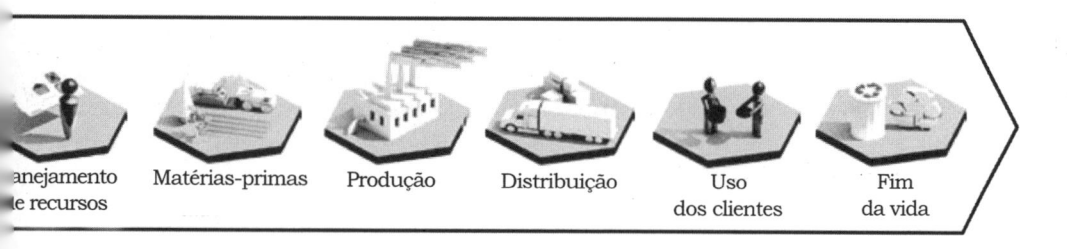

Planejamento de recursos	Matérias-primas	Produção	Distribuição	Uso dos clientes	Fim da vida
• Energia em extração	• Emissões de CO_2		• Eficiência energética		
• Fornecimento sustentável	• Uso de combustível fóssil		• Descarte de produto		
• Lixo, tóxicos	• Uso de água		• Impactos na biodiversidade		
• Direitos humanos	• Saúde e segurança dos trabalhadores		• Saúde e segurança dos consumidores		
• Salários justos	• Igualdade social		• Bem-estar		
• Alcance na comunidade	• Integração comunitária		• Transparência		
• Desenvolvimento regional	• Crescimento, empregos, impostos		• Atendendo necessidades desassistidas		

Se não deixamos claro ainda, aqui está o ponto-chave a se enfatizar: quando se trata de entender seus stakeholders, a melhor estratégia é ouvir. As percepções e emoções dos stakeholders – que não podem ser descobertas facilmente em muitas das nossas abordagens intensivas em dados quantitativos – são essenciais ao exercício da pegada. Envolver os stakeholders na discussão sobre os impactos ambientais, sanitários e sociais nos ajuda a construir relações e ainda modela suas percepções e emoções. Coletar e analisar dados de impacto são atividades fundamentais mas complementares.

Entretanto, temos de dizer algumas palavras sobre a coleta de dados quantitativos. Em abordagens intensivas no uso de dados, os gestores têm a opção de conduzir uma revisão simplificada do ciclo de vida centrada nos "pontos importantes" ou podem realizar uma avaliação mais sofisticada do ciclo de vida (ACV) com coleta de dados primários sobre carbono, água, resíduos e outros impactos para os stakeholders. A escolha da abordagem de dados depende do que você está tentando obter neste estágio. Para se comunicar externamente com um alto nível de sofisticação ou para se posicionar como um líder de sustentabilidade na indústria, uma empresa pode desejar conduzir um ACV completo. Opcionalmente, se o objetivo for otimizar a satisfação dos clientes e o desempenho do valor de negócio, uma abordagem simplificada seria mais custo-efetiva.

Antecipe-se

Agora que você conhece a posição dos stakeholders sobre as questões atuais, chegou a hora de perguntar: como estão se alterando as expectativas dos stakeholders? Quais serão elas daqui a cinco ou dez anos? Considere os fundamentos da cadeia de valor do ciclo de vida e pergunte-se "e se"? Desenvolva cenários baseados nas expectativas dos stakeholders para ajudar a preparar a sua organização para a mudança. Como foi descrito num livro anterior, *Large Scale Organizational Change*.[371]

Cenários do tipo "e se" não são realizados como um exercício de previsão: eles são parte da criação de uma mentalidade que esteja aberta para a mudança radical. Se você está se perguntando o que a sua empresa faria caso seu futuro seja radicalmente diferente do passado, provavelmente já é tarde demais. As empresas devem integrar em suas estratégias inúmeros cenários de futuros alternativos. Essas visualizações do futuro podem permanecer baseadas em fatos e dirigidas às questões, mesmo que isso represente uma descontinuidade entre passado e presente... A síndrome de compilação de relatórios trimestrais e orçamentos anuais pode ser extremamente limitante para a capacidade de uma empresa de se adaptar à mudança fundamental. Apesar desses exercícios de curto prazo serem eficientes e necessários por uma série de razões, eles não devem fazer com que os gestores seniores privilegiem o curto prazo à custa da sustentabilidade ao otimizar as estruturas e processos existentes num mundo em que essas estruturas e processos estão se tornando irrelevantes.

E se o preço do petróleo chegar a 200, ou mesmo 500 dólares o barril? E se o uso total de água em cada produto tiver que ser mostrado nos rótulos? E se suas cadeias de suprimentos forem rompidas porque uma matéria-prima-chave se tornar difícil ou muito cara de se obter?

Os gestores devem considerar as tendências de longo prazo mais prováveis nas expectativas (como reduzir a dependência de carvão e petróleo) assim como os eventos de curto prazo.

Um exercício visual simples é revisar a tabela completa dos stakeholders que desenvolvemos anteriormente e identificar as três ou cinco questões, frustrações, necessidades e demandas. Realizar discussões com os stakeholders e perseguir essas expectativas, complementando com dados quantitativos, forma a fundação para o próximo conjunto de ferramentas.

Busque o valor

Até agora, você selecionou uma linha específica de negócios para centrar seu olhar; visualizou suas atividades e impactos de valor agregado; explorou as frustrações e necessidades dos stakeholders e tem uma lista dos riscos sociais e ambientais de hoje e do futuro. Agora, a pergunta é: como a pegada ambiental e social da sua empresa se traduz em riscos e oportunidades de negócio? De que maneiras a alteração da pegada cria novo valor de negócio?

Muito frequentemente, os gestores ambientais e chefes de RSC param no estágio anterior de quantificar o impacto social e ambiental, com um vistoso relatório que apresenta (de forma fajuta) os impactos de sustentabilidade da empresa. Ao contrário, temos de ir mais fundo e converter os impactos de sustentabilidade em riscos e oportunidades de negócio.

Comece fazendo uma lista dos riscos de se continuar com os impactos negativos sobre os stakeholders que já foram identificados. Considere as expectativas crescentes de clientes, empregados, do governo, das ONGs e de outros interessados. O que aconteceria se você continuasse pelos próximos cinco ou dez anos com a sua estratégia de negócios atual? Exemplos de riscos podem incluir a perda de clientes, a perda de market share diante de concorrentes mais verdes ou mais socialmente responsáveis, a regulação restritiva do governo, a perda de reputação, multas e penalidades.

Agora imagine que os danos sociais e ambientais existentes fossem minimizados ou eliminados e que os riscos associados sejam mitigados. Depois faça uma cópia da lista de oportunidades de negócio que vêm da diminuição dos danos e de se oferecerem benefícios ambientais, sanitários e sociais aos interessados ao longo da cadeia de valor do ciclo de vida. As oportunidades competitivas podem incluir a conquista de market share, melhorar a imagem de marca, tornar-se o fornecedor preferido, motivar os empregados e descobrir novos mercados baseados na solução de problemas de sustentabilidade dos clientes por meio da Estratégia do Oceano Azul.

Você pode organizar seus riscos e oportunidades de negócio usando os sete níveis de criação de valor:

7 Inovação Radical

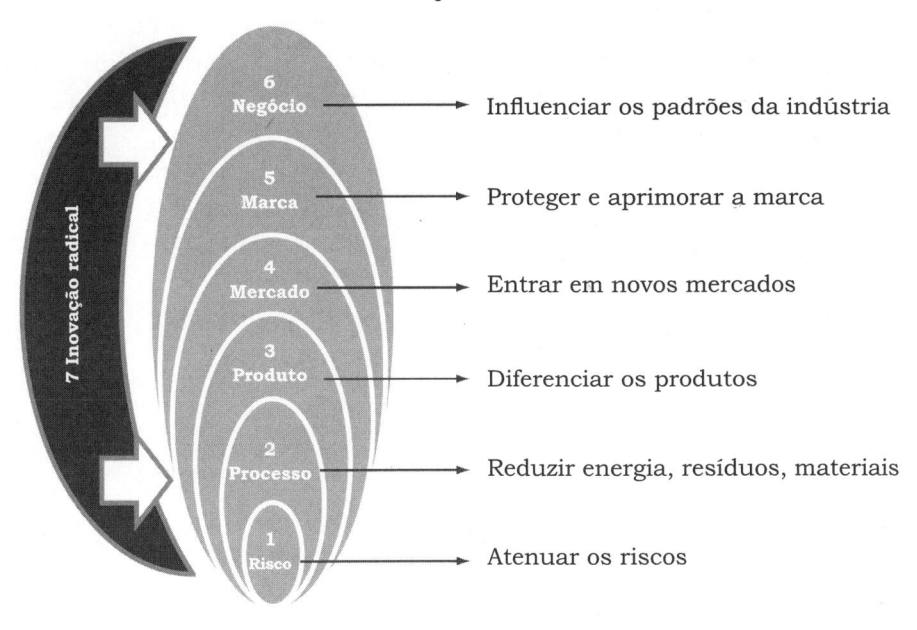

- 6 Negócio → Influenciar os padrões da indústria
- 5 Marca → Proteger e aprimorar a marca
- 4 Mercado → Entrar em novos mercados
- 3 Produto → Diferenciar os produtos
- 2 Processo → Reduzir energia, resíduos, materiais
- 1 Risco → Atenuar os riscos

In: *The Sustainable Company* (Figure 11-8), de Chris Laszlo. © 2003 Chris Laszlo. Reprodução permitida por Island Press, Washington, D.C.

Para cada oportunidade de reduzir os impactos negativos sobre os stakeholders ou de oferecer-lhes benefícios ecológicos e sociais, considere como o valor de negócio é criado ao longo dos sete níveis. O que pode começar como uma oportunidade de "baixo nível" para conservar energia ou reduzir o desperdício pode se estender muito além do corte de custos para se transformar em benefícios de produto e marca assim como em oportunidades de adentrar novos mercados dirigidos pelas necessidades de soluções sustentáveis.

Estabeleça metas

Agora que o escopo geral das oportunidades de criação de valor foi compreendido, a pergunta se torna: Quais são os objetivos de valor sustentável para sua empresa?

244 Sustentabilidade Incorporada

Sua escolha depende de onde você se encontra atualmente e se você está buscando uma mudança incremental ou disruptiva para sua estratégia de negócios. Existem basicamente dois tipos de opções disponíveis para a sua empresa:

- melhorar seu posicionamento estratégico em um mercado existente, ou
- perseguir uma estratégia de Oceano Azul para criar um novo e inexplorado mercado.

Dentro dessas duas categorias, suas metas podem incluir a inovação incremental ou disruptiva.

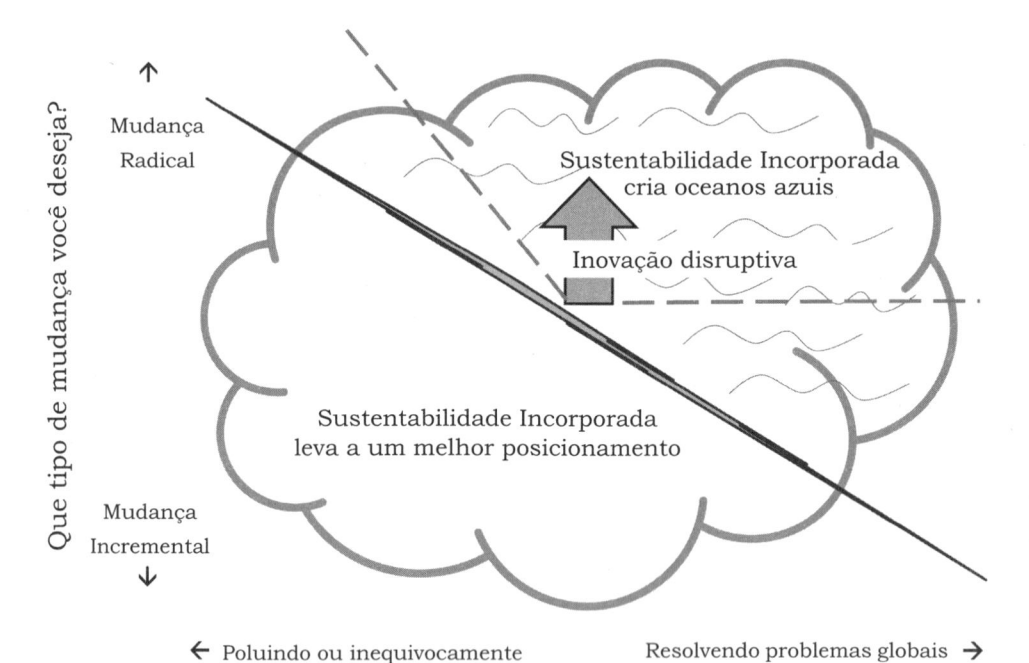

Que tipo de mudança você deseja?

Mudança Radical ↑

Sustentabilidade Incorporada cria oceanos azuis

Inovação disruptiva

Sustentabilidade Incorporada leva a um melhor posicionamento

Mudança Incremental ↓

← Poluindo ou inequivocamente   Resolvendo problemas globais →

Quão verde ou socialmente responsável é a sua empresa? (agora e no futuro)

Para ajudá-lo com as metas, a Nuvem SI oferece uma ferramenta visual bem útil. Até aqui, depois de muita deliberação dentro da empresa e para além de seus muros, você já se posicionou na Nuvem. Agora a questão passa a ser qual posição final você busca e quais os possíveis pontos de parada intermediários no caminho. Baseado nas oportunidades de negócio e nos níveis de criação de valor dirigidos à sustentabilidade, estabeleça seus objetivos num horizonte de cinco a sete anos. Integrar a sustentabilidade para um melhor posicionamento ou para a criação de um mercado inexplorado, são ambas opções válidas e poderosas.

Aqui qualquer um dos seus métodos de planejamento estratégico preferidos pode ser usado. Uma vez que a direção estratégica for determinada, certifique-se de usar seu pensamento estratégico "habitual" para desenvolver a fundo a estratégia.

Aja

Com a direção e o caminho estratégicos gerais definidos, chegou a hora dos passos e ações concretas. Com o processo de produção, o modelo de negócio ou a tecnologia em foco, e o estágio-fim visualizado: que ações você vai realizar? Com quem e com que recursos?

É hora de transformar as oportunidades e metas para integrar a sustentabilidade em um ou mais projetos específicos. Comece descrevendo cada projeto em termos gerais. O que se pretende atingir? Em que período de tempo? Que recursos serão necessários? Para o que você está pedindo que a empresa diga "sim"? Descreva os componentes principais do projeto que você está se propondo a realizar.

Aqui a colaboração dos stakeholders desempenha um papel decisivo na integração da sustentabilidade para a vantagem competitiva. Ao desenvolver seus projetos em parceria com órgãos governamentais, ONGs, especialistas externos, comunidades locais e outros, você terá acesso ao conhecimento especializado sobre o desempenho ambiental e social que é simplesmente inacessível internamente.

Ferramentas virtuais colaborativas de redes sociais oferecem novas plataformas para o engajamento das partes interessadas nas ações do dia a dia para melhorar a aceitação e a aceitabilidade do mercado diante das atividades da empresa, seus produtos e serviços.

Meça

À medida que os projetos começam a tomar forma, os números são importantes. Qual o retorno financeiro do investimento (RFI) de cada iniciativa proposta? Usando os sete níveis de criação de valor explorados anteriormente, você pode começar a quantificar o caso de negócios para as ações propostas. A lista a seguir é um modelo possível para se quantificar o valor financeiro esperado de um dado projeto:

	Ano 1	Ano 2	Ano 3
Investimento:			
receitas relativas ao projeto: • Novas vendas de produtos "verdes" • Novas vendas por melhoria da imagem de marca ou reputação • Novos clientes ou mercados acessados • Outras receitas do projeto (+/–)			
custos relativos ao projeto: • Conservação de energia/redução de desperdícios, economia de matérias-primas • Multas e penalidades evitadas (poluição, emissões de carbono...) • Aumento na produtividade dos empregados, menor rotatividade de empregados • Outros custos do projeto (+/–)			
valor não financeiro (balanced scorecard): • Melhoria nas relações com a comunidade, número de prêmios de sustentabilidade • Diversidade da força de trabalho, número de horas de voluntários • Outros fatores não financeiros (+/–)			

Baseado nos veios de valor gerados em relação ao investimento inicial, você também pode calcular um retorno do investimento incluindo o período projetado para a recuperação do investimento.

Entretanto, nem todo o valor criado pode ser facilmente quantificado financeiramente. A confiança do mercado e dos investidores que percebem a sustentabilidade incorporada como um indicador da qualidade da gestão é um exemplo. As preferências de compra dos consumidores também podem ser difíceis de se traduzir em números de venda imediatos. O alinhamento organizacional e o aprendizado gerado pela visão compartilhada do valor sustentável também é difícil de ser medido. Uma referência útil para melhores práticas em medir e gerenciar projetos dirigidos à sustentabilidade é o *Making Sustainability Work*, de Marc Epstein.[372]

Priorize

Com os projetos-chave identificados e explorados, chega a hora de priorizar. Quais são as vitórias rápidas, as mudanças incrementais e as inovações disruptivas e que ordem você vai seguir ao abordá-las? O processo de incorporar a sustentabilidade pode resultar num portfólio de projetos dirigidos a reforçar uma estratégia de negócios existente ou visando a migrar a empresa para uma nova estratégia. Como muitas das habilidades e capacidades que discutimos neste livro são novas para a organização, é importante aprender fazendo e criar a energia e a credibilidade para integrar a sustentabilidade, começando com as vitórias rápidas que demonstram resultados tangíveis.

Uma vez que você tenha um novo conjunto de metas de sustentabilidade e um caminho prioritário para atingi-las, será útil voltar e perguntar: como a sustentabilidade se encaixa na estratégia geral da empresa? O que a torna crível e atraente? Você começou este processo escolhendo um ou mais produtos, processos, modelos de negócio ou tecnologias nas quais a sustentabilidade seria integrada. Agora, depois de muita análise, deliberação e imaginação, a sua escolha original se mantém? Ela sustenta suas prioridades atuais de negócios? Ela torna a sua empresa mais poderosa?

Em suma

Integrar a sustentabilidade ao cerne da sua estratégia de negócios é um processo deliberado, não linear e iterativo. Na maioria dos casos, conversas sobre estratégia tornam-se relevantes somente depois que a empresa já colheu alguns dos frutos mais baixos, envolveu seus empregados em ações práticas do dia a dia e criou as bases para a transição da mudança incremental para uma mais profunda.

Mas, uma vez que as fundações estejam construídas, encontrar o ajuste perfeito no cerne dos negócios é de suma importância. Para funcionar, a sustentabilidade deve ser integrada às prioridades existentes, tornando a empresa mais forte, ao invés de criar um novo projeto paralelo para os já saturados – e frequentemente assoberbados – gestores.

Com este capítulo, concluímos a conversa orientada pela prática em torno da visão da sustentabilidade incorporada. Esperamos que ela possa oferecer a você um kit inicial para que você encontre seu próprio caminho na criação do valor sustentável. Foi nossa escolha deliberada fornecer um conjunto de passos capaz de atender às empresas, estejam elas em qualquer ponto na jornada da sustentabilidade, e centrar o olhar num ponto de vista de negócios sobre as pressões sociais e ambientais. Ainda assim, não resta dúvida de que as questões levantadas vão muito além da vantagem competitiva e que as realidades da criação de um mundo sustentável são complexas e elusivas.

Na parte final do livro, voltamos para o cenário mais abrangente e nos lançamos em conversas mais profundas sobre negócios, sociedade e o futuro do mundo como um todo. Para começar, no próximo capítulo convidamos você a viajar conosco até o ano de 2041. Ao viajarmos no tempo, esperamos que você experimente de forma bem realista a possibilidade e os desafios de criar um mundo que funcione para todos e durante muito tempo. E no capítulo final, trazemos esses desafios à superfície, explorando as questões gerais que envolvem a sustentabilidade incorporada.

Bem-vindo ao futuro.

PARTE IV

SALTO PARA O FUTURO

Frutos do Futuro
Introdução à Parte IV

Até agora, confiamos grandemente em fatos comprovados e análise rigorosa para construir nossa argumentação. Tentamos demonstrar os fundamentos conceituais e práticos da sustentabilidade incorporada para a vantagem competitiva, usando os métodos reducionistas, quantitativos, apoiados em dados das ciências sociais. Como nosso tema diz respeito intrinsecamente a sistemas em sua totalidade – empresas-sociedade e sociedade-natureza –, esses métodos possuem suas limitações. Da mesma forma que não podemos explicar o funcionamento do corpo humano analisando individualmente cada órgão, músculo e osso, também não podemos capturar a sustentabilidade incorporada por seus elementos individuais de estratégia e mudança organizacional. O que precisamos é de alguma forma de experimentar o design criativo implícito na sustentabilidade incorporada ou, parafraseando o arquiteto William McDonough, os sinais da intenção humana jazem em seu núcleo.

O Capítulo 9 é uma tentativa de seguir essa abordagem holística que envolva nossas emoções juntamente com a nossa lógica. É um relato ficcional de um jovem no ano de 2041 no qual muitas das ideias e práticas descritas neste livro são mostradas na vida real. Na história, após muitas guerras e colapsos econômicos, há um período de recomeço no qual as empresas assumem um forte papel de liderança resolvendo de forma lucrativa muitos dos mais duros problemas sociais e ambientais do mundo. E fazem isso não apenas por um despertar moral, mas porque os fatores econômicos, sociais, ecológicos, culturais, tecnológicos e de mentalidade do futuro se alinham, tornando-se um assunto de interesse de todos. É uma tentativa de deixar claro o papel da mentalidade e sugerir os pontos principais de uma mentalidade que tornará possível um papel positivo para as empresas.[373]

O Capítulo 10 aborda os limites das empresas e mercados como mecanismos de resolução dos problemas mundiais. Ele explora os riscos de esperar demais das empresas e o corolário disso é a responsabilidade da regulação do governo e do ativismo social. O debate sobre a impossibilidade do contínuo crescimento econômico num planeta pequeno como o nosso é tratado. Questões adicionais refletem aquelas que os gestores geralmente levantam em nossos seminários sobre sustentabilidade incorporada.

Uma característica da história é a completa ausência da palavra "sustentabilidade". Não há estratégias de sustentabilidade (pelo menos não no sentido social e ecológico) ou gerentes de sustentabilidade em um futuro no qual existe a perfeita integração. A sustentabilidade é invisível e, ainda assim, permeia todos os aspectos dos negócios.

A decisão de usar a narrativa é motivada pelo desejo de oferecer um outro estilo de aprendizagem. Como temos tentado ao longo do livro, nosso objetivo é torná-lo envolvente e inspirador. Ele busca a criatividade e a empatia de uma abordagem "holística", que está no centro das novas competências necessárias para incorporar a sustentabilidade (ver Capítulo 6). O autor Daniel Rosa, em seu best-seller *A Whole New Mind: Why Right-brainers will Rule the Future*, diz:[374]

> Quando nossas vidas estão repletas de informações e dados, arranjar um argumento eficaz não é mais o suficiente. Alguém em algum lugar, inevitavelmente, encontrará um contraponto para rebater a sua argumentação. A essência da persuasão, da comunicação e da compreensão de si mesmo tornou-se também a capacidade de criar uma narrativa convincente.[375]

Com base no retorno recebido dos leitores do livro *Sustainable Value* (2008), a inclusão de uma narrativa atraente torna um livro de negócios sustentáveis mais acessível – é fácil de ler – e talvez até melhor, torna-se ainda mais memorável. Essas histórias "grudam" na mente dos leitores.

Os produtos e modelos de negócio imaginado no capítulo seguinte são bem estudados e baseados em trabalhos científicos. Eles representam inovações potenciais e avanços tecnológicos com base em descobertas de ponta em áreas como a biomimética, genética e fotoquímica. Por exemplo, os cientistas já são capazes de construir moléculas artificiais que convertem a luz solar em energia utilizável com altas taxas de eficiência, embora numa escala muito pequena e apenas em laboratório, sob condições controladas.[376] Recorremos ao pensamento futurista de especialistas em áreas como planejamento urbano, agronomia, transporte e gestão de resíduos. Os leitores perceberão que tomamos a liberdade de imaginar alguns desenvolvimentos específicos. Obviamente, estes casos não são baseadas em fatos; as empresas, marcas e produtos mencionados não refletem entidades ou eventos reais.

A história de Jake se destina a ser ficcional, mas não fictícia. Apesar de não ser possível prever o futuro, um esboço informado de um cenário promissor pode ser um exercício baseado na estratégia. Como o professor David Cooperrider apontou, imagens positivas do futuro podem levar a ações positivas.[377] Esperamos que os leitores que tenham sido convencidos por nossa pesquisa e análise também sejam inspirados por nossos sonhos.

9
O Mundo de 2041
Uma entrevista de emprego

> O futuro já chegou – ele apenas
> é distribuído desigualmente.
>
> **William Gibson**

Jake Marstreng parou no posto de troca apressado. Sua entrevista final de emprego – desta vez com Ellen Chen, a nova CEO da Septad Corp. – estava a menos de uma hora de distância. Quando ele estacionou na posição das travas mecânicas, ele conseguiu ouvir o braço robótico debaixo do seu calhambeque. Pela centésima vez, ele desejou ser capaz de comprar um daqueles ultracapacitores de carga rápida, em vez da bateria de lítio de seu velho carango elétrico. Uma carga rápida de 90 segundos em vez dos dez minutos habituais significaria que ele poderia deixar de parar nos postos de troca de baterias e ainda poder dirigir por cerca de 500 quilômetros.

Um olhar sonhador surgiu nos olhos de Jake. Ele faria 30 anos em junho. E estava diante da maior oportunidade da trabalho de sua vida, e ele pretendia aproveitar o momento. *Carpe diem*. Ele acendeu um e-cigarro sem tabaco e sentiu a descontração causada pela nicotina, deixando lentamente uma longa nuvem de fumaça encontrar seu caminho para fora da janela, quase intocada pelo calor do verão. Com este emprego, em cinco anos, ele estaria na fila para se tornar gerente geral da unidade de negócios, talvez até mesmo gestor da empresa-mãe. Prestígio, dinheiro, boa vida... Ele quase podia sentir o gosto.

2041 estava prometendo ser um bom ano. Dando mais um trago, Jake refletiu sobre o quão melhor as coisas tinham ficado.

No início da adolescência, o futuro parecia sombrio, não porque ele não tinha excelência, mas porque as Guerras da Água e a pesada regulação governamental tinham se combinado para levar a economia mundial à beira da estagnação. A perspectiva de quase qualquer emprego desapareceu durante um tempo e o moral em geral – particularmente no mundo dos negócios – tinha atingido o ponto mais baixo de todos os tempos. Sua mãe, Deena, tinha lutado muito para manter sua própria empresa aberta. A tensão em casa tinha sido um fato concreto.

Agora, uma década e meia depois, as oportunidades estavam por toda parte. O ritmo do crescimento econômico era alto e sem diminuição à vista; as empresas lutavam pelos talentos e fortunas estavam sendo construídas. Um senso de otimismo – mesmo no longo prazo – marcava a sua geração. É verdade que as melhores oportunidades e os maiores padrões de vida estavam na Eurásia e no Brasil, mas a Zona Norte Americana (NAZ) estava reagindo. Até mesmo a China estava se recuperando gradualmente. De fato, pela primeira vez na história, a maior parte dos 9 bilhões da habitantes da Terra estava florescendo.

Recentemente, o setor privado tinha passado por grandes revoluções que restauraram a fé de Jake nos negócios e lembraram a ele por que diabos ele tinha cursado seu MBA. Jake não era um "defensor da Terra" e não se importava muito com a causa ou as táticas deles. Ele não estava disposto a abrir mão de seu carro e dos aviões, que agora eram livres de carbono, mas ainda eram pesadamente taxados e desprezados. Mas ele podia ver que todas as grandes inovações – aquelas que geravam muito dinheiro – lidavam com soluções para os maiores problemas ambientais e sociais.

Ao ouvir a bateria do carro se encaixar no lugar, ele pensou novamente sobre a Septad, enquanto disparou de volta ao trânsito. Ninguém poderia mais pensar apenas em termos do setor privado; as maiores empresas tinham todas redes de parcerias com universidades, governos e ONGs. Trabalhar num dos líderes de mercado tinha virado a carreira mais desejada de sua geração, seja para ganhar um monte de dinheiro ou para tornar o mundo um lugar melhor. Os negócios agora eram parte da solução; um punhado de empresas estavam ajudando a restaurar a estabilidade do clima e a segurança dos alimentos – e diminuindo o abismo entre ricos e pobres ao atender as necessidades dos pobres do mundo – entre outros desafios que frustraram governos e ONGs durante décadas. Sem que ninguém percebesse, os negócios tinham se tornado admiráveis novamente.

Uma das maiores e mais lucrativas revoluções tinha acontecido cinco anos atrás, quando a BioSOL – uma concorrente da Septad e antiga empregadora de Jake – tinha comercializado células fotorreceptoras que cresciam em condições ambientais e convertiam a luz do sol em energia utilizável com eficiência de 95%. A engenharia molecular tinha finalmente montado células artificiais capazes de desenvolver potencial de membrana – essencial para as baterias moleculares – que eram fáceis de criar e manter, para a geração de energia nas redes elétricas e para alimentar a rede de casas em todo o mundo.

A decodificação dos cloroplastos – as organelas celulares de plantas que realizam a fotossíntese – produziram duas dúzias de Prêmios Nobel e revolucionaram a economia mundial. Os pesquisadores descobriram uma forma de criar células solares baratas capazes de transformar luz em eletricidade e combustíveis estocáveis. De suas aulas de bioengenharia em Stanford, Jake se lembrava da quase impossibilidade de duplicar o que as ervas, pinhas e algumas bactérias faziam: capturar a energia do sol com os pigmentos de clorofila, fundi-la numa reação molecular onde elétrons eram ativados para quebrar a água, liberar o oxigênio e transformar gás carbônico em açúcar. A revolução tinha acontecido quando os pesquisadores comercializaram pela primeira vez moléculas artificiais capazes de mimetizar a fotossíntese com a mesma taxa de aproveitamento da natureza. Era uma inovação que tinha levado à fundação da BioSOL. O primeiro produto da empresa tinha sido uma lata de tinta para telhado contendo bilhões dessas moléculas que colhiam a energia do sol no verão ou no inverno. Elas eram autossustentáveis e livres de manutenção. O segundo produto da empresa foi um asfalto que transformava as rodovias do país em geradores elétricos.

A decodificação da fotossíntese levou a um monte de outras coisas além de energia limpa. Células artificiais foram usadas para fazer a química com a luz solar e água à temperatura ambiente. Fotoenzimas buscavam e destruíram os bifenilos policlorados (PCB) – agentes cancerígenos amplamente difundidos que tinham aumentado as taxas de mortalidade e os custos dos cuidados de saúde no início do século. Estas fotoenzimas agiam como microrreatores, usando a energia da luz solar para varrer os PCBs, mesmo em águas árticas remotas, rompendo suas ligações de cloro e tornando as toxinas inofensivas, não cloradas e biodegradáveis. Desde a sua utilização generalizada, o mundo havia se tornado um pouco mais saudável.

Jake não era microbiologista e muito menos fotoquímico, mas, como muitos líderes de negócios após o ano de 2030, ele tinha adquirido um conhecimento interdisciplinar dessas ciências. Ele teria de recorrer a eles que se quisesse ter alguma chance de conseguir o emprego.

Conectando-se a uma porta livre, ele rapidamente ligou suas lentes de contato de Realidade Aumentada. Se surgisse alguma coisa estranha, ele sempre podia fazer uma rápida pesquisa na web usando o controle ocular.

O borg no saguão o escaneou antes de levá-lo ao elevador privativo da suíte executiva.

A entrevista começa

Depois de nervosos 20 minutos do lado de fora do escritório de Chen, durante os quais ele podia ouvir partes de uma conversa acalorada de uma conferência virtual em 3-D, a porta se escancarou. Por ela surgiu a CEO da Septad, sorrindo calorosamente, indicando-lhe uma elegante cadeira de couro. Jake ficou chocado ao perceber como ela era jovem – ele tinha calculado que ela devia ter uns 55, mas agora poderia facilmente apostar na metade. Seus grandes olhos castanhos brilhavam com energia. Gesticulando para os painéis da parede, Chen falou animadamente. "Era a nossa equipe de materiais de alta performance no Uruguai. Eles estão se preparando para lançar nossos produtos de última geração em revestimentos proteicos de superfícies superfinas – basicamente capas inteligentes para aparelhos portáteis. Essas capas não só usam a luz do sol para alimentar os aparelhos como também retiram o CO_2 do ar, gerando créditos. E em nossa versão mais recente, elas se consertam sozinhas até serem desativadas pelo usuário. Isso porque nossos pesquisadores de proteínas finalmente desenvolveram modelos que permitem a automontagem, sem termos de usar células vivas. Agora podemos sintetizar segmentos de DNA diretamente nos cristais projetados para produzir os polímeros que desejamos." E acrescentou: "Nossas capas não são apenas resistentes a abrasivos e corrosão, elas também vão ter os maiores potenciais de torção e compressão do mercado."

Jake aproveitou a deixa. "Minha equipe na BioSOL tinha um projeto semelhante. Estávamos trabalhando na inserção de segmentos de DNA em bactérias e usando-as para produzir as proteínas desejadas – essencialmente uma operação agrícola. Nossa esperança era que pudéssemos colher esses materiais em soluções aquosas, à temperatura ambiente e sem percalços tóxicos ao longo da Tabela Periódica." Enquanto Chen acenava encorajadoramente, ele prosseguiu: "Funcionou bem no laboratório mas não em escala comercial. Quando isso acontecer, qualquer que seja a empresa que o fizer primeiro terá como produzir polímeros semelhantes a cimento – ou mesmo vidro e cerâmica – que poderão ser usados em qualquer coisa, desde vigas par pontes até aparatos nano-ópticos".

"Qual você acha que é a questão-chave para se fazer isso funcionar em larga escala?", perguntou Chen.

"O sequenciamento de aminoácidos", respondeu Jake. "Descobrir o jeito certo ajudaria os designers de fibra a ligarem a estrutura das proteínas e suas funções; isso seria decisivo para se montarem polímeros com precisão em larga escala."

"Sem a alta temperatura ou química abrasiva", acrescentou, "e sem resíduos".

Tentando não parecer impressionada, Chen examinou seu currículo sobre a mesa, à sua frente. "Vejo que a área de concentração do seu MBA foi em inovação empresarial", disse ela, sorrindo. "Como você acha que deveria ser nosso modelo de negócios para novas proteínas de revestimentos e superfícies? Como podemos oferecê-las aos consumidores de modo a gerar retorno para o investimento?"

"Eu olharia para os segmentos de mercado, não apenas em aparelhos portáteis, mas também equipamentos médicos, mobília, transportes, e mesmo aplicações domésticas. E começaria com os segmentos de consumidores de baixa renda."

A CEO pareceu intrigada. "Por que os consumidores de baixa renda? Você está sugerindo alguma estratégia de justiça social para aumentar a aceitação do mercado? Como vamos ter lucro com margens tão reduzidas?"

"Bom, primeiro de tudo, nenhum dos concorrentes da Septad atua nesses mercados. É um oceano azul imenso. Se você reforçar suficientemente a eficiência na cadeia de suprimentos para gerar preço competitivo para os grupos de baixa renda, vender para os mercados de maior renda vai ser mais fácil. Eu buscaria novos canais de distribuição nos quais pudesse cortar os intermediários e criar lealdade diretamente com os usuários finais, baseado não apenas em técnica, mas também nos benefícios sociais e ambientais. Levar a produção para esses mercados e posicionar as capas como uma inovação social para obter apoio para a marca por parte das ONGs e suporte financeiro dos governos."

Ele se levantou e caminhou até a janela panorâmica. "Com volume de produção suficiente, as reduções de CO_2 e os novos empregos gerados para grupos de baixa renda vão fazer uma grande diferença. Isso vai aumentar a reputação da Septad como líder global de verdade. Todo mundo vai querer trabalhar para você".

Jake percebeu que tinha capturado a atenção dela. Ela olhou para ele por um momento antes de fazer uma ligação. "Um segundo", ela sinalizou, "estou checando se o Mack Davies está por perto". Após uma conversa rápida, ela se virou para Jake: "O Sr. Davies é membro da diretoria. Gostaria de apresentá-lo a você".

Dois minutos depois, um senhor dos seus sessenta anos, com uma mecha de cabelos brancos e olhos negros e profundos que combinavam com a cor da pele, estendeu calorosamente sua mão. "Mack, achei que vocês deveriam se conhecer. Você já recebeu o CV de Jake, junto com os relatórios de suas entrevistas anteriores. Tenho que coordenar uma reunião da Capex... devo estar de volta em 20 minutos." E, dizendo isso, ela se foi.

O membro da diretoria

Davies sentou-se em silêncio na cadeira alta de couro, folheando os papéis que Chen lhe passara, com uma expressão gentil no rosto. Então, sem rodeios, falou numa voz firme, mas gentil.

"Gostaria de saber um pouco mais sobre você", ele disse. "Fale-me sobre você – que coisas você diria que ajudaram a definir quem você é hoje?" Jake se ajeitou na cadeira e engoliu metade do café. Talvez ele preferisse algo mais forte. "Eu fui criado em Chicago", disse sombriamente. "Vi o mundo dos meus pais colapsar em 2020, quando as Guerras da Água incendiaram o mundo e a comida simplesmente deixou de estar disponível. Nossa vizinhança de classe média subitamente foi atacada pela fome. Ainda me lembro do dia em que o preço do barril atingiu 400 dólares e não se podia comprar comida importada. Foi no mesmo ano que Manhattan e a Flórida foram alagadas, o mesmo ano em que aqueles furacões de nível 5 atingiram as regiões do interior, de Atlanta até Montreal, ao norte. A leva de migrantes da costa leste quase nos arrasou, até que a cidade finalmente se isolou. Obviamente, isso não foi nada comparado com o que aconteceu em Bangladesh ou na China – ou mesmo na Itália ou Espanha."

Por um breve instante, Davies ouviu atentamente enquanto olhava pela janela, sem parecer mais um membro sênior da diretoria; ele parecia vulnerável, lembrando suas próprias vivências durante aquela década terrível.

"Sim, e todos vimos o que o governo fez naquele momento", murmurou Davies, "ou melhor, falhou em fazer. Os militares achavam que podiam salvar o mundo fechando as fronteiras e atacando extremistas. Os governos foram duros com as empresas em todo o mundo, transformando uma situação ruim numa situação ainda pior. As alianças políticas implodiram; era cada país e cada região – ou mesmo cada cidade – por si".

Davies acrescentou: "O que foi mais assustador foi ver o quão rápido as coisas se deterioraram. Naquele tempo eu viajava muito pela Ásia e a América do Sul. Em toda parte era a mesma coisa – a qualidade do ar e o acesso à água nas grandes cidades, onde todos viviam, tinha caído a níveis abaixo dos limites seguros. A saúde pública colapsou. As partes mais pobres das cidades – com doenças se alastrando, sem empregos, e com comida ruim – começaram a atacar as partes mais ricas".

"Com certeza", reconheceu Jake, "e por mais que tenha sido ruim por aqui", Chicago dificilmente era o pior lugar naquele tempo. Ouvi falar das revoltas em Hong Kong-Guangzhou–Shenzhen. Rio-São Paulo, que as pessoas chamavam de cidade sem fim, tornou-se um ninho de traficantes, vendedores de armas e terrorismo. A fome a as doenças no corredor Mumbai-Dehli e a faixa urbana de 650 km entre Nigéria e Gana gerou guerras e conflitos sociais que se espalharam por todo o continente.

"Mas estávamos falando sobre o que moldou a SUA vida." Disse, Davies, lançando o foco novamente sobre Jake. "Como você lidou com esses Anos Sinistros? É difícil imaginar um jovem encontrando influências positivas naquela época."

"Meus amigos e eu ainda estávamos na adolescência", ele respondeu, "mas podíamos ver e sentir o que chamávamos de 'Abismo'. Sabíamos, sem ninguém precisar nos dizer, que todo o sistema global tinha parado subitamente na beira de um precipício. Era óbvio que tínhamos chegado a um ponto sem retorno: era reconstruir ou fechar as portas".

Subitamente, o ânimo de Jake se modificou. Seu rosto ficou relaxado e uma certa leveza surgiu em sua voz. "Mas sabe o que também era extraordinário naquela época? À medida que as pessoas viam e experimentavam o Abismo, houve uma mudança coletiva. Os próprios valores das pessoas se transformaram, não por causa dos políticos, dos visionários da moral ou dos ativistas Defensores da Terra – apesar de termos ouvido eles pregarem durante décadas sobre a necessidade das mudanças – mas por interesse próprio."

"E o que você acha que causou esta mudança?", sondou Davies.

"Olha, de certa forma passamos de simplesmente tentar segurar as pontas e sobreviver, para um desejo profundo de construir um futuro melhor. Passamos do tapar o sol com a peneira para a busca de soluções reais que nos levariam para longe do Abismo e para um mundo mais saudável."

"Isso me soa bastante idealista", foi o comentário curto.

"Não exatamente", rebateu Jake. "O que é idealista é dizer às pessoas que elas devem mudar seu comportamento. Ou que devem ser moralmente responsáveis. Foi um movimento que se auto-organizou coletivamente, unindo bilhões de pessoas que experimentaram a falha que levou ao Abismo e que foram inspiradas pelas imagens de um futuro melhor. Ficou claro como o dia que as soluções 'band-aid' não iriam funcionar. Ao mesmo tempo, tivemos exemplos inspiradores de soluções e alternativas ao velho sistema. Tudo levou a um renascimento cultural silencioso – um despertar dos corações e mentes das pessoas. Comportamentos reflexivos mudaram de causar menos dano para regenerar nosso capital natural e social. As pessoas queriam investir sua energia num futuro positivo. Elas queriam ser parte da restauração de um senso de bem-estar."

"Mas o que você acha que levou as pessoas a se comportarem de forma diferente?" pressionou Davies.

"Bem, ao invés de reagir aos eventos como os que tivemos durante anos, na década de 2020, os padrões de comportamento destrutivo subitamente ficaram evidentes. As pessoas foram forçadas a enxergar as forças subjacentes que estavam levando todo mundo ao desastre. Elas viram as consequências das práticas destrutivas em termos de energia, comida, água e lixo. Viram o que acontece quando a classe média ganha 130 dólares por dia enquanto os pobres recebem apenas 4 dólares e não têm nenhuma rede de segurança social. Os resultados não podiam mais ser ignorados. Não havia como empurrar as consequências para o futuro. Era mudar ou morrer."

"Isso me parece meio conceitual", disse Davies, apertando os olhos.

"Mas envolvia problemas muito práticos e imediatos. Veja a agricultura. Nos campos dos arredores de Chicago, lembro de ver tratores tão grandes que os condutores ficavam numa altura de dois andares, checando seis monitores para ver o que acontecia lá embaixo, no solo, enquanto lançavam agrotóxicos para controlar as ervas daninhas, fertilizantes para acelerar o crescimento, herbicidas, desfolhantes, reguladores de crescimento... Olhando para trás, parece loucura. Até 2020, o uso de pesticidas tinha subido milhares de vezes, embora as perdas de safra diante das pragas só piorava. Com foco exclusivo no lado financeiro, esses fazendeiros desgastaram seus campos ao ponto de destruírem toda a biodiversidade local. A camada superficial do solo desapareceu, por causa da erosão e do desgaste, sendo dissecada e abusada pela monoirrigação e o uso de produtos químicos. De repente, nossa capacidade de produzir comida ficou ameaçada – e sem nenhuma solução rápida à vista."

"Comparando-se", concordou Davies, "o foco da agricultura de hoje é na recuperação dos solos enquanto se produzem alimentos. É realmente uma abordagem completamente diferente".

"E num nível mais profundo", Jake prosseguiu, pensando vagamente se isso o estava ajudando ou se estava ameaçando as chances de ser contratado. "O Abismo forçou uma mudança nos nossos modelos mentais – o pensamento que levou aos padrões de comportamento destrutivos."

"Isso vai longe", pensou Davis. Mas porque não deixar Jake prosseguir? Isso mostraria quem ele é e como pensa; e, no fim das contas, eles estavam pensando em contratar este jovem – com menos da metade da sua idade – para uma posição de relativa importância.

"Você quer dizer que os empresários passaram a enxergar os sistemas mais gerais dos quais eram parte e passaram a trabalhar mais colaborativamente para oferecer soluções para os problemas globais?" Davies colocou a pergunta quase como uma afirmativa.

"Exatamente", disse Jake, enquanto levantava e caminhava até uma das grandes telas touch-screen. "Aconteceu uma mudança na nossa consciência coletiva sem que nenhuma pessoa ou instituição desse a direção."

"É assim que eu descreveria a mudança de pensamento que aconteceu." Ele pegou a caneta digital e começou a escrever uma lista. "Depois que as pessoas passaram pela experiência da beira do Abismo, novas crenças fundamentais emergiram. Algumas das mais importantes foram as seguintes:"

Somos uma família global, e não nações e tribos isoladas.

Somos parte da Natureza, e não separados dela.

A cooperação recompensa os competidores individuais.

"Você está falando quase como um Defensor da Terra...", disse Davies com ceticismo.

"De jeito nenhum", rebateu Jake, tentando não soar defensivo. "Meus amigos e eu tínhamos ambição de entrar no ramo dos negócios. De fato, éramos pró-negócios e pró-crescimento. Queríamos uma vida boa. Mas as novas crenças faziam sentido diante do que queríamos. O mundo mudou e também mudaram as nossas formas de pensar sobre ele."

"Vou tentar ser bem prático agora", ele continuou, desejando poder acender um e-cigarro. "Na BioSOL, ser capaz de ver o sistema maior – não apenas a complexa cadeia de suprimentos e os aglomerados transindustriais, mas os interesses da sociedade e da natureza – permitiu que encontrássemos novas oportunidades de negócio que jamais teríamos visto se agíssemos de outra forma. Ser capaz de colaborar com muitos grupos diferentes – incluindo aqueles com perspectivas bem diferentes – tornou possível desenvolver soluções para o consumidor que a BioSOL não poderia desenvolver se fosse de outra forma."

"Eu diria que isso também define a nossa cultura", disse Davies. "Cada uma das nossas linhas de negócio persegue o lucro de forma que promova a saúde da empresa, da indústria, da sociedade e da natureza. Mas num mercado onde a demanda é reconstruir um mundo melhor isso é apenas boa estratégia de negócios. Gosto de pensar nisso como aquelas bonequinhas russas do século XIX. Cada linha de negócios colocada dentro da empresa, a empresa dentro do mercado, e assim sucessivamente, até chegar ao sistema global. Acho que você tem razão em colocar tanto peso nas crenças centrais. Isso explica muito de como fazemos negócios hoje em dia."

Após uma rápida pausa, Davies prosseguiu: "Quando iniciei minha carreira em 2002, era quase o oposto disso. O banco de investimentos no qual eu trabalhava só estava interessado em sua própria sustentabilidade, o que frequentemente significava sacrificar o sistema bancário e o público. Todos vimos onde isso nos levou na crise financeira de 2007 a 2009. O valor econômico era obtido geralmente à custa da sociedade. Mesmo dentro do mercado de serviços financeiros, o que um banco fazia para maximizar seus lucros era frequentemente à custa dos demais. Lucros de curto prazo eram incompatíveis com a criação de valor no longo prazo".

Jake se animou. "Exatamente! E havia muitos outros benefícios de negócio para mudar nossas crenças centrais. Comparado com a velha forma de trabalhar, ver as coisas em termos dos sistemas globais – dando um passo atrás e se perguntando o que nossas decisões significam para a sociedade e a natureza – engajava, motivava e inspirava os empregados como nenhuma outra coisa. Assim que ficou óbvio para todo mundo que "fazer o bem" podia ser uma forma de ir ainda melhor em termos de clientes e investidores, as pessoas em toda parte queriam trabalhar para empresas que eram vistas como contribuintes na reconstrução e restauração de um mundo melhor."

"Antes do Abismo", concluiu Jake, "a energia nos negócios vinha da reação às crises. Depois, havia um frenesi de criatividade que parecia tirar sua energia das esperanças e sonhos que as pessoas tinham de um futuro melhor. A inspiração acabou sendo um motivador muito melhor para a mudança do que o medo".

Uma chamada urgente começou a piscar na mesa de Chen. Naquele momento, a própria Chen adentrou a sala. Enquanto Davies e Jake pararam um instante, ela andou até a mesa e atendeu à chamada, dizendo algumas palavras rápidas em mandarim, antes de se juntar a eles na mesa de mogno.

Davies agradeceu a Jake calorosamente a entrevista. Com algumas palavras dirigidas a Chen para dizer que o aguardavam em outra reunião, ele pediu licença e saiu.

A entrevista com Chen continua

"Então o que o motivou a perseguir uma carreira nos negócios?", ela perguntou, quando retomaram a conversa. "Vejo que começou na Escola Sloan em 2032, quando a economia ainda estava balançada, para dizer o mínimo."

"Minhas maiores influências – e inspirações – foram Wes, Raj e Emma, três empreendedores de Chicago que começaram uma empresa de alimentos perto do Millenium Park. Isso foi em 2027 ou 2028. Naquele ano, eles financiaram a conversão de um arranha-céu de 50 andares numa fazenda vertical que os tornou ricos e literalmente ajudou a salvar a cidade. O sucesso deles os transformou em celebridades locais – alguns anos depois eles receberam a chave da cidade."

Chen sorriu ironicamente. "Eu me lembro de muitas fazendas verticais florescendo nas cidades do interior naquela época. Basicamente esses empreendimentos urbanos transformaram-se em estufas gigantes usando hidropônicos e silos para produzir frutas, verduras e cereais o ano inteiro. O que fez desse, em especial, um sucesso tão grande?"

"A maioria das fazendas verticais eram adaptações inteligentes de arranha-céus e técnicas de produção de alimentos. Mas ainda precisavam de água e energia da cidade. Com a iluminação, aquecimento e arrefecimento para as culturas divididas em 30 andares, o consumo de eletricidade era enorme. Além disso, cada edifício alimentava apenas 20 mil pessoas por ano, no máximo."

"Wes era um agrônomo autodidata, Raj era um bioengenheiro e Emma era arquiteta. Os três literalmente repensaram a agricultura vertical de baixo para cima. Eles faziam perguntas heréticas: uma fazenda vertical pode ser totalmente independente de fontes externas de água, energia e nutrientes? Um edifício poderia alimentar 200 mil pessoas por ano em vez dos 20 mil?"

Chen parecia estar se divertindo. "Aposto que havia um monte de descrentes."

Jake riu. "Eles não tinham escolha. No final de 2020, Chicago sofria apagões e longas interrupções de eletricidade. Todos tinham severas restrições à utilização da água. Isso teria matado o rendimento das culturas. Mas eles quiseram ir mais longe do que apenas a independência do recurso: eles se perguntaram se a sua fazenda poderia ser um gerador de energia, se poderia ser uma fonte de água potável. E se poderia criar empregos para os desempregados."

"A mera consideração de um projeto como este já deve ter sido considerada uma heresia", refletiu.

"Criatividade e incrível ambição sob pressão. Essencialmente, tudo se resumia a isso. Eles usaram técnicas já existentes como a recuperação de evapotranspiração para coletar o vapor que emanava das plantas andar por andar e tratamentos microbiológicos para transformar esgoto urbano em água para irrigação. Mas também inventaram soluções totalmente novas: painéis ventilados de vidro duplo com spray solar que impedia a chuva de se acumular e limpavam os poluentes no caminho até as calhas de coleta. Eles criaram técnicas de cultivo como reflectômetros para testar a maturação e manipulação de biofotoperíodo, o que aumentou em 16 vezes a produção, em relação às estufas tradicionais. Eles também criavam tilápias, frangos e suínos."

E acrescentou: "Somente os resíduos produzidos por todas as plantas e animais eram suficientes para atender às necessidades de energia da fazenda".

Isso assustou-a. "Você quer dizer que eles usaram a digestão de metano para gerar energia para toda a operação?"

"Sim", respondeu Jake. "Anaerobicamente, em vez de compostagem. Além de coletores de energia eólica, solar e cinética, que lhes davam energia extrassuficiente para devolver 20 milhões de kWh de volta para a grade."

Chen assobiou baixinho. Longe de ser um importador líquido de eletricidade, esta fazenda era um minigerador. E ao substituir as terras agrícolas em zonas rurais, ela permitia o reflorestamento para reduzir as emissões de CO_2.

Jake continuou: "Eles também contrataram os desempregados e os anteriormente inempregáveis. Em uma jogada digna de Henry Ford, a fazenda pagava o dobro do salário mínimo a todos – atraindo multidões, reduzindo a rotatividade a quase zero e injetando dinheiro em uma comunidade que podia novamente se dar ao luxo de comprar produtos frescos".

"Até 2030, os três empresários tinham criado mais 15 torres-fazenda, num grupo que alimentava 85 por cento da cidade, quase 4 milhões de pessoas. Eles também tornaram o trio fabulosamente rico. Isso é o que mais me lembro sobre eles: que revitalizaram a cidade e ganharam uma fortuna no processo."

Chen olhou para ele avaliadoramente. "E então, você foi para a escola de negócios para ganhar um monte de dinheiro ou para ter um impacto na sociedade?"

"Os dois", respondeu ele. "Não entendo por que as pessoas não viam mais oportunidades como essa naqueles tempos. O mundo precisava de soluções para os alimentos, o clima, energia, água, salários justos, a inclusão social. . . e qual instituição melhor do que as empresas para inovar gastando pouco?"

Chegou a hora de uma pequena pausa. Depois de duas horas de entrevista, Jake estava se sentindo exultante, mas descontraído, o paletó jodhpuri jogado sobre uma das cadeiras. A mesa de mogno de veios ricos tinha sido limpa para que ele pudesse usá-la para uma eventual apresentação holográfica. Chen levantou-se para fazer algumas chamadas e, em seguida, anunciou que um outro gerente sênior da Septad se juntaria a eles. "Lora Estefan está em nossos escritórios hoje – ela está sediada em Munique e é chefe da nossa divisão de veículos avançados. Vai ser bom para ela conhecê-lo. Ela deve estar aqui em cerca de dez minutos."

A gerente geral de veículos avançados

Enquanto esperavam a chegada de Estefan, Chen perguntou: "Que outras inovações disruptivas o impressionam como decisões inteligentes de negócio? Quantas delas são como as fazendas verticais – soluções rentáveis para problemas sociais e ambientais aparentemente insolúveis? Como você sabe, a Septad tem divisões não só em veículos avançados, mas também em materiais de construção, energia e mercados emergentes."

Jake refletiu sobre a pergunta. O crescimento econômico tinha sido forte por quase uma década, mas a maioria dos economistas considerava a natureza dos negócios internacionais como sendo fundamentalmente diferente da que existia antes de 2020. Em vez de se concentrar em causar menos dano e incentivar o consumismo para seu próprio benefício (contanto que pudesse ser considerado verde e socialmente responsável), os negócios tinham assumido um papel de liderança em algo mais profundo. Recentemente, os dois copresidentes da Eurásia haviam dito que eles "costuraram o próprio tecido da civilização". O crescimento da demanda do mercado refletia uma ânsia coletiva por soluções integradas, e não improvisações rápidas. Fossem clientes de negócios ou consumidores finais, a procura era por produtos e serviços que integrassem a saúde pessoal, o bem-estar social e o cuidado com o mundo natural. Os líderes de negócios aparentemente tinham sofrido uma transformação em sua busca de lucros – e ainda assim eram impulsionados não só por um despertar moral, mas pela compreensão de que fazer o bem lhes permitia se dar ainda melhor. Ele limpou a garganta. "Bem, há tantas inovações empresariais que eu quase nem saberia por onde começar." Depois de uma breve pausa, acrescentou: "Mas algumas se destacam em minha mente. Elas são tão importantes quanto a produção em massa e a tecnologia da informação foram no século passado".

"Quando era garoto, eu lembro do transporte ser uma verdadeira bagunça. Acidentes de carro, longos trajetos, o smog da cidade, a interrupção de viagens aéreas, uma infraestrutura ferroviária envelhecida. Na época, o setor dependia das importações de petróleo e era responsável por quase um terço de todas as emissões de CO_2. Depois, no espaço de poucos anos, vi grandes mudanças. Quase da noite para o dia, tornou-se um sistema mais eficiente, mais conectado, mais limpo e mais seguro. E isso tornou viajar muito mais divertido também."

Abrindo um mapa holográfico em tempo real dos Estados Unidos, ele disse: "Isto é o que eu vejo hoje. Não é perfeito, mas é tão diferente do que existia antes de 2020 quanto os carros eram diferentes das carruagens puxadas por cavalos. Agora temos trens silenciosos com opções VR completas do escritório, do clube, ou da casa enquanto você viaja. Aviões de alta eficiência tornaram-se silenciosos e com emissões quase zero. Pequenos aviões não tripulados entregam tudo, desde encomendas a pizzas e mantimentos". Dando um zoom em Chicago, ele apontou para uma dúzia de artérias preenchidas com veículos de duas rodas entrando e saindo do centro da cidade. "Eu sei que você já sabe disso, já que a Septad esteve envolvida na sua construção, mas me impressiona muito ver a rede de ciclo autoestradas para os viajantes que preferem essa forma de chegar ao trabalho."

Nesse momento, Lora Estefan entrou, seu bem-cortado terno de cor creme compensado por um lenço de seda brilhante e os cabelos pretos puxados para trás ordenadamente. "Que *timing* perfeito!", disse Chen. "Nós estávamos falando sobre inovações disruptivas no transporte." Depois que Estefan e Jake apertaram as mãos e trocaram algumas delicadezas, ele sabia que a conversa seria sobre carros.

"Eu gostaria muito de saber mais sobre a divisão Septad de veículos avançados e os seus projetos", começou ele, educadamente. Mas Estefan cortou-o, perguntando ao invés disso o que ele pensava sobre as recentes inovações na indústria.

Secretamente, Jake adorou ser perguntado sobre isso: ele amava carros esportivos e acompanhava a evolução com mais do que interesse imparcial. "Quando os chineses e os indianos formaram sua parceria, que levou ao desenvolvimento do *intellicar* de impacto zero, a nova empresa conjunta se tornou a maior e mais rentável fabricante de carros do mundo. E isso aconteceu quase da noite para o dia. Ali estava um carro que pesava 200 kg, em vez de dez vezes isso, construído totalmente com materiais reutilizáveis ou biodegradáveis. Com menos material e peças, a empresa podia vender pela metade do preço médio de um sedã familiar e ainda ter lucro."

"Uma das mudanças que mais me impressionou foi a navegação totalmente automática – uma opção cara, mas que, felizmente, foi subsidiada pela redução de impostos e pelas companhias de seguros. De repente, os motoristas podiam simplesmente dizer aonde queriam ir e o carro os levaria até lá. Meus avós, ambos na casa dos noventa, usavam o tempo todo. Isso lhes dava uma liberdade que um monte de idosos nunca tiveram antes. Significa encontrar sempre o caminho com menos trânsito e evitar acidentes e, ao mesmo tempo, ser capaz de dar atenção para amigos e familiares ao longo do caminho."

"Mas, de longe", continuou ele, "a inovação mais perturbadora foi a passagem de carros que eram menos nocivos para o ambiente para uma nova geração de veículos com emissão zero, que limpavam o ar durante a condução. Como vocês sabem, estes carros agora geram dinheiro para seus donos, servindo como uma fonte de distribuição de energia para a rede. Os operadores do sistema pagam a eles para que liguem os seus veículos durante o pico de demanda".

Estefan concordou. "Os carros, juntamente com tudo mais na economia, estavam passando de menos prejudiciais a fornecedores de benefícios positivos, como a restauração do ar limpo ou a geração de energia para a rede."

Jake assentiu, feliz por deixá-la prosseguir.

"Por trás destas novas funcionalidades, a nossa divisão tem trabalhado duro em todos os aspectos do veículo, a partir de energia solar fotovoltaica (PV), geradores termoelétricos (TEG), sistemas híbridos até projetos de assentos flexíveis, usando a nossa tecnologia de 'segurança total'." Fomos os primeiros a comercializar superfícies de polaridade variável para diminuir o peso e aumentar o fluxo aerodinâmico. Nós construímos todas as peças usadas nos sistemas de propulsão limpa. Mas as inovações mais interessantes vieram de nossas parcerias para redesenhar as redes de transporte. Temos trabalhado com os concorrentes, especialistas externos e empresas de TI para se conectarem os trilhões de etiquetas RFID, instrumentos de rastreamento e fluxos de IP, permitindo que os nossos carros e sistemas falem uns com os outros, para que o curso seja ajustado automaticamente, em tempo real. Não importa em que condições de tráfego ou meteorológicas. Estas parcerias estão integrando a interconexão, conhecimento do sistema e segurança do projeto."

"Incrível", disse Jake, com os olhos arregalados. "E o que é surpreendente para mim é que durante essa transformação todas as principais empresas do mercado tornaram-se tão lucrativas."

"E porque você acha que os esforços atuais tiveram sucesso, onde tantas tentativas anteriores tinham falhado?", Chen perguntou.

Jake estava começando a sentir um pouco fora da sua zona de conforto mas preferiu arriscar um palpite. "Bem, além de boa ciência e gestão da tecnologia, colaboração transindústria e parcerias com o governo e organizações sem fins lucrativos trouxeram novas perspectivas que levaram a ideias muito mais ricas para o redesenho de produto e processos. Isso somado à capacidade de alavancagem das plataformas de colaboração virtual. Suas parcerias foram capazes de aproveitar os pontos fortes do sistema usando uma abordagem de código aberto e ainda captar uma parte dos lucros da cadeia de valor para a empresa.

Chen e Estefan trocaram olhares. Ele sentiu que pelo menos estava no caminho certo e decidiu fazer uma pausa, enquanto ainda estava à frente. Antes de sair, Estefan perguntou como ele sentia que estava indo o processo de entrevistas e encorajadoramente lhe disse que estava ansiosa para vê-lo novamente. Alguns momentos depois, quando o assistente V3D de Chen materializou-se para sussurrar uma pergunta, ela também saiu de seu escritório. Sozinho por um momento, Jake refletiu que aquela tarde estava se prolongando muito mais do que ele jamais poderia ter imaginado.

O fim da entrevista

"Então, o que vem agora?", Chen perguntou, quando voltou depois de alguns minutos. "Vamos falar sobre as recentes inovações em mais um dos nossos mercados? Que tal materiais de construção e projetos de construção?"

Jake não podia acreditar que ainda havia mais entrevista, mas teve que admitir que era uma pergunta fascinante. "Isto pode não ser novidade nenhuma para você, mas eu me lembro de ter ficado chocado na escola quando aprendi que os edifícios residenciais e comerciais consumiam 70 por cento de toda a eletricidade dos EUA, metade da qual era desperdiçada. Luzes ineficientes acesas em cômodos vazios, condicionadores de ar resfriando escritórios vazios à noite, todos os aparelhos em stand by. Naquela época, o aquecimento vinha principalmente de petróleo e gás, o que explica em parte por que os edifícios respondiam por 40 por cento de todas as emissões de CO_2. Você também tinha bilhões de toneladas de matérias-primas não renováveis, que entravam em construção, para nunca mais serem reutilizadas ou recicladas. Eu li uma vez que os edifícios comerciais costumavam perder em torno de 50 por cento da água que era fornecida a eles. É uma loucura quando você pensa sobre isso.

"Hoje, com a liderança do Septad, temos edifícios hipereficientes, que custam muito menos para construir e manter do que eles há 30 anos. Com mais luz, melhor circulação de ar e menos produtos químicos tóxicos nos materiais utilizados, eles são muito mais habitáveis. Resíduos e água são agora completamente recuperados. Tenho certeza que foi preciso uma série de parcerias intersetoriais para a Septad encontrar soluções que funcionavam para todos. Arquitetos, fabricantes de materiais de construção, planejadores urbanos, fornecedores de energia e os próprios construtores tinham de criar inovações que se encaixassem para produzir um tipo totalmente diferente de construção."

"E qual você acha que foi a maior mudança nas abordagens de projeto de edifícios e materiais de construção?", perguntou Chen.

"De longe, eu diria que foi a mudança de se tentar ser menos perdulário e prejudicial para a concepção de "benefícios de saúde" incluídos no design – para tornar os edifícios curativos em seus ambientes sociais e naturais. Assim como os carros, os edifícios passaram da redução dos impactos negativos a ter impacto zero – os ZEBs (edifícios com energia zero) da década de 2010 – para depois serem geradores de energia com as energias renováveis no local. Eles também se tornaram fornecedores de água doce com sistemas de captação das chuvas e tratamento de água de hidrobotânico. Os imóveis tornaram-se, essencialmente, sistemas vivos integrados nas comunidades e ecologia locais."

Chen concordou prontamente, acrescentando que ela também teria escolhido este como um dos aspectos mais significativos da atividade empresarial na década de 2040. Com um sorriso que não revelava nada, ela agradeceu e perguntou se ele se importaria de esperar do lado de fora de seu escritório.

Estava começando a escurecer lá fora. Jake se instalou em um dos sofás enormes, perguntando-se qual seria o próximo passo. Ele já tinha tido uma tarde incrível quando viu Mack Davies e Lora Estefan entrarem no escritório de Chen. Dez minutos depois, Chen enfiou a cabeça para fora e pediu que Jake entrasse. Todos os três estavam próximos de sua mesa. Jake olhou para cada face, por sua vez, tentando avaliar suas possibilidades e imaginando o que viria a seguir.

10
Questionamento de Sustentabilidade

Enquanto você retorna de 2041, a jornada pode muito bem deixá-lo com mais perguntas do que respostas. De fato, toda a visão da sustentabilidade incorporada introduz incertezas no cenário global, naturalmente levando muitos de nós a refletirmos sobre a natureza essencial do negócio e seu papel futuro.

Exatamente o quanto podemos esperar das empresas como agentes de benefício para o mundo? Qual é o papel do governo e do terceiro setor? Algumas das questões relacionam-se ao contexto necessário para perceber os benefícios da sustentabilidade incorporada. Por exemplo, o tipo de transformação espiritual e de consciência coletiva necessária para apoiar uma mudança por atacado no negócio. Devemos nos afastar do consumismo e da busca da riqueza individual ilimitada? E quanta transformação cultural podemos esperar da inspiração e criatividade em relação ao desespero e o medo do desastre iminente?

Vista a partir do custo vigente ou das abordagens da sustentabilidade aplicada, muitas destas questões tomam a forma de contradições. Eles parecem ser escolhas eliminatórias. Uma questão de crescimento torna-se uma escolha entre a prosperidade econômica e a proteção ambiental. A sustentabilidade é retratada tanto como uma obrigação moral de ser socialmente responsável ou como uma oportunidade de negócio rentável para resolver os problemas globais. Ficamos imaginando se a agenda é realmente sobre os valores éticos ou valor de mercado. Nessa perspectiva, os trade-offs e contradições são muito mais frequentes porque os atores perseguem seus interesses sem levar em conta os interesses de toda a sociedade e da natureza.

Mas o que acontece se tentarmos encontrar uma outra maneira de olhar para estas questões? Usando uma perspectiva sistêmica global, muitas das contradições aparentes se resolvem em tensões saudáveis:[378] os lucros das empresas e comportamento ético se entrelaçam; a mudança incremental é compatível com a transformação de longo prazo e benefícios econômicos, ecológicos e sociais se reforçam mutuamente. O pensamento sistêmico global leva a melhor tomada de decisão em cada unidade de negócio.

Na prática, isso significa que as empresas perseguem lucros de forma a promover a saúde de suas indústrias e do mundo em que operam. Como as bonecas russas – o que Arthur Koestler primeiramente denominou como *hólons*[379] – os vários níveis se interligam: a unidade de negócios dentro da empresa, a empresa dentro da indústria, e assim sucessivamente e através do sistema global.

Nas próximas páginas, você encontrará uma série de perguntas destinadas a abordar as questões abrangentes levantadas pelos capítulos anteriores. Cada questão é acompanhada de informações básicas e dados de apoio para ajudá-lo a explorar, questionar e tirar suas próprias conclusões.

De jeito nenhum você vai considerar a lista a seguir completa. Pelo contrário, ela é um trampolim para uma investigação, que esperamos venha a ser continuada muito além das páginas deste livro.

O nosso kit inicial das perguntas abrangentes:

1. Crescimento ou não crescimento?

2. Qual é o papel do governo e do terceiro setor?

3. Parar o mal ou criar o bem?

4. Ter ou ser?

5. Evolução ou revolução?

6. Restaurar ou transformar a natureza?

7. O medo ou o autointeresse esclarecido?

Agora, vamos mergulhar em uma diversidade de perspectivas e informações além do simples "certo" e "errado". Explorar, questionar e redesenhar nossas próprias suposições. Esta é a regra do jogo.

1. Crescimento ou não crescimento?

Seria o crescimento sustentável por si só? Dentro do debate sobre a sustentabilidade, é difícil encontrar uma pergunta que seja mais preto e branco ou que tenha argumentos mais fortemente defendidos em ambos os lados.

NÃO é a primeira e mais simples resposta. "Para parar de destruir o planeta de verdade", diz o ativista ambiental Bill McKibben, "a sociedade tem que abandonar seu hábito mais debilitante: o crescimento".[380] Ele argumenta que resolver o problema através do crescimento "não vai acontecer rápido o suficiente para considerarmos as mudanças necessárias para preservar o planeta no qual costumávamos viver". McKibben é apenas um de uma longa lista de ambientalistas e filósofos que defendem a necessidade de restrições econômicas e simplicidade voluntária. Como comenta um observador: "Os ambientalistas definem seus interesses como limitar as invasões humanas sobre a natureza... eles tendem a ver o crescimento econômico como a causa, mas não como a solução para as crises ecológicas".[382]

SIM é a resposta contrária, igualmente apoiada. Os defensores do crescimento apontam que os pessimistas falham em distinguir entre crescimento intensivo e extensivo, uma diferença da economia neoclássica e que agora se estende do trabalho e capital – e da geração de riqueza – para incluir os recursos naturais. O crescimento extensivo, no qual, para dobrar o resultado econômico, é necessário dobrar a terra, energia e matérias-primas, tem um impacto ambiental bastante diverso do crescimento intensivo, no qual dobrar o resultado econômico leva a menor intensidade de espaço, materiais e carbono – pense nas fazendas verticais do exemplo do capítulo anterior.

Relacionadas com o conceito de crescimento intensivo estão as definições do desenvolvimento sustentável qualificadas pelo crescimento, tais como o "desenvolvimento sem crescimento na taxa de transferência de matéria e energia para além das capacidades regenerativas ou absorção", de Goodland e Daly.[382] O escritor Ervin Laszlo sugere que o crescimento intensivo pode ser captado através dos três "Cs" da conexão, comunicação e consciência.[383] Conectar as pessoas umas às outras e com a natureza e facilitar a comunicação e a evolução contínua de nossa consciência atendem a uma demanda crescente do mercado com um potencial de redução de impactos sociais e ambientais.

A pirâmide de necessidades de Maslow sugere que os pobres são, necessariamente, mais preocupados com a satisfação das necessidades físicas e materiais – muitas vezes sem levar em conta as consequências ecológicas –, enquanto as populações mais abastadas prestam atenção às necessidades pós-materiais, tais como a qualidade de vida e a preservação ambiental. Observadores notaram que "...ao redor do mundo, há uma associação muito forte entre a prosperidade e os valores ambientais".[384]

Então... o crescimento será na China e na Índia, necessariamente, aumentará a carga ambiental do planeta, ou é possível que esse crescimento possa de fato reduzir essa carga? Para responder a esta questão, uma possibilidade interessante vem da chamada equação IPAT desenvolvida por Barry Commoner, Paul Ehrlich e John Holdren em 1970, para descrever o impacto da atividade humana sobre o meio ambiente.[385] Na formulação original, um efeito multiplicador da população, afluência e tecnologia determina o impacto, onde I = impacto, P = população, A = afluência (uma medida da renda per capita) e T = tecnologia (os processos utilizados para obter recursos e transformá-los em bens e serviços):

$$I = P \times A \times T$$

A suposição aqui é que os aumentos na tecnologia conduzem necessariamente a um aumento do impacto ambiental – uma relação que parece ter-se mantido durante grande parte do século XX. Mas e se a tecnologia do século XXI for centrada na redução dos impactos negativos e aumentar os impactos positivos? Com efeito, a variável T torna-se um denominador na equação[386]

$$I = \frac{P \times A}{T}$$

Neste último cenário, o crescimento tecnológico orientado pode levar à redução de danos e ao aumento dos benefícios sociais e ambientais em produtos, processos e modelos de negócios. Com a população mundial atingindo o seu máximo de 9 a 10 bilhões até meados do século XXI, a equação IPAT revista – na qual a inovação tecnológica compensa o aumento nas pessoas e renda – sugere uma visão de uma economia global sustentável, capaz de satisfazer as necessidades de todos.

Um exemplo de uma visão pró-crescimento é dada pelos ex-ambientalistas Nordhaus e Shellenberger. Em seu livro de 2007, *Breakthrough: From the Death of Environmentalism to the Politics of Possibility*, eles defendem "uma agenda explicitamente pró-crescimento que defina o tipo de prosperidade que acreditamos ser necessária para melhorar a qualidade da vida humana e para superar as crises ecológicas."[387] Para eles, é somente através da prosperidade e da força que os seres humanos se tornam compassivos, generosos e responsáveis uns com os outros e para com o resto do mundo que habitam.

2. Qual é o papel do governo e do terceiro setor?

Em *Deceit and Denial*, os historiadores Gerald Markowitz e David Rosner contam como a indústria química foi forçada, depois de muita luta, a aceitar os padrões regulatórios que salvaguardam a saúde humana e o meio ambiente, muitas vezes mentindo e fazendo afirmações exageradas de que seus produtos e processos industriais eram seguros, quando não eram. A regulamentação do monômero de cloreto de vinila – usado na fabricação de PVC – é particularmente esclarecedora sobre o papel do governo e sua relação muitas vezes conflituosa com as empresas.

Em 1954, exposições ao monômero de cloreto de vinila acima de 500 ppm (partes por milhão) tornou-se o Limite de Exposição Ocupacional (TLV, em inglês) para os trabalhadores nas fábricas de cloreto polivinílico. Mas já no final da década de 1950, os gestores da Dow Chemicals suspeitaram que este limite era insuficiente e podia levar a "consideráveis danos" em trabalhadores de turno integral expostos a ele. Em 1961, a Dow recomendou um TLV mais baixo, mas a American Conference of Governmental Industrial Hygienists não alterou o valor. "Geralmente a própria indústria se viu em guerra com as agências reguladoras ou os grupos ambientais e trabalhistas e estabeleceu um padrão de esconder as informações sobre os perigos do monômero de cloreto de vinila."

Em meados da década de 1960 tornou-se evidente que os trabalhadores que entraram nas instalações de polimerização, onde o PVC era sintetizado a partir do monômero de cloreto de vinila, sofriam de acroosteólise, uma condição previamente indefinida envolvendo lesões "de pele, absorção pelos ossos das articulações terminais das mãos e alterações circulatórias".[389] Um estudo de 1969 da Universidade de Michigan apresentado ao Comitê Consultivo Médico da Chemists Manufacturing Association (MCA) sugeria que "a ventilação deveria ser suficiente para diminuir a concentração de cloreto de vinila [para] abaixo de 50 ppm".[390] A validade do relatório foi veementemente rejeitada pelos produtores de PVC, mas as suas reações à ligação entre o cloreto de vinila e a acroosteólise não foi nada comparada à sua reação à notícia de uma ligação com o câncer – incluindo rins, fígado e pulmão. "Quando o câncer se tornou um problema, a indústria tomou medidas mais extremas e potencialmente explosivas para encobrir o perigo. O setor passou da negação e confusão para a mentira total."[391]

A despeito das evidências de laboratórios italianos que provaram o potencial cancerígeno de monômero de cloreto de vinila, mesmo em baixas dosagens, a indústria decidiu não revisar o Material Chemical Safety Data Sheet (EDSMC). Naquele momento, o PVC tinha se tornado essencial para a viabilidade de muitas empresas químicas americanas e europeias. Entre 1966 e 1971, a produção de PVC dobrou só nos EUA. Memorandos internos dos principais líderes industriais falavam do "compromisso de honra" de manter o sigilo sobre os riscos potenciais à saúde. Então, em janeiro de 1974, o público ficou sabendo que o monômero de cloreto de vinila estava relacionado à morte de quatro trabalhadores em uma fábrica da BF Goodrich em Louisville, Kentucky. Um artigo na revista *Rolling Stone* descreveu a fábrica de PVC como "Caixão de Plástico".[392]

A crise veio em seguida, com a indústria argumentando que qualquer redução dramática no TLV seria impossível de cumprir e poderia levar ao colapso total da indústria. Contudo, apesar desses protestos, em 4 de abril de 1974, a OSHA emitiu uma norma de emergência temporária fixando um limite de exposição permitido de 50 ppm.[393]

Pouco tempo depois, um laboratório independente que conduzia testes em animais ligou para a MCA com a notícia de que ratos expostos a 50 ppm do monômero estavam desenvolvendo angiossarcomas. Pior ainda, havia um indício de evidência que sugeria que não haveria nível seguro de exposição, não importa quão baixo. Em meados de maio, a OSHA publicou no Federal Register, a sua proposta há muito aguardada, incluindo o limite de exposição admissível no "nível não detectável" de 1 ppm.[394] A indústria de plásticos continuou a lutar, argumentando que as evidências epidemiológicas eram ambíguas e que um padrão de 1 ppm seria "tão inviável economicamente que poderia causar estragos na economia nacional".[395] Apesar da petição da indústria para a Suprema Corte dos EUA, uma liminar foi negada e em 1º de abril de 1975 o padrão de 1 ppm entrou em vigor.

Qual foi o resultado? Apesar de todos os protestos, os fabricantes de plásticos rápida e eficientemente se adaptaram ao novo padrão. O *New York Times* escreveu: "Um ano depois, nenhuma das previsões catastróficas se provou precisa". Os preços não aumentaram, o abastecimento de monômero de vinila era abundante e a indústria na verdade se expandiu, ao invés de reduzir.[396]

Neste e em muitos outros casos, as regulamentações governamentais destinadas a limitar os danos se tornaram um poderoso estímulo à inovação. Se a necessidade é a mãe da invenção, então novas leis e regulamentos ambientais mais duros podem ser uma bênção para a próxima geração de produtos, processos, modelos de negócios e tecnologias. É claro que a transparência radical torna impossível para os negócios de hoje exercerem o tipo de "engano e negação" retratado no caso de monômero de vinila. Mas, ainda hoje, deixada a seus próprios desígnios, a indústria tende a justificar por que a mudança orientada para a sustentabilidade é impossível. Através de meios que vão desde a execução penal até os subsídios financeiros e programas de voluntariado, os governos podem moldar poderosamente as práticas empresariais sustentáveis.

Consideremos agora o papel de diversos grupos de interesse desde as ONGs e blogueiros até a academia, os sindicatos e as comunidades locais. O terceiro setor – cada vez mais dirigido aos mesmos padrões de eficiência baseados em resultados do setor privado – passou de mera condenação dos negócios (o velho modelo do Greenpeace) para o estabelecimento de parcerias com líderes da indústria para moldar os resultados sustentáveis do mercado. Hoje, uma constelação de indivíduos e organizações sem fins lucrativos está ajudando a conscientizar o público sobre os desafios globais, elevando inexoravelmente as aspirações dos consumidores e investidores, promovendo os valores ambientais e sociais no mercado.

3. Parar o mal ou criar o bem?

O campo de sustentabilidade é cada vez mais dividido em otimistas do mercado, que acreditam que a inovação empresarial vai resolver todos os nossos problemas, e os pessimistas radicais, que defendem controles regulatórios e proteção por parte do governo. Os primeiros defendem o "criar o bem", enquanto os últimos centram-se no "parar o mal". Qual facção está certa? Ou ambas estão certas, sendo mutuamente dependentes para os resultados desejados?

As empresas estão enfrentando um cisma crescente entre os ambientalistas, com implicações importantes para a sua capacidade de criar a mudança rápido o suficiente para satisfazer as expectativas crescentes. Em 2003, o escritor Alex Steffen aplicou pela primeira vez o termo "verdes-claros" para denominar aqueles que acreditam que a inovação e o empreendedorismo no sistema de mercado vão resolver os nossos problemas ambientais e sociais. Ele comparou-os com os "verdes-escuros", que tendem a considerar o sistema de mercado o problema, em vez da solução. No mesmo ano, os ambientalistas Ted Nordhaus e Michael Shellenberger decidiram romper com o modelo "regular e proteger" que tinham utilizado até então e propuseram um novo projeto Apollo para criar novos empregos, P & D, infraestrutura e trânsito de energias limpas para uma América mais próspera.[397] Em seu livro de 2007, eles argumentavam:

> Hoje, temos novas escolhas a fazer. Devemos escolher entre uma política de limites e de uma política de possibilidades; um enfoque em investimentos e ativos e um foco sobre a regulamentação e os déficits... E, acima de tudo, temos de escolher entre uma ressentida narrativa da tragédia e uma narrativa grata da superação.[398]

Mas temos que escolher? Os gerentes estão presos entre a regulação e a inovação, entre a concentração em "parar o mal" e "criar o bem?" Ou ambos são necessários?

Aqui está o que o professor Andrew Hoffman diz sobre o tema, originalmente como parte de seu Prefácio ao nosso livro.[399] Dada a sua análise criteriosa dessa questão, nós incluímos a passagem inteira.

> A realidade é que ambos os lados são mutuamente dependentes. Os estudiosos que têm estudado o movimento dos direitos civis e outros períodos de mudança argumentam que os grupos mais extremos dentro de um movimento realmente ajudam os grupos moderados, voltados para o consenso com uma espécie de "efeito de flanqueamento radical". Quando os radicais puxam o rabo do espectro político mais para uma direção, eles mudam o centro do debate e criam uma categoria de moderados. Pense em Martin Luther King. Ele era visto como um moderado, porque Malcolm X puxava o flanco político tão à esquerda que a América convencional passou a considerar a mensagem de King mais palatável. Russell Train, o segundo administrador da EPA, uma vez reproduziu um sentimento semelhante, quando disse: "Graças a Deus

pelo David Browers do mundo. Eles fazem o resto de nós parecermos razoáveis".

Juntos, os dois ramos aparentemente diferentes realmente formam um largo espectro. Às vezes isso tem sido descrito como uma tensão entre a pureza e o pragmatismo, ou entre confronto e o consenso – e o movimento precisa de ambos. Quando o verde-claro coloca as questões ambientais em uma linguagem e estrutura que é palatável e facilmente digerível pelo grande público e, sobretudo, pelas empresas, os verdes-escuros nos alertam sobre os perigos das concessões e empurram a fronteira das questões ambientais.

Mas eu quero terminar... com um aviso de que os verdes-escuros estão perdendo seu poder e voz. Eles estão se tornando marginalizados, quer por suas próprias atividades ou pela maneira como eles são muitas vezes vistos, em contraste extremo contra os verdes-claros mais moderados. Em minha pesquisa, encontrei uma forte correlação positiva entre o número de ligações empresariais de uma ONG e o tamanho do seu orçamento. A implicação é óbvia: o verde-claro se envolve ativamente com as empresas, tem mais dinheiro e, portanto, tem mais influência do que os verdes-escuros. Isso é ruim tanto para os grupos verdes-escuros quanto para o movimento ambiental como um todo.

Enquanto os verdes-claros podem ajudar a trazer mudanças, a mensagem dos verdes-escuros é agora mais necessária do que nunca. Os verdes-escuros precisam nos lembrar que, independentemente de quão comum o verde está se tornando, o conceito como é atualmente visto não vai suficientemente longe. Para muitos dentro do setor corporativo, isso nada mais é do que um rótulo para as ações ou estratégias que são realmente impulsionadas pelos costumeiros mecanismos sociais, econômicos e institucionais. Assim, enquanto há muitas boas ideias para a reforma impulsionadas pelos verdes-claros – como a maior transparência e maior responsabilização nos mercados e na política ambiental, a utilização mais inteligente de subsídios e abordagens baseadas no mercado para mudança, a eliminação de incentivos perversos; e tecnologias que facilitem a melhoria das relações com o meio ambiente – tais recursos são necessariamente limitados em alcance e impacto. Em suma, estas são tentativas de usar as ferramentas falhas de um sistema falho para corrigi-lo. A adesão cega a métricas como taxa interna de retorno e valor presente líquido é uma grande parte daquilo que nos levou à bagunça ambiental na qual nos encontramos. Ao invés de harmonizar as considerações econômicas e ambientais em um todo sinérgico, as instituições existentes dentro das quais os verdes-claros se envolvem permanecem com a noção de fazer trade-offs, mantendo o crescimento econômico como objetivo primordial.

Embora os verdes-escuros tendam a ser "agourentos", como diz Steffen, sua mensagem baseia-se no ponto em que precisamos reavaliar e reestruturar os fundamentos de nossos sistemas sociais, políticos e econômicos, se queremos realmente resolver os problemas ambientais que enfrentamos. Temos de aumentar o raciocínio econômico com uma mudança de valores. Sem um exame dos nossos valores – moral, éticos, espirituais e outros – nunca iremos longe o suficiente em nossas soluções. A sustentabilidade desafia as suposições amplamente difundidas, incluindo: a necessidade de aumentar o crescimento econômico, a percepção da natureza como fonte ilimitada de materiais e lugar de despejo de resíduos, a superioridade do desenvolvimento tecnológico para controlar os sistemas naturais, a autonomia social e física da empresa, e o lucro como o único objetivo da empresa. Além disso, a sustentabilidade desafia os preceitos morais subjacentes ao debate sobre o desenvolvimento econômico. O Relatório Stern questiona se desconsiderar o futuro é intrinsecamente imoral. George Soros questiona se a mobilidade dos fluxos de capitais teria um componente inerentemente moral. As recentes disputas sobre direitos de patente de drogas contra a Aids na África questionam a preeminência do lucro sobre as necessidades humanas. E uma lista crescente de empresas está se vendo como alvo de campanhas bem orquestradas para chamar a atenção para injustiças produzidas através das modalidades-padrão de negócios. Os exemplos incluem: a Shell holandesa, por suas relações com um regime repressivo e pelos notórios abusos ambientais na Nigéria; a Coca-Cola, pelas questões ambientais na Índia e pelas questões trabalhistas na Colômbia, e a Exxon-Mobil, por sua resistência à ação sobre mudanças climáticas.

Antes de mais nada, a sustentabilidade desafia a ideia de que o mercado, como atualmente definido, pode e irá prover um ambiente seguro e que as empresas podem e irão prover a segurança e a prosperidade. Um mundo sustentável pode ser garantido pela "mão invisível" do mercado que une compradores egoístas com fornecedores em busca do lucro? Sem dúvida, a mão invisível é inestimável, mas será que é suficiente? O que mais entra nessa história? Os cidadãos são mais do que consumidores e se importam com mais do que satisfações egoístas. E empresários são mais do que oportunistas movidos por avareza ou cobiça. Novas questões precisam ser levantadas que desafiam os fundamentos das práticas convencionais de negócio. Dentro dos salões da academia, a adequação da teoria econômica para explicar o comportamento das empresas está sendo questionada. Será que é suficiente tratar as relações humanas como transações, as aspirações humanas como oportunidades de mercado, as motivações humanas como apenas pecuniárias e a responsabilidade social corporativa como limitada aos acionistas? Tal lógica rejeita os apelos a uma maior atenção às questões ambientais (e sociais) dentro de ambientes de mercado e, ao fazê-lo, despreza os apelos por atenção sensível aos valores e crenças centrais, além da pura lógica de mercado. Embora essa lógica imagine que o sistema econômico do capitalismo de mercado seja social e moralmente inerte, o problema da sustentabilidade atualmente sugere o contrário. Como explica Robert Heilbroner, "uma subordinação geral da ação às forças do mercado rebaixa o próprio progresso de um propósito social consciente a uma consequência não intencional da ação e, assim, privando-a de conteúdo moral".

Assim, enquanto os verdes-claros continuam a trabalhar para a mudança dentro dos sistemas existentes, os verdes-escuros chamam nossa atenção para o fato de que esses sistemas são inerentemente defeituosos e que sua evolução não renderá os resultados finais que buscamos, a menos que nós examinemos os principais valores e crenças que lhes são subjacentes. Como John Ehrenfeld aponta, ser menos insustentável não é o mesmo que ser mais sustentável. E neste momento, os esforços dos verdes-claros estão, em grande parte, ajudando-nos a nos tornarmos menos insustentáveis. Embora importante no curto prazo, no longo prazo, apelos para soluções econômicas e políticas nos levarão apenas a uma parte do caminho.

Os principais objetivos da sustentabilidade envolvem as aspirações de uma vida melhor, de igualdade de oportunidades, justiça, segurança, comunidade, responsabilidade e realização plena da experiência e potencial humanos. Para Ehrenfeld, a sustentabilidade está prestes a florescer, e "florescer significa não apenas a sobrevivência, mas também a realização de tudo o que nós, humanos, declaramos que dá sentido à vida – satisfação individual, dignidade, liberdade, justiça". Mas, enquanto as soluções para a sustentabilidade bebem na mesma lógica e crenças que criaram o problema em primeiro lugar, esses objetivos finais da sustentabilidade não podem ser plenamente realizados. Os verdes-claros podem nos ajudar a alcançar êxitos no curto prazo. Mas os verdes-escuros devem nos manter atentos para as realidades de longo prazo das principais metas de sustentabilidade ambiental.

Correndo o risco de soar como um disco quebrado, nunca é demais enfatizar a importância da dupla perspectiva do todo do sistema. Vista de uma perspectiva global, a agenda de inovação pró-crescimento dos verdes-claros é coerente com a agenda regular-e-parar dos verdes-escuros.

Como um gerente de negócios, da próxima vez que você ouvir um "verde-escuro" pregar sobre ciclos de carbono e sobre a necessidade de se respeitarem as Leis da Natureza, lembre-se de que os recursos declinantes, a transparência radical e as expectativas crescentes estão forçando os mercados a responder e integrar esses pontos de vista extremos. Os verdes-escuros estão ajudando a conscientizar os consumidores, investidores e colaboradores; eles estão catalisando uma transformação de valores dos líderes empresariais; estão envolvendo os indivíduos e os stakeholders no diálogo sobre o que constitui uma sociedade significativa. Em suma, os verdes-escuros estão ajudando a elevar a consciência individual e coletiva e a promover o comportamento ético nos mercados convencionais.

4. Ter ou ser?

Seria a transformação espiritual coletiva, tal como a maior ênfase em ser mais do que em ter e em viver em harmonia com a natureza, um pré-requisito para a sustentabilidade incorporada? Esta transformação pode ser ordenada, catalisada. . . ou será que vai emergir por conta própria?

Em resposta a esta questão, reiteramos a afirmação de John Ehrenfeld, citado por Andrew Hoffman, acima: "Florescente significa não apenas sobrevivência, mas também a realização de tudo o que nós, humanos, declaramos que dá sentido à vida – a satisfação individual, a dignidade, a liberdade, a justiça." Ehrenfeld continua a dizer que "florescente não é algo para fazer ou ter. Só podemos florescer Sendo. Esta história é muito diferente de uma outra sobre ecoeficiência, a resolução de problemas tecnológicos, ou a precificação correta."[400]

Muitos executivos e gerentes de linha estão quebrando a cabeça diante deste tipo de metafísica patranha. O que Ehrenfeld quer dizer exatamente quando afirma que devemos "mudar de volta para o pleno florescer do Ser a partir de sua forma moderna, empobrecida, do Ter" – e será que precisamos realmente entender filósofos como Erich Fromm e Martin Heidegger para integrar a sustentabilidade em tudo o que fazemos?

Bem, sim, diz Ehrenfeld, um decano respeitado do negócio sustentável que lecionou no MIT por muitos anos. Como agimos e interagimos com o mundo depende da nossa visão da realidade: por exemplo, que estamos separados uns dos outros e da natureza em vez de sermos parte de um todo interligado. "Nossa maneira objetiva cotidiana da apreensão da realidade é uma das nossas causas primárias da insustentabilidade", diz ele.

> Esta crença leva ao potencial de dominação em todos os níveis de interação social, da família aos locais de trabalho e chegando às sociedades inteiras. . . a ideia da separação entre a mente e o mundo fundamenta a ideia do domínio humano sobre a natureza, pois vemos a nós mesmos como algo externo, e não como uma parte do mundo natural.[401]

Essa ideia é ecoada por colegas do MIT, como o guru dos sistemas, Peter Senge, que destaca a importância do nossos "modelos mentais" – as imagens internas do mundo que todos carregamos. "Como o sistema funciona", diz Senge, "surge da forma como trabalhamos; o modo como as pessoas pensam e agem molda a forma como o sistema funciona como um todo".[402]

> Em *Worldshift 2012*, Ervin Laszlo imagina um futuro sustentável, no qual ser rico não é definido por ter, mas por ser. A posse de bens materiais muito além do que é necessário para garantir uma boa qualidade de vida não é uma conquista, ao contrário, é uma indicação de pensamento retrógrado. A verdadeira riqueza não está na posse do dinheiro, mas em viver uma vida plena, com uma família amorosa, filhos saudáveis e felizes, uma comunidade solidária e um ambiente saudável. Viver bem significa viver com sabedoria, confortavelmente, até mesmo luxuosamente, embora luxo e conforto não sejam medidos pela quantidade de bens que alguém possui e controla, mas pela qualidade da vida e das experiências vividas.[403]

Estas opiniões levantam várias questões. Quem define a visão de mundo que devemos reter? Se a sustentabilidade é uma questão de viver segundo os valores corretos (em vez de criar valor sustentável), que determina quais são eles? É evidente que muitos empresários se irritam com as pregações sobre viver uma vida mais verde ou para evitar o materialismo – "não compre aquele carro beberrão ou aquela casa grande, porque isso não é sustentável".

E ainda assim, uma transformação espiritual coletiva que tira a ênfase da aquisição material e da dominação sobre a natureza (e sobre uns aos outros) pode ser mais bem compreendida não como sendo motivada por considerações políticas ou ideológicas, no sentido de tentar impor as convicções de um grupo sobre outro, mas simplesmente como sendo ditada pela dura realidade de 7 (em breve 9) bilhões de pessoas, vivendo em um planeta pequeno. Como o escritor Ross Gelbspan expressa tão bem: "Ao longo da história têm sido os filósofos, líderes religiosos e revolucionários que nos pedem para reexaminar os nossos valores, nossas relações, nossos objetivos e a maneira como vivemos. Agora, estamos sendo solicitados pelos oceanos".[404] Bill McKibben resume desta forma: "Estamos nos mudando rapidamente de um mundo onde nós abusamos da natureza ao nosso redor para um mundo onde a natureza reage – e com muito mais poder. Mas ainda temos de viver nesse mundo, então é melhor começar a descobrir como fazer isso."[405]

Um despertar moral coletivo seria uma parte necessária da integração da sustentabilidade aos negócios? Convidamos você a refletir sobre esta questão, não em oposição à criação de valor sustentável, mas como parte integrante do atendimento das expectativas do mercado em um mundo de recursos declinantes e transparência radical. Como observa Senge: "Em um certo ponto, expandir os limites e enfrentar os problemas mais profundos abre os olhos das pessoas para oportunidades totalmente novas".[406]

Há pouca dúvida de que, para evitar o desastre, precisamos coletivamente nos mover em direção à menor intensidade de carbono e materiais em nossos hábitos de consumo; prestar mais atenção ao acesso de todos aos bens partilhados, como ar limpo, água e terra; construir hábitats sustentáveis; aumentar o comércio justo de produtos e serviços; reduzir as emissões tóxicas para o ambiente e satisfazer as necessidades não satisfeitas das populações mais pobres do mundo. Essas transformações não podem ser facilmente impostas numa escala global. As instituições políticas que poderiam decretar as soluções para os problemas globais simplesmente não existem. Mas o mundo pode se auto-organizar para criar uma nova mentalidade coletiva e um novo conjunto de valores compartilhados à medida que empresas, governos, organizações sem fins lucrativos, e as pessoas comuns percebam que é do seu interesse próprio fazê-lo.

5. Evolução ou revolução?

É realista esperar que um colapso e a reconstrução global ocorram dentro de algumas décadas? Ou essa história vai ser mais longa, gradual e suave?

Na história de Jake, contada no Capítulo 9, o sistema global chega a um ponto de colapso total – o Abismo – em algum momento do ano 2020, e isso é seguido por uma rápida e total reconstrução que dura cerca de uma década. No ano de 2041, os negócios recuperaram seu papel de liderança em um mundo que não é de forma alguma perfeito – danos ambientais continuam a ocorrer e as injustiças sociais continuam a refletir as idiossincrasias humanas, mas no espírito de Brundtland de se viver de uma forma que não comprometa a capacidade das gerações futuras satisfazerem as suas necessidades, é um mundo sustentável novamente.

A questão aqui não é se podemos prever o futuro, mas se é possível ter insights sobre a natureza da mudança econômica, social e ambiental que se avizinha. Os empresários muitas vezes agem como se as tendências de sustentabilidade, tais como a erosão dos solos ou escassez de água fossem incrementais e lineares, e como prova desse comportamento, considere o número de empresas que estão definindo metas para 2020, como "10 por cento menos de XYZ do que os níveis de 2010", onde XYZ podem ser emissões de CO_2, consumo de energia, resíduos, embalagens, ou o uso da água. Esse tipo de fixação de metas pressupõe que fazer um pouco menos ruim já é o suficiente.

O naturalista do século XVI, Francis Bacon, disse a famosa frase "Natura non Facit Saltum" ("A Natureza não Procede por Saltos"), que os pensadores do século XIX interpretaram no sentido de que a evolução é lenta e fragmentada. Mas no século XX, o biólogo evolucionista da Universidade Harvard Jay Gould e o físico ganhador do Prêmio Nobel Ilya Prigogine argumentaram que sistemas complexos – dos quais a economia global e a própria Terra são exemplos – passam por bifurcações perturbadoras e saltos evolutivos em períodos de tempo muito curto. O clima da Terra é um bom exemplo de um sistema complexo que pode chegar a um limite crítico com a alteração de apenas um ou dois graus de temperatura, com o chamado retorno positivo de processos, tais como o derretimento da tundra que libera CO_2 e metano adicionais, por sua vez, acelerando ainda mais as mudanças climáticas. O atingimento de limites térmicos sensíveis pode levar ao fracasso rotineiro das culturas não irrigadas, novos vetores de doenças como o vírus do Nilo Ocidental em áreas anteriormente intocadas pela doença, e a morte dos corais, ligada à acidificação muito acelerada dos oceanos.

Em outras palavras, é pouco provável que a nossa experiência coletiva de colapso seja gradual e previsível. Não veremos mais gigatoneladas de emissões de CO_2 levando sempre ao mesmo grau de mudança na atividade dos furacões ou na quebra das safras. Ao invés disso, é provável que vejamos mudanças repentinas tendendo para resultados incertos. A mudança de 450 para 500 ppm de CO_2 na atmosfera não causará a mesma velocidade, magnitude ou extensão de extinção de espécies como a mudança de 500 para 550 ppm. O quão exatamente mais rápido e quantas mais espécies desaparecerão não é algo conhecido, nem o impacto diferencial da perda da biodiversidade sobre nossa capacidade de produção de medicamentos.

Mas também há boas notícias na dinâmica de sistemas complexos.[407] Com a visão e a vontade imaginadas na história de Jake para reconstruir um mundo à beira da catástrofe, as empresas podem inovar rapidamente, criando soluções para os problemas globais. Empresas em todos os setores, trabalhando em conjunto com o governo e as ONGs podem criar novos produtos e serviços que não só fazem menos mal, mas também oferecem benefícios curativos e restauradores. Comunidades com infraestrutura, como construções que limpam o ar, geram energia limpa, filtram a água e cultivam alimentos de forma sustentável não são sonhos etéreos dos otimistas equivocados, pois já são uma realidade tecnológica atualmente.

Os insights de sistemas adaptativos complexos nos dizem que estamos sujeitos a experimentar anos cada vez mais agitados pela frente. O alto grau de instabilidade em nossos sistemas financeiros, de alimentos, energia bem como em outros sistemas globais interconectados sugerem um grande risco, mas também grandes oportunidades. Aqueles que souberem aproveitar as oportunidades – e inovar em soluções de negócios que integrem a sustentabilidade – vão gerar lucros e crescimento, contribuindo para um mundo melhor.

Qual é a sua visão de mudança naqueles parâmetros ambientais e sociais que são fundamentais para o seu negócio? Você está buscando apenas mudanças incrementais ou também está fazendo perguntas heréticas e buscando a inovação, potencialmente transformadora?

6. Restaurar ou transformar a natureza?

O resultado de um negócio sustentável deve ser preservar e restaurar a natureza, ou transformá-la em formas novas e melhoradas para o benefício humano? Onde é que poderosas novas tecnologias como a manipulação genética e a nanotecnologia se encaixam em um futuro sustentável?

John Muir (1838-1914), o naturalista norte-americano, foi um dos primeiros a defender a preservação da natureza em seu estado virgem. Numa época em que a Terra e seus recursos abundantes eram vistos como quase ilimitados, ele defendia a ideia inovadora de que era necessário protegê-la, sob a forma de parques nacionais e reservas, para as gerações futuras.[408] Foi então – mais de um século atrás – que uma polêmica surgiu entre Muir e seu companheiro ambiental pioneiro Gifford Pinchot (1865-1946), cuja visão progressista defendia que se extraísse da natureza "o que quer que possa ser rentável para o serviço do homem". Embora ambos se opusessem à exploração irresponsável dos recursos naturais, Muir defendia a preservação da natureza para seu próprio bem, enquanto Pinchot tinha uma visão utilitarista da gestão da natureza para uso comercial.

A filosofia preservacionista de Muir germinou de uma visão sistêmica precoce – o reconhecimento da profunda inter-relação do ecossistema global. É dele a famosa frase: "Quando puxamos uma única coisa na natureza, vemos que ela está ligada a todo o resto do mundo". A oposição atual contra a manipulação da natureza – como na engenharia genética – é igualmente baseada em temores quanto às potenciais consequências involuntárias em nível global. Como o geneticista Barry Commoner escreveu na Harper's Magazine:

> há uma preocupação persistente da opinião pública, não apenas com a segurança dos alimentos geneticamente modificados, mas também com os perigos inerentes do desprezo arbitrário pelos padrões de herança que são incorporados no mundo natural através da experiência evolutiva de longo prazo... O que o público receia não é a ciência experimental, mas a decisão fundamentalmente irracional para levá-la para fora do laboratório, para o mundo real, antes de compreendê-la realmente.[409]

Os modernos defensores dos pontos de vista utilitaristas de Pinchot argumentam que a tentativa de preservar ou restaurar a natureza ao que ela foi outrora não só é inviável, como indesejável. "Temos de abandonar o ambientalismo que considera a si mesmo representante e defensor da natureza", afirmam os ambientalistas do século XXI, Ted Nordhaus e Michael Shellenberger:

> Superar a crise ecológica e perceber o potencial da humanidade vai exigir o abandono de esforços para retornar a algum passado edênico... À medida que a Terra se aquece, as florestas desaparecem e o Ártico derrete nos oceanos, surgirão novas naturezas em toda parte, tornando cada vez mais insustentável que alguém se nomeie representante de uma espécie de natureza ou meio ambiente essencial.[410]

Será que os organismos geneticamente modificados (OGM) ajudarão a alimentar o mundo ou eles são a essência dos pesadelos, a Caixa de Pandora de comidas-frankenstein que, uma vez aberta, nunca mais pode ser fechada? Por um lado, temos a fome global e as alterações climáticas com a perspectiva de aumento das secas e de condições climáticas extremas forçando a agricultura de subsistência para estágios cada vez mais precários (e prejudiciais). Por outro lado, os ambientalistas, como Stewart Brand, argumentam que "a biologia de código aberto", no qual grupos genéticos são manipuladas em todos os lugares já é uma realidade, quer queiramos ou não. Agricultores fazem cruzamentos e hibridizam as culturas, as empresas agrícolas irradiam sementes para a produção de novas variantes, instituições de pesquisa, como o Instituto Internacional do Arroz das Filipinas, desenvolvem uma série de programas de biotecnologia.[411] Plantas cultivadas sob estresse do calor ou da seca ou plantas modificadas por eletroporação, genética transferência agrobacteriana e a reprodução assistida por marcadores moleculares tornam difícil traçar a linha divisória entre os OGMs e os organismos com mutações genéticas mais "naturais".

Os defensores dos OGM argumentam que os acidentes genéticos ocorrem na natureza o tempo todo e que as supersementes como o amarante peregrino (*Amaranthus palmeri*) são inevitáveis, mas que a engenharia genética é uma oportunidade de termos uma forma proposital e deliberada de aumentar a produção de alimentos, reduzir as pragas e até mesmo combater doenças humanas. Os ativistas anti-OGM temem que os OGM introduzidos na natureza possam afetar a aptidão de espécies inteiras e de ecologias delicadas, trazendo riscos de danos graves ou mesmo a extinção, e que os alimentos transgênicos venham a causar problemas à saúde humana, como o câncer. Eles comparam o potencial para o desastre aos defeitos de nascença relacionadas com talidomida, asbestose e a doença de Creutzfeldt-Jakob (doença da vaca louca) – provas anteriores de que as intervenções humanas podem causar catástrofes inimagináveis.

As novas tecnologias de reengenharia do mundo natural serão onipresentes nos próximos anos. Por exemplo, as empresas em uma ampla gama de setores já estão utilizando a nanotecnologia – empresas de cosméticos usando nanopartículas de dióxido de titânio para bloquear os raios UV, empresas de alimentos realçando sabores e cores e as companhias farmacêuticas levando as drogas diretamente às células doentes. Os bancos terão de decidir se vão financiar a P&D e os empreendimentos relacionados, e as companhias de seguros se cobrirão os seus riscos associados.

Ainda assim, a escolha entre preservação e transformação ainda está para ser feita – por todos nós. As corporações deveriam investir em biotecnologia e em outras manipulações da natureza? Alterar fundamentalmente as estruturas moleculares, os genéticos, ou ecossistemas de uma parte necessária e desejável da integração da sustentabilidade nos negócios? Ou será que precisamos voltar às nossas raízes – e encontrar maneiras de restaurar o ambiente às suas mais puras formas?

7. O medo ou o autointeresse esclarecido?

Qual é a principal motivação para a mudança? É o medo de um desastre ou imagens positivas do futuro? A questão é se o que permite uma mudança coletiva – por exemplo, é mais orientado à análise de problema ou à imaginação de soluções desejáveis? A ligação de força a força e a criação de espaços geradores para todos pode acelerar a transformação em direção a um mundo mais sustentável?

Ao longo da história humana, temos visto movimentos poderosos criados por diferentes razões. O medo e o ódio têm sido responsáveis por alguns dos mais importantes desenvolvimentos do século XX. Mas o medo não explica vitórias planetárias, como a erradicação da varíola ou a difusão notável, rápida, mas completamente descentralizada da conectividade global baseada na Internet. O discurso "Eu tenho um sonho", de Martin Luther King, é famoso porque, como disse um observador: "Ele apresentou uma visão inspiradora positiva que carregava, em si mesma, uma crítica do momento atual. Imagine como a história teria saído se King tivesse feito um discurso chamado "Eu tive um pesadelo"?[412] Ainda assim, os meios de comunicação em todos os continentes e em todas as redes continua a nos convencer de que são as imagens negativas que nos impressionam.[413] – E qualquer telejornal da noite é, talvez, a prova mais direta desta teoria da motivação.

O papel que você atribui para as empresas é influenciado por sua visão subjacente sobre a natureza humana, que, por sua vez, influencia a sua visão sobre o que motiva a mudança. Qual você acha que seria a base para começar o movimento em sua empresa? É o trabalho de Lester Brown *Plan B 4.0: Mobilizing to Save Civilization?*[414] Ou é o *The Long Emergency: Surviving the Converging Catastrophes of the 21st Century*, de James Howard Kunstler?[415]

Alguns dos melhores e mais brilhantes estudiosos da mudança apresentaram suas teorias sobre o que motiva e cria a mudança. John Kotter, talvez o mais célebre escritor sobre o assunto, constrói um forte argumento sobre a crise e a urgência como o primeiro passo fundamental em sua abordagem de oito passos para liderar a mudança.[416] Para Kotter, a crise é tão necessária que pode até mesmo ser criada artificialmente:

> ...nos casos mais bem-sucedidos que eu testemunhei, um indivíduo ou um grupo sempre facilita um debate franco de fatos potencialmente desagradáveis: sobre a nova concorrência, a redução das margens, a diminuição do market share, os ganhos, a falta de crescimento da receita, ou outros ín-

dices relevantes do declínio da posição competitiva. . . Em alguns dos casos mais bem-sucedidos, um grupo começou a fabricar uma crise. Um CEO deliberadamente projetou a maior perda contábil na história da empresa, criando enormes pressões de Wall Street no processo. Um presidente da divisão encomendou pela primeira vez pesquisas sobre a satisfação do consumidor, sabendo muito bem que os resultados seriam terríveis. Ele então tornou estes resultados públicos. Na superfície, esses movimentos podem parecer demasiado arriscados. Mas também há o risco de se manter seguro demais: quando não se força a taxa de urgência o suficiente, o processo de transformação não pode ter êxito e o futuro de longo prazo da organização é posto em perigo.[417]

Parece convincente, não é? De fato, pondo o discurso científico de lado, todos nós vemos – e vivemos – incontáveis exemplos de medo, dor ou desconforto que servem como motivadores principais para a mudança. Ao trabalhar nesse texto, pedimos a alguns de vocês no Facebook para pensarem conosco sobre o que move a humanidade para a mudança. A resposta honesta e poderosa de Dan Croitoru vai direto ao cerne da questão: "Eu acredito que nos movemos quando não temos outras opções. Parece que de alguma forma nós, seres humanos, não somos capazes de sacrificar o lucro imediato, o nosso bem-estar por aquele benefício distante que iria servir a todos..." Ainda assim, antes de correr de volta para sua empresa ou comunidade para encenar uma crise, vamos questionar axiomas da mudança baseada no déficit e no medo, e vamos nos voltar rapidamente para o crescente movimento de mudança baseada na força e na erudição organizacional positiva. Ao contrário dos seus congêneres baseados no déficit, os defensores da mudança baseada na força nos convidam a usar as emoções positivas e as visões desejáveis do futuro como o principal motivador para a mudança. Veja como David Cooperrider e Leslie Sekerka falam sobre as forças por trás dessa abordagem:

> Pesquisas anteriores ligam o afeto positivo com a ampla reflexão e as emoções positivas associadas com a melhora da saúde psicológica. Por exemplo, estratégias de enfrentamento relacionadas ao surgimento e manutenção de emoções positivas... servem como proteção contra o estresse. Estes tipos de estratégias de ajudar as pessoas a lidarem com as crises

com enfrentamento efetivo, manutenção de relações mais estreitas e o estabelecimento de uma apreciação mais rica pela vida – que, juntas, preveem um aumento do bem-estar psicológico. Levando em conta estas conclusões, o questionamento sobre o mundo apreciável é um veículo para a criação e o desenvolvimento de uma mudança positiva, não apenas dentro do momento presente, mas também ao longo do tempo.[418]

Talvez seja hora de elaborarmos o nosso próprio discurso "Eu tenho um sonho"...

Conclusão

Esperamos que a investigação sobre o quadro geral lhe ofereça uma oportunidade para pensar mais profundamente sobre as questões contextuais: as suposições e crenças que estão por trás da sustentabilidade incorporada como um motivador essencial da estratégia empresarial e da gestão da mudança. Nossa intenção é mais prática do que filosófica. É simplesmente uma outra camada na exploração do "o que levará as empresas a terem sucesso nos próximos anos?" Tomar consciência das suposições e crenças que cercam o desafio da sustentabilidade incorporada pode dar a todos nós uma nova capacidade de agir sobre ele.

Quando sustentado, este questionamento nos oferece uma base sólida para a ação. A sustentabilidade incorporada está provando ser um modelo de negócios mais inteligente para empresas de todos os matizes. Gestores convencionais que podem ou não acreditar em causas ambientais e sociais estão descobrindo que os clientes e os investidores esperam encontrar a sustentabilidade em seu cerne de negócios. Todo dia tem ficado cada vez mais evidente que a integração da sustentabilidade diz respeito, em primeiro lugar, a como responder a uma nova realidade de mercado, ao invés de apenas uma injunção moral (por mais importante que seja).

Como gestores, temos agora uma responsabilidade fiduciária para com os acionistas de ouvir um conjunto amplo de stakeholders – como as comunidades locais e as ONGs – pois isso é uma fonte de valor comercial no centro da estratégia competitiva. Prestar atenção ao desaparecimento dos recursos naturais não é diferente de competir por talentos escassos; cadeias de abastecimento e operações entram em risco quando estes são negligenciados. A transparência radical não é uma escolha, é um fato da vida corporativa, queiram os gestores ou não. Habilidades e competências relacionadas com a sustentabilidade cada vez mais separam os vencedores dos perdedores. Os modelos, instrumentos e competências deste livro fornecem um novo arsenal competitivo para os gestores que reconhecem que a realidade do mercado mudou. Inexoravelmente, o negócio está sendo levado a cuidar da saúde humana, do bem-estar social e da integridade ecológica, porque – e muito simplesmente – isso é o que as empresas de sucesso no mercado de hoje estão fazendo. A questão já não é por que os gestores precisam integrar a sustentabilidade em seu cerne de negócios, é sobre como fazê-lo. Esperamos que este trabalho constitua uma plataforma útil para profissionais em busca de uma forma mais rentável de seguir em frente.

Posfácio
Sustentabilidade estratégica
(e não estratégia de sustentabilidade)
David Cooperrider [419]

Após a euforia da bolha da internet, o trabalho árduo de uma boa gestão tomou o poder.

A Internet, como todos logo perceberam, não seria um substituto para tijolos e argamassa. A produção just-in-time bem gerida não iria ceder seu lugar para uma "não produção" virtual. E a sabedoria das massas não iria superar a necessidade da extraordinária liderança sênior. Com efeito, uma vez que a bolha estourou, havia muitas empresas, muitas vezes reagindo de forma exagerada e confusa, que quiseram ignorar a Internet completamente. Mas, na realidade, a Internet já tinha alterado as regras do jogo.

Enquanto isso, foi através das ferramentas de boas análises de negócios que a Web foi alavancada, transformada e personalizada em uma fonte indispensável de criação de valor integrado não apenas para a organização como um todo, mas para cada nível e função imaginável. Cada empresa do mundo, é claro, precisava se envolver com a Internet pelo menos em um nível mínimo – apenas para permanecer no jogo, para competir e se manter em atividade. Mas alguns poucos se aproximaram da liderança: a Walmart, com sua logística e eficiência baseada na Web, líder no mercado; a Apple, com suas deslumbrantes novas linhas de produtos tornadas possíveis através do iTunes; e a Google, revolucionando mercados inteiros. O que todas tinham em comum era uma questão de negócios focada e disciplinada: sob que condições a Internet cria riqueza, e como podemos tirar proveito de nossas forças para tornar o seu retorno a longo prazo estrategicamente importante?

Também é importante ressaltar que não foi um debate simplista do tipo preto e branco: "a internet vai ser boa para o nosso negócio e para os clientes ou não?" Ao invés disso, o questionamento era implacável e penetrante como: "Como vamos aproveitar as novas descontinuidades nas tecnologias da informação para criar valor em todo o espectro de stakeholders, dos clientes e comunidades a fornecedores e acionistas?"

Hoje, a sustentabilidade está no mesmo estágio, há oportunidades de bilhões de dólares nesta descontinuidade. Portanto, agora é a hora exata, segundo os autores deste livro, para nos desviarmos da moda da revolução de sustentabilidade (que não é verde hoje em dia?) para os tijolos e a argamassa de gestão disciplinada. Como a Internet, que certamente teve sua cota de má gestão durante a fase inicial, a euforia da sustentabilidade está deixando muita gente confusa e empresas demais permanecem apenas superficialmente comprometidas. Algumas, talvez com um sentimento de traição depois de a promessa do "ouro verde" não ter se materializado, preferem ignorar totalmente a onda de sustentabilidade, como se nada tivesse acontecido. Mas isso é um erro enorme. As tendências não são invisíveis.

Lembra de quando a Toyota começou a investir no "tiro no escuro" que era o Prius? Para os executivos da Toyota Hybrid Synergy, a série foi posicionada como uma enorme oportunidade de negócios. E o que a GM está fazendo, ao mesmo tempo? Claro que todos nós sabemos sobre o seu investimento no Hummer. Mas a questão é mais profunda do que isso. Uma empresa olhou para a paisagem da sustentabilidade como uma espécie de "responsabilidade social" paralela ao negócio real. A outra disse que a lente da sustentabilidade deveria ser abordada seriamente através da economia de mercado e das estratégias de negócios. As mudanças no mercado, como eles pragmaticamente pensaram, criam oportunidades disruptivas. A agilidade é necessária. O perigo está sempre presente. Mas mais do que qualquer outra coisa, ela requer uma mudança na questão fundamental. A velha e batida questão – a responsabilidade social compensa ou é mesmo necessária? – é mais do que irrelevante. É um mau negócio. A pergunta estratégica atual é gerencial. É sobre o "como". Como vamos transformar a lente de valor sustentável para a oportunidade de criação de riqueza que beneficia o mundo – para a mitigação de riscos, para a produtividade radical dos recursos e da energia, para abrir portas inesperadas para novos mercados, para fortalecer e proteger as marcas, alterando estrategicamente os padrões da indústria, e para catalisar a inovação ganha-ganha radical?

Para este fim, não há um livro melhor em toda a literatura estratégica do que este que você tem em mãos, se o seu objetivo é aproveitar o poder da sustentabilidade para criar competitividade no longo prazo, novas riquezas, e valor para os acionistas. Este livro não é sobre a estratégia para a sustentabilidade. Este livro é sobre a sustentabilidade da estratégia – o que ela pode fazer para a estratégia, como ela transforma o trabalho de estratégia e, finalmente, como ela o enriquece.

Embora muitas empresas tratem a chamada para a sustentabilidade como um imperativo moral, há um paradoxo estranho e intrigante a ser considerado: quando as empresas adotam a sustentabilidade como uma lente estratégica para criar valor para os acionistas, elas, invariavelmente, fazem mais e melhor para o mundo do que aquelas que consideram este trabalho uma atividade paralela de responsabilidade social. Quando a sustentabilidade é competente e sistematicamente gerenciada para criar fontes intocadas de valor, ela automaticamente cria uma plataforma mais eficaz para a responsabilidade corporativa. O contrário raramente é verdade. Mas isso de modo algum quer dizer que a intenção moral não é boa. Só não é boa o suficiente. Para trazer a sustentabilidade à escala dos negócios, ela precisa ser boa para os negócios, para a empresa como um todo.

Na semana passada encontrei-me com a equipe sênior de uma empresa da lista das 500 maiores da *Fortune*. Inicialmente, eles tinham uma abordagem da sustentabilidade, que era, para usar o termo de Laszlo e Zhexembayeva, "aplicada". A história simples foi que eles conseguiram com um novo produto que ajudou seus clientes industriais a reduzirem drasticamente o desperdício do produto, os custos energéticos e a pegada ambiental. Esse sucesso inesperado de um único produto no mercado fez com que o CEO extrapolasse para o futuro e reconceitualizasse a missão de longa data da empresa. Esse reboot foi ousado. Foi inspirador. Esta multinacional seria reconcebida como empresa de fornecimento de soluções para dez dos mais importantes problemas globais da humanidade. Sem exceção, em toda a equipe executiva houve um engasgo coletivo quando o CEO leu a nova missão, que estava escrita em um guardanapo. As implicações seriam enormes.

Então eu pedi que cada líder sênior – ao diretor financeiro, ao chefe de operações, ao consultor jurídico, ao vice-presidente executivo de recursos humanos, entre outros – considerasse como o foco na sustentabilidade poderia se tornar não apenas uma inovação incremental, mas um motor sem precedentes para a inovação em cada um dos seus domínios. Para o executivo de RH, eu perguntei: "Você consegue imaginar isso, a sustentabilidade sendo a maior oportunidade de RH do século XXI – um caminho para levar o engajamento de funcionários e gerenciamento de talentos a uma oitava completamente diferente? Como você vai comunicar isso ao seu grupo de RH global, e o que, exatamente, eles serão convidados a fazer?" Eu formulei perguntas semelhantes para o diretor financeiro e os demais. Depois, eu perguntei ao CEO: "Você está preparado, com este novo posicionamento da empresa, para declarar sua intenção a Wall Street e para descrever os objetivos não apenas para uma única linha de produtos criadora de valor sustentável, mas sim para o seu plano de transformação de uma cultura integrada de sustentabilidade, que convida toda a sua força de trabalho, torna os seus clientes parceiros inspirados e cria o tipo de crescimento do negócio que só é possível através de novas fontes de inovação?" Todo mundo se perguntava se Wall Street iria aprovar isso, a realidade disso, e se os stakeholders acreditariam.

Com base nas experiências que tivemos com a Walmart, a Fairmount Minerals e a Green Mountain Coffee Roasters – empresas cujos resultados empresariais foram descritos no livro – sugeri os mais claros, mais simples e mais poderosos três primeiros passos que eu conseguia pensar para seguir em frente.

São três passos fáceis. Os passos funcionam. E eles podem ajudar os seus sistemas a se moverem com rapidez, porque vão além das divisões, geram lideranças profundas na organização e tornam os pontos fortes das partes interessadas mais produtivos do que nunca.

1. *Prepare a equipe sênior no mais alto nível com as ferramentas de estratégia esboçada neste livro.*

Foi isso que a Walmart fez como passo inicial, por exemplo. Usando uma versão inicial do modelo de valor sustentável deste livro, o presidente pediu a cada um dos membros da sua equipa sênior que imaginasse duas estratégias: uma chamada "estratégia para competir", significando uma estratégia destinada a simplesmente manter-se na direção que o mercado poderia provavelmente seguir, e em seguida, que criassem uma "estratégia de liderança", isto é, algo que demonstrasse as formas de posicionar racionalmente a empresa para o futuro – para descobrir oportunidades de oceano azul que não tivessem sido ainda discutidas ou raramente consideradas. Desde o esverdeamento dos mercados para o algodão orgânico, alimentos saudáveis e pescado sustentável, até as oportunidades a serem descobertas em eletrônica sustentável e instalações solares, cada parte do negócio seria verificada através da análise cuidadosa das partes interessadas, buscando tanto sinais das menores quanto das mais ousadas oportunidades.

Este tipo de "lição de casa" focada em resultados – a leitura do livro em relação a considerações de estratégia em tempo real – pode servir de base para pôr em movimento uma visão compartilhada da importância do negócio de valor sustentável. Nada extravagante ainda. Se você realizar este exercício, basta tratá-lo como um sólido passo para se familiarizar com a linguagem e ferramentas de análise das partes interessadas e o modelo das 6 + 1 fontes de valor. Ler um livro é uma coisa. Mas trabalhar com ele é cem vezes melhor. A única regra básica é: cada proposição estratégica deve ser capaz de demonstrar como ela pode gerar valor sustentável para os participantes e um novo valor para os acionistas. Isso é tudo. Cada executivo é, então, convidado a apresentar sua melhor estratégia para competir, e uma estratégia para liderar. E cada um deve articular o caminho de captura de valor. Esta é a tarefa simples.

Usando as ferramentas de gestão descritas neste livro, você vai se surpreender com o derramamento de oportunidades. Haverá ganhos rápidos. Haverá ideias provocantes. Também surgirá, quase que instantaneamente, uma troca de colaboração com uma paixão coletiva e foco da equipe executiva, raramente vista. Do mesmo modo – e isso é previsível – haverá um desejo automático de tomar medidas imediatas, de dar forma a um plano. Mas não. Lembre-se que o seu objetivo é criar uma empresa que integra a sustentabilidade. Isso não vai acontecer por meio de métodos tradicionais de planejamento. Dessa vez, a sustentabilidade não será aplicada.

2. *Aproveite o estado-da-arte do planejamento de grandes grupos: é fácil, rápido e produtivo.*

É estranho que após todos estes anos não tenhamos ainda um bom termo para o oposto da microgestão. Embora deixemos para os historiadores a tarefa de estudar a mudança de práticas de micro para macrogestão – aquilo que Peter Drucker descreveu como "trazendo para dentro a parte externa significativa" – é claro que a sustentabilidade, com a sua busca de fontes novas e inesperadas de valor para as partes interessadas, está liderando o caminho com as suas metodologias de planejamento de grandes grupos.

Como Laszlo e Zhexembayeva demonstram, uma ferramenta como a Reunião de Cúpula da Investigação Apreciativa (IA) – usada para o trabalho de estratégia da Marinha dos EUA, da Walmart, da HP, da Interface Carpets, da BBC, e de centenas de outros – está revolucionando a forma como fazemos o trabalho de estratégia. Como os autores resumem, "as reuniões de cúpula da IA tendem a saltar de uma empresa para uma estratégia alinhada valor sustentável".

Deixe-me dar um depoimento sobre este assunto. Eu estava lá, em uma das reuniões de cúpula que Laszlo e Zhexembayeva ajudaram a coordenar. A empresa era a Fairmount Minerals, uma das maiores empresas de mineração de areia dos Estados Unidos. A empresa decidiu integrar a sustentabilidade no coração dos negócios e usá-la para reformular a missão, a estratégia e a visão da empresa. Em 24 de junho de 2005, eles lançaram sua primeiro cúpula estratégica de sustentabilidade. O grande grupo, no estilo "todo o sistema numa sala só" foi bem-sucedido além do esperado. Entre 2005 e 2007 as receitas quase dobraram, enquanto o lucro deu um salto gigantesco de mais de 40 por cento ao ano. O scorecard de envolvimento da empresa também subiu como um foguete, documentando uma força de trabalho em chamas. Da mesma forma, os planos de trabalho da estratégia foram implementados com paixão, foco e velocidade incomuns. Além disso, a Fairmount logo recebeu da o prêmio de melhor "Empresa Cidadã", da Câmara de Comércio dos Estados Unidos. Isto, combinado com a conquista inédita da liderança no mercado, é o tipo de desempenho que se poderia esperar de uma empresa de design como a IDEO. Não de uma velha empresa de areia industrial, baseada perto de Cleveland, Ohio.

Para ter uma ideia, eu quero que você imagine que você é um cidadão preocupado e ambientalista. Você conhece a Fairmount Minerals. E você tem dúvidas reais sobre a próxima mina eles podem querer escavar. Em seguida, você recebe uma carta-convite do CEO. Você está convidado a não ser apenas um observador, mas para participar como colaborador efetivo na reunião de planejamento estratégico da Fairmount. Então imagine o início da cúpula de três dias:

> Você entra em um grande salão de baile. Está lotado, com 350 pessoas da empresa. Não há nenhum pódio central ou microfone. Há algo como 50 mesas-redondas preenchendo a sala – cada uma tem um microfone, um flip chart e os pacotes de materiais, incluindo os objetivos da cúpula, a agenda de três dias, e uma análise da estratégia pré-cúpula e a base de dados. Como um stakeholder externo da empresa, você foi convidado para arregaçar as mangas e participar de uma sessão de estratégia em tempo real dedicado ao futuro.
>
> Você se senta na mesa-redonda indicada e fica perplexo com a complexa configuração de indivíduos: o diretor financeiro da empresa; um operador de transporte de areia; um especialista de marketing; um potencial fornecedor externo de energia solar; um designer de produto; um advogado corporativo; um profissional de TI; e um gerente de nível médio

de operações. Logo, a cúpula "todo mundo numa sala só", começa.

O CEO da empresa levanta-se de uma das 50 mesas e fala sobre o "estado dos negócios" e a tarefa desta sessão estratégica. Ele fala sobre a diferença entre ser líder em sustentabilidade, em comparação com um retardatário em sustentabilidade – e promete que esta empresa não será pega de surpresa pelo futuro. Um moderador externo, em seguida, chama a atenção para as questões fundamentais para a cúpula, cada uma destinada a converter a descoberta em forças estratégicas, oportunidades escondidas, aspirações e cenários futuros valorizados – todos com foco em resultados e possibilidades transformadoras futuras. As pessoas são instruídas a usar as perguntas sob a forma de uma entrevista com a pessoa ou parte interessada sentada ao seu lado. Meia hora depois das boas-vindas do CEO as pessoas já estão em profunda exploração, compartilhamento e escuta. O salão está fervilhando.

Depois de quase uma hora, o moderador chama as pessoas para se reunirem e descreve o ciclo da Descoberta; Sonho; Design e Implementação, que se desenrolará ao longo dos três dias. "O ponto-chave", afirma o moderador, "é que estamos criando a agenda de inovação e mudança juntos – esta reunião não se trata de discursos ou planos pré-negociados, nem é apenas sobre o diálogo – esta reunião é uma criação de codesign colaborativo do futuro da empresa... precisamos de seus melhores pensamentos".

Uma Reunião de Cúpula de Investigação Apreciativa é a reunião de um grande grupo de planejamento, concepção e execução que junta todo o sistema de partes interessadas internas e externas de forma concentrada para trabalharem em uma tarefa de importância estratégica e, especialmente, de criação de valor. Além disso, é uma reunião onde todos estão envolvidos, como designers, através de todas as fronteiras relevantes e ricas em recursos, para compartilharem a liderança e assumirem a responsabilidade de transformar o futuro em uma oportunidade de sucesso estrondoso. A reunião parece ousada a princípio mas é baseada em uma ideia simples: quando se trata de integrar a sustentabilidade, não há nada que traga o melhor em sistemas humanos – mais rápido, mais coerente e mais eficaz – do que o poder do "todo". Herdeira de uma tradição maior chamada "gestão baseada em pontos fortes", a Reunião de Cúpula da IA mostra que, num mundo multilateral, não se trata de forças (isoladas) em si, mas sim das configurações, combinações e interfaces. Tudo diz respeito à química dos relacionamentos – ao efeito de concentração de forças – e é surpreendentemente fácil.

Embora à primeira vista pareça incompreensível que grandes grupos de centenas de pessoas na sala possam ser eficazes no desencadeamento de estratégias para todo o sistema, na tomada de decisões organizacionais, e no design de protótipos rápidos, isso é exatamente o que está acontecendo nas organizações ao redor do mundo. A experiência da Fairmount não foi um triunfo isolado ou atípico. Para você – anteriormente um crítico da empresa – essa experiência lhe abriu os olhos. Primeiro, você viu a integridade e a sinceridade da empresa. Depois, você viu uma nova ideia de negócio após a outra sendo descoberta. Aquela que mais o impressionou foi a do novo negócio multimilionário que foi projetado para pegar areia velha e usada – o material que é descartado após sua utilização em fábricas – e transformá-la em biocombustível limpo para mover os caminhões pesados da empresa. Como isso é possível? Bem, um químico no seu grupo contou como a areia usada, quando colocada na terra, demonstrou melhorar o rendimento da biomassa. Outra pessoa observou que as instalações da empresa de mineração de areia estão localizadas em áreas rurais perto de muitas fazendas agrícolas. Entre as duas observações, uma lâmpada acendeu. Como podemos criar um novo negócio para a areia usada? E por que não criar uma nova parceria com os agricultores – uma parceria em que o crescimento da biomassa a partir do uso da areia torna-se a base para os biocombustíveis verdes de baixo custo para mover a frota de caminhões pesados.

Esta inovação simples, juntamente com uma dúzia de outros avanços de sustentabilidade ganha-ganha-ganha, logo dobraram as taxas de crescimento da Fairmount, que já estavam na casa dos dois dígitos, e a puseram num caminho de diferenciação inédito em uma indústria que é exatamente o oposto do Vale do Silício. As manchetes do jornal de negócios do Wisconsin contaram a história assim, na reportagem: "Um conto de duas empresas de areia".

Há uma fórmula emergindo entre as estrelas da indústria que diz Sustentabilidade = Inovação. Mas a verdadeira questão é: como? Se há uma parte deste livro que você deveria reler – desta vez prestando atenção aos detalhes sobre como – é a seção do Capítulo 7 "Começando do Jeito Certo". Integrar a sustentabilidade a incorporação pode ser simples assim. Você quer integrar? Então se envolva. E observe como a sustentabilidade e a estratégia juntas se tornam uma força poderosa para superar divisões, tornar os clientes parte de sua equipe, agilizar a aritmética de inovação, romper barreiras na velocidade e gerar mais liderança na organização.

3. Comece com seus pontos fortes.

Eu descobri, ao longo de minha carreira na área de gestão de mudança, que não dá certo introduzir a sustentabilidade através da abordagem do medo, baseada em crises inventadas do tipo *burning platforms* ou colocar o foco nos diagnósticos sobre "onde estão as nossas maiores fraquezas". Ao contrário, está ficando claro que todos os trabalhos profundos de maior sucesso, mais inovadores e de longa duração acontecem através do pressuposto de que as organizações, mesmo as indústrias, crescem de forma mais eficaz e mais rapidamente em suas áreas de força e competência de negócios.

Não é por acaso, por exemplo, que a organização mais eficiente do mundo está rapidamente se tornando a organização mais ecoeficiente em seu setor. A Walmart poderia ter gasto milhões para diagnosticar a sua pegada de destrutiva de valor – e depois usar isso como uma forma de "inspirar" os seus gestores a adotarem uma mentalidade de sustentabilidade. Mas será que ele precisava fazer isso? A Walmart – e o mundo – já não sabia que sua pegada ecológica (negativa) era enorme? Se era assim, então por que não dirigir esses mesmos recursos para pavimentar competências de negócio – e recursos específicos – e imaginar novas formas pelas quais esses recursos podem ser ampliados e transformados em oportunidades de valor sustentável?

Eu nunca vou esquecer de quando ouvi pela primeira vez que a Walmart queria oferecer o alimento orgânico de alta qualidade em suas lojas. Os montantes que estavam mencionando iam criar uma nova demanda que iria transformar a agricultura. Havia analistas que se opuseram à ideia – pois todo mundo sabe que os alimentos orgânicos não são de baixo custo. Mas os líderes da Walmart viam o mundo através do prisma dos seus pontos fortes. Eles disseram que poderiam aproveitar e potencializar as suas competências de gestão logística para ajudar a reduzir os custos dos produtos orgânicos, e, ao fazê-lo, poderiam tornar os alimentos orgânicos não mais um luxo de ricos e famosos, mas um produto acessível para famílias trabalhadoras de todas as classes e níveis sociais. A espiral ascendente aqui é importante: mais investimento nos pontos fortes leva à inovação confiante e transformadora, e inovação confiante no reino de valor sustentável gera valor para o mundo e para a empresa. Para ter certeza disso, os pontos fracos precisam ser gerenciados e mitigados, mas a inovação não incremental acontece quando há um efeito de concentração de forças.

Uma das melhores conversas de toda a minha carreira foi com Peter Drucker, quando ele tinha 93 anos. Perguntei a Peter sobre liderança. Eu perguntei: "Você pode resumir em poucas palavras qual é a essência?" Drucker disse: "Isso é fácil". Ele fez uma pausa e continuou: "A tarefa da liderança é criar um alinhamento de forças de modo a tornar as fraquezas do sistema irrelevantes". Eu anotei isso.

E isso para mim é a mensagem principal deste grande livro. Ligue a lente estratégia de valor sustentável aos seus pontos fortes. Alavanque a lente estratégica para revelar as oportunidades. Crie eventos de discussão e projeto com muitas partes interessadas que levem à descoberta de aspirações em comum. E mantenha o olho dos negócios nos resultados reais. Então, se você fizer isso, o único caminho possível é para cima.[420]

Isso é o que acontece quando você segue esses três passos simples: Prepare a equipe sênior no mais alto nível com as ferramentas de estratégia descrita neste livro. Aproveite o estado-da-arte em planejamento de grandes grupos – é fácil, rápido e produtivo, e comece com seus pontos fortes.

David Cooperrider
Fairmount Minerals, Professor de Empreendedorismo Social
Universidade Case Western Reserve,
Escola de Administração Weatherhead,
Cleveland, Ohio, EUA

Notas

Prefácio: Greg Babe

1. Greg Babe é o presidente e CEO da Bayer Corporation e da Bayer MaterialScience LLC.
2. Pinchot, G. *The Fight for Conservation* (New York: Doubleday, 1910): 50.
3. Pinchot, 1910: 45.

Prefácio: Andrew J. Hoffman

4. Andrew J. Hoffman é o titular da cátedra Holcim (EUA), professor de Empreendimento Sustentável na Universidade de Michigan, posto que acumula com a Escola de Administração Ross e a Escola de Recursos Naturais e Meio Ambiente. Ele também é sócio-diretor do Erb Institute for Global Sustainable Enterprise.

A vespa e o sapo: uma introdução

5. "Notes On The Way", in George Orwell: *The Collected Essays, Journalism and Letters*. Volume 2: My Country Right or Left, 1940–43 (ed. S. Orwell e E. Angus; Harcourt Brace Jovanovich, 1968).

Capítulo 1: Reconstruindo a realidade dos negócios.

6. Porter, M.E. e Kramer, M.R. "Business & Society: The Link between Competitive Advantage and Corporate Social Responsibility", *Harvard Business Review* 84.12 (2006): 78-92.
7. Prahalad, C.K. *The Fortune at the Bottom of the Pyramid: Eradicating Poverty Through Profit* (Upper Saddle River, NJ: Wharton School Publishing, 2004).
8. Sole-Smith, V. "70 New Reasons to Live Green", March 6, 2009; us.glamour.com/magazine/2009/03/70-new-reasons-to-live-green, acessado em 27 de julho de 2009.
9. Think MTV, "About"; think.mtv.com/Info/About.aspx, acessado em 8 de março de 2010.
10. "Green is Good", *Fortune* 155.6 (2007): 42-74.
11. Berns, M.; Townend, A.; Khayat, Z.; Balagopal, B.; Reeves, M.; Hopkins, M. e Kruschwitz, N. "The Business of Sustainability", *MIT Sloan Management Review Special Report* (2009); www.mitsmr-ezine.com/busofsustainability/2009, acessado em 10 de janeiro de 2010.
12. Habitat Media, "Longlining, Overfishing & Atlantic Bluefin Tuna"; www.pbs.org/emptyoceans/eoen/tuna/viewpoints.html, acessado em 9 de março de 2010.

13 Gronewold, N. "Is the Bluefin Tuna an Endangered Species?" *Scientific American*, 14 de outubro de 2009; www.scientificamerican.com/article.cfm?id=bluefintuna-stocks-threatened-cites-japan-monaco&page=2, acessado em 10 de maio de 2010.

14 "Fish Story: Big Tuna Sells for Record $396,000", *MSNBC News*, 5 de janeiro de 2011.

15 Biello, D. "Overfishing Could Take Seafood off the Menu by 2048", *Scientific American*, 2 de novembro de 2006; www.scientificamerican.com/article.cfm?id=overfishing-could-take-se, acessado em 24 de abril de 2010.

16 *The Natural Step*, "The Funnel"; www.naturalstep.org/en/the-funnel, acessado em 27 de julho de 2009.

17 Krautkraemer, J.A. "Economics of Natural Resource Scarcity: The State of the Debate" (Resources for the Future, Discussion Paper 05-14, abril de 2005); www.rff.org/Documents/RFF-DP-05-14.pdf, acessado em 17 de novembro de 2009.

18 Jowett, B. *The Dialogues of Plato* (traduzido para o inglês com análise e introdução de Jowett, B.; 5 volumes.; Oxford, UK: Oxford University Press, 3rd edn; 1892): Book V.

19 Malthus, T.R. "An Essay on the Principle of Population" (1798); www.econlib.org/library/Malthus/malPop.html, acessado em 17 de novembro de 2009.

20 Barnett, H. e Morse, C. *Scarcity and Growth: The Economics of Natural Resources Availability* (Baltimore, MD: Johns Hopkins University Press, 1963): 163-217.

21 Meadows, D.H.; Meadows, D.L.; Randers, J. e Behrens, W.W. *The Limits to Growth* (New York: Universe Books, 1972).

22 Julian Simon afirmou em "Agora temos em nossas mãos – na verdade, em nossas bibliotecas – a tecnologia para alimentar, vestir e prover energia para uma população sempre crescente pelos próximos 7 bilhões de anos"; Myers, N. e Simon, J. *Scarcity or Abundance: A Debate on the Environment* (New York: WW Norton, 1994): 65.

23 WWF, "Living Planet Report 2008"; assets.panda.org/downloads/living_planet_report_2008.pdf, acessado em 17 de novembro de 2009.

24 "Oil Reserves"; en.wikipedia.org/wiki/Oil_reserves, acessado em 17 de novembro de 2009.

25 "Living on a New Earth", Scientific American, Relatório Especial sobre Sustentabilidade, abril de 2010; e Foley, J. et al., "Boundaries for a Healthy Planet", *Scientific American*, abril de 2010.

26 Com 15.000 litros de água necessários para produzir um quilo de carne de bovinos alimentados com grãos, e a produção de carne crescendo dramaticamente nos últimos anos, o crescimento da produção de carne isoladamente é responsável por uma pressão significativa sobre os recursos hídricos do mundo.

27 Goldman Sachs, 2007.

28 World Water Council, "Water Supply and Sanitation"; worldwatercouncil.org/index.php?id=23, acessado em 30 de abril de 2010.

29 O índice de preços de alimentos da FAO sobre as comodities alimentícias comercializadas internacionalmente atingiu um pico histórico em 2008, apesar da recessão global. Em maio de 2009, ainda estava em 152, relativo à base de 2002-2004, e quase 70% mais alto do que em 2000. Ver a nota a seguir para Fonte.

30 Organização das Nações Unidas para Agricultura e Alimentação – FAO "The State of Food and Agriculture 2009"; www.fao.org/docrep/012/i0680e/i0680e.pdf, acessado em 10 de março de 2010.
31 Davis, D.R.; Epp, M.D. e Riordan, H.D. "Changes in USDA Food Composition Data for 43 Garden Crops, 1950 to 1999", *Journal of the American College of Nutrition* 23.6 (2004): 669-82.
32 Goldman Sachs Global Investment Research, GS SUSTAIN (New York: The Goldman Sachs Group, Inc., 2007).
33 Agência Internacional de Energia, "World Energy Outlook 2009 Fact Sheet"; www.worldenergyoutlook.org/docs/weo2009/fact_sheets_WEO_2009.pdf, acessado em 11 de março de 2010.
34 O Millennium Ecosystem Assessment abordou as consequências da mudança dos ecossistemas para o bem-estar humano. De 2001 a 2005, o MEA envolveu o trabalho de mais de 1.360 especialistas em todo o mundo. Ver www.maweb.org/en/ index.aspx, acessado em 16 de fevereiro de 2011.
35 Millennium Ecosystem Assessment, "Living Beyond Our Means: Natural Assets and Human Well-Being" (2005); www.maweb.org/documents/document.429.aspx.pdf, acessado em 16 de fevereiro de 2011.
36 Hawken, P. *Blessed Unrest: How the Largest Movement in the World Came Into Being, and Why No One Saw it Coming* (New York: Viking Press, 2007).
37 Ibid.
38 www.gapminder.org
39 Jay, Dru Oja "Greenpeace's Corporate Overreach: Controversial Hire is an Opportunity to Start Building a Democratic Environmental Movement", *Pacific Free Press*, 11 de março de 2010; www.pacificfreepress.com/news/1/5798greenpeaces-corporate-overreach.html, acessado em 10 de janeiro de 2011.
40 www.edf.org/article.cfm?contentID=5634, acessado em 10 de maio de 2010.
41 Rheingold, H. *Smart Mobs: The Next Social Revolution* (Cambridge, MA: Perseus Publishing, 2002).

Capítulo 2: Ida e volta ao deserto

42 Meyer, C. e Kirby, J. "Leadership in the Age of Transparency", *Harvard Business Review*, abril de 2010.
43 Você encontrará mais informações sobre a PeaceWorks em seu website, www.peaceworks.com (acessado em 10 de janeiro de 2011).
44 Forum Econômico Mundial, "Redesigning Business Value: A Roadmap for Sustainable Consumption" (Deloitte Touche Tohmatsu and the World Economic Forum, janeiro de 2010); www.weforum.org/pdf/sustainableconsumption/DrivingSustainableConsumptionreport.pdf, acessado em 20 de maio de 2010.
45 GMA e Deloitte, "Finding the Green in Today's Shoppers: Sustainability Trends and New Shopper Insights" (2009); www.deloitte.com/assets/DcomShared%20Assets/Documents/US_CP_GMADeloitteGreenShopperStudy_ 2009.pdf, acessado em 16 de fevereiro de 2011.
46 V. 2009 BBMG Conscious Consumer Report: Redefining Value in a New Economy by the branding and marketing agency BBMG.

47. A recusa do consumidor em pagar mais é reafirmada pelo estudo do MIT de 2009 "The Business of Sustainability", que descobriu que, atualmente, "demanda ou necessidade insuficiente por parte do consumidor" está listada como o bloqueio mais significativo para se abordarem as preocupações com a sustentabilidade (com 26% dos gestores considerando-a a número um).

48. Dublin, J. "Will the Mainstream Buy Green to Save the Earth?" Sustainable Life Media, 2010; www.sustainablelifemedia.com/content/column/brands/will_mainstream_buy_green_to_save_earth, acessado em 20 de maio de 2010.

49. CEA, "Consumer Desire for 'Green' Electronics on the Rise, says CEA" (press release, Dezembro de 10, 2008); www.ce.org/Press/CurrentNews/press_release_detail.asp?id=11649, acessado em 20 de maio de 2010.

50. Walmart, "Walmart Stores, Inc., Offering Environmentally Friendly Textile Options to Customers" (factsheet, maio de 2008); walmartstores.com/download/2310.pdf, acessado em 21 de maio de 2010.

51. Miner, Thomas "P&G Launches Supplier Scorecard," Sustainable Life Media, 11 de maio de 2010; www.sustainablelifemedia.com/content/story/design/p_g_launchces_supply_chain_scorecard, acessado em 10 de janeiro de 2011.

52. Environmental Leader, "Businesses Fail to Engage Consumers on Environmental Issues", 20 de maio de 2010; www.environmentalleader.com/2010/05/20/americans-want-to-share-environmental-responsibility-with-businesses, acessado em 21 de maio de 2010.

53. Trendwatching.com, "10 Crucial Consumer Trends for 2010"; trendwatching.com/trends/10trends2010, acessado em 21 de maio de 2010.

54. Fishman, C. "Hire This Guy", Fast Company, November 1, 2007; www.fastcompany.com/magazine/120/hire-this-guy.html?page=0%2C1, acessado em 11 de maio de 2010.

55. Chambers, E.G.; Foulton, M.; Handfield-Jones, H.; Hankin, S.M.; e Michaels III, E.G. "The War for Talent", *The McKinsey Quarterly* 3 (1998): 44-57.

56. R. Knight, "Business Students Portrayed as Ethically Minded in Study", *Financial Times*, October 25, 2006; www.ft.com/cms/s/ee45a804-63c5-11db-bc82-0000779e2340.html, acessado em 21 de maio de 2010.

57. D.A. Ready, L.A. Hill, e J.A. Conger, "Winning the Race for Talent in Emerging Markets", *Harvard Business Review* 86.11 (novembro de 2008): 62-70.

58. Ver, por exemplo, Turban, D.B. e Greening, D.W. "Corporate Social Performance and Organizational Attractiveness to Prospective Employees", *Academy of Management Journal* 40 (1997): 658-72, or World Business Council for Sustainable Development, "Driving Success: Human Resources and Sustainable Development" (2005); www.wbcsd.org/web/publications/hr.pdf, acessado em 10 de julho 2007.

59. "Employee Engagement"; en.wikipedia.org/wiki/Employee_engagement, acessado em 21 de maio de 2010.

60. Saks, A.M. "Antecedents and Consequences of Employee Engagement", *Journal of Managerial Psychology* 21.7 (2006): 600-19.

61. Luthans, F. e Peterson, S.J. "Employee Engagement and Manager Self-efficacy: Implications for Managerial Effectiveness and Development", *Journal of Management Development* 21 (2001): 376-87.

62. Buckingham, M. e Coffman, C. *First, Break All the Rules: What the World's Greatest Managers do Differently* (New York: Simon & Schuster, 1999).

Notas 319

63 Harter, J.K. e Schmidt, F.L. *Employee Engagement, Satisfaction, and Business Unit-Level Outcomes: Meta-analysis* (Washington, DC: Gallup Technical Report, 2002).

64 Ver, por exemplo, Glavas, A. e Piderit, S.K. "How Does Doing Good Matter? Effects of Corporate Citizenship on Employees", *Journal of Corporate Citizenship* 36 (dezembro de 2009); www.greenleaf-publishing.com/productdetail.kmod?productid=3124, acessado em 21 de maio de 2010.

65 *Business as an Agent of World Benefit*, "Green Mountain Coffee Goes to Source", janeiro de 17, 2005; worldbenefit.case.edu/innovation/bankInnovationView.cfm?idArchive=195, acessado em 10 de julho de 2007.

66 Website acessado em 14 de janeiro de 2011.

67 Junior Achievement, "The Benefits of Employee Volunteer Programs: A 2009 Summary Report"; www.ja.org/files/BenefitsofEmployeeVolunteerPrograms.pdf, acessado em 16 de fevereiro de 2011.

68 Story, L. "Can Burt's Bees turn Clorox Green?", *New York Times*, 6 de janeiro de 2008; www.nytimes.com/2008/01/06/business/06bees.html?pagewanted=all, acessado em 30 de maio de 2010.

69 Cause Capitalism, "'What's the Social Compensation Package?' 5 Ways to Attract Talent without the Checkbook," 28 de agosto de 2009; causecapitalism.com/social-compensation, acessado em 30 de maio de 2010.

70 Gap Inc., "Gap Inc. Employees Honored with Global Founders' Award for Dedication to Giving Back to their Community" (press release, 25 de agosto de 2009); www.csrwire.com/press/press_release/27522-Gap-Inc-Employees-Honored-With-Global-Founders-Award-for-Dedication-to-Giving-Back-toTheir-Community, acessado em 30 de maio de 2010.

71 V. detalhes completos do Projeto Pepsi Refresh em www.refresheverything.com, acessado em 10 de janeiro de 2011.

72 V. Relatório do Social Investment Forum de 2007, "Socially Responsible Investing Trends in the United States", disponível em www.socialinvest.org/resources/pubs, acessado em 16 de fevereiro de 2011.

73 Social Investment Forum, "Socially Responsible Investing Basics for Individuals"; www.socialinvest.org/resources/sriguide, acessado em 23 de maio de 2010.

74 Investor Network on Climate Risk, "Investors File a Record 95 Climate Change-Related Resolutions: A 40% Increase Over 2009 Proxy Season", 4 de março de 2010; www.incr.com/Page.aspx?pid=1222, acessado em 23 de maio de 2010.

75 Carbon Disclosure Project, "Carbon Disclosure Project 2009: Global 500 Report"; https://www.cdproject.net/CDPResults/CDP_2009_Global_500_ Report_with_Industry_Snapshots.pdf, acessado em 10 de janeiro de 2011.

76 London Climate Change Partnership: Finance Sub-Group, "Adapting to Climate Change: Business as Usual?" (novembro de 2006); www.london.gov.uk/ lccp/publications/docs/business-as-usual.pdf, acessado em 23 de maio de 2010.

77 D.J. Lynch, "Corporate America Warms to Fight against Global Warming", *USA Today*, 31 de maio de 2006; www.usatoday.com/weather/climate/2006-0531-business-globalwarming_x.htm, acessado em 23 de maio 2010.

78 The Equator Principles, "About the Equator Principles"; www.equator-principles.com/documents/AbouttheEquatorPrinciples.pdf, acessado em 23 de maio de 2010.

79 G. Shipeng e E. Graham-Harrison, "China Launches Surprise Crackdown on Plastic Bags", Reuters, 8 de janeiro de 2008; www.reuters.com/article/ idUS-PEK25589820080108, acessado em 30 de maio de 2010.

80 C. Goodyear, "S.F. First City to Ban Plastic Shopping Bags", SFGate, 28 de março de 2007; articles.sfgate.com/2007-03-28/news/17235798_1_compostablebags-plastic-bags-california-grocers-association, acessado em 30 de maio de 2010.

81 CBC News, "Calgary Moves against Trans Fats", 29 de dezembro de 2007; www.cbc.ca/canada/story/2007/12/29/calgary-fats.html, acessado em 30 de maio de 2010.

82 Siga as atualizações sobre gerenciamento de lixo eletrônico na página da Sustainable Electronics Initiative sobre a Legislação e Política internacional em www.sustainelectronics.illinois.edu/policy/international.cfm, acessado em 8 de fevereiro de 2011.

83 Ceres, "Regulators Require Insurers to Disclose Climate Change Risks and Strategies" (2009); www.ceres.org/Page.aspx?pid=1062, acessado em 23 de maio de 2010.

84 Carbon Trust, "Carbon Reduction Commitment"; www.carbontrust.co.uk/policy-legislation/business-public-sector/pages/carbon-reduction-commitment.aspx, acessado em 30 de maio de 2010.

85 Polity.org.za, "Warburton Attorneys Monthly Sustainability Legislation, Regulation and Parliamentary Update", março de 2010; www.polity.org.za/article/ monthly-sustainability-legislation-regulation-and-parliamentary-updatemarch-2010-2010-04-09, acessado em 30 de maio de 2010.

86 Whirlpool, "Cash for Appliances: Every Kind of Green"; www.whirlpool.com/content.jsp?sectionId=1338&dcsref=http://www.whirlpool.com/assets/ images/home/wp_homepage_031609.swf, acessado em 23 de maio de 2010.

87 Apollo Alliance, "Whirlpool Website Helps Consumers Access Energy-Efficient Appliance Rebates", 27 de janeiro de 2010; apolloalliance.org/blog/whirlpool-websitehelps-consumers-access-energy-efficient-appliance-rebates, acessado em 23 de maio de 2010.

88 A Piece of Cleveland, "Why APOC?"; www.apieceofcleveland.com/history_ mission.asp, acessado em 23 de maio de 2010.

89 IBM, "Smarter Water Management"; www.ibm.com/smarterplanet/us/en/ water_management/ideas/?&re=sph, acessado em 23 de maio de 2010.

90 Hydrolosophy, "Vision"; www.hydrolosophy.com/Vision.html, acessado em 23 de maio de 2010.

91 www.sourcemap.org, acessado em 14 de janeiro de 2011.

92 Answers.com, "Charles Revson"; www.answers.com/topic/charles-revson, acessado em 14 de junho de 2010.

93 Braudel, F. *The Wheels of Commerce: Civilization & Capitalism 15th–18th Century* (New York: Harper & Row, 1979).

94 Braudel, F. 1979: 23.

95 Bourgin, H. *L'Industrie et le Marché* (1924), citado em Braudel, F. 1979: 31.

96 O traço característico da manufatura concentrada foi a "reunião sob o mesmo teto", geralmente em uma grande construção, da força de trabalho; isso possibilitou a supervisão do trabalho, uma avançada divisão do trabalho – em suma, o aumento da produtividade e uma melhoria na qualidade dos produtos (Braudel, 1979: 300).

97 Braudel, 1979: 304.

98 Braudel illustrates this prevalence of community over shareholder value in this portrait of an early capitalist: "Our capitalist, we should not forget, stood at a certain level in social life and usually had before him the decisions, advice and wisdom of his peers. He judged things through this screen. His effectiveness depended not only on his innate qualities but also on the position in which he found himself... Nor should we believe that the profit maximization so frequently denounced entirely explains the behavior of capitalist merchants" (Braudel, 1979: 402).

99 M.S. Albion, *Making a Life, Making a Living: Reclaiming your Purpose and Passion in Business and in Life* (New York: Warner Books, 2000). 100 Gramota.ru, "Delo"; www.gramota.ru/slovari, accessed August 3, 2007 (Russian language only).

101 "Business"; dictionary.reference.com/browse/business, acessado em 2 de agosto de 2007.

102 Ibid.

103 Braudel, 1979: 455.

104 Braudel, 1979: 343.

105 J. Diamond, *Collapse: How Societies Choose to Fail or Succeed* (New York: Penguin Books, 2005).

106 U.S. Census Bureau, "Historical Estimates of World Population"; www.census.gov/ipc/www/worldhis.html, acessado em 10 de janeiro de 2011.

107 The IPAT equation was developed by Barry Commoner, Paul Ehrlich, and John Holdren in the 1970s to explain the impact of human activity on the environment.

108 Meyer e Kirby, 2010: 38-46.

109 Braudel, 1979: 178.

110 Bendell, J. *Barricades and Boardrooms: A Contemporary History of the Corporate Accountability Movement* (Technology, Business and Society Programme Paper Number 13; Geneva: UNRISD, 2004).

111 Korten, D. *When Corporations Rule the World* (London: Kumarian, 1995): 59.

112 Bierce, A. *The Devil's Dictionary* (first published in book form by Doubleday, Page, and Company, 1911; New York: Neale).

113 Friedman, M. "The Social Responsibility of Business is to Increase its Profits", *New York Times*, 13 setembro de 1970.

114 Rappaport, A. *Creating Shareholder Value: The New Standard for Business Performance* (New York: Free Press, 1986).

115 Howe, J. "No Suit Required", Wired 14.09 (setembro de 2006); www.wired.com/wired/archive/14.09/nettwerk_pr.html, acessado em 14 de junho de 2010.

116 Freeman, R.E. e Reed, D.L. "Stockholders and Stakeholders: A New Perspective on Corporate Governance", *California Management Review* 25.3 (1983): 88-106.

117 De Wit, B. e Meyer, R. *Strategy: Process, Content, Context* (London: Cengage Learning EMEA, 2004): 604.

118 World Commission on Environment and Development, Our Common Future (Report of the Brundtland Commission; Oxford, UK: Oxford University Press, 1987).

119 Drucker, P.F. "The New Meaning of Corporate Social Responsibility", *California Management Review* 26.2 (inverno de 1984): 53-63.

120 T. Cannon, *Corporate Responsibility* (London: Pitman, 1992).

121 Demb, A. e Neubauer, F.F. *The Corporate Board: Confronting the Paradoxes* (Oxford, UK: Oxford University Press, 1992).

122 Yoshimori, M. "Whose Company Is It? The Concept of the Corporation in Japan and the West", *Long Range Planning* 28 (1995): 33-45.

123 Hart, S.L. "Beyond Greening: Strategies for a Sustainable World", *Harvard Business Review*, janeiro-fevereiro de 2007.

124 Bendell, 2004.

125 *The Global Compact*, "Who Cares Wins: Connecting Financial Markets to a Changing World"; www.unglobalcompact.org/docs/issues_doc/Financial_ markets/who_cares_who_wins.pdf, acessado em 16 de fevereiro de 2011.

126 Sustainability, Buried Treasure (Sustainability, 6 de fevereiro de 2001); www.sustainability.com/library/buried-treasure, acessado em 10 de janeiro de 2011.

127 *Sustainability, International Finance Corporation & Ethos Institute*, "Developing Value: The Business Case for Sustainability in Emergent Markets" (Sustainability, 17 de julho de 2002); www.sustainability.com/library/developingvalue, acessado em 10 de janeiro de 2011.

128 Esta abordagem particular sobre o conceito de valor sustentável é explorada em profundidade em Laszlo, C. *The Sustainable Company: How to Create Lasting Value through Social and Environmental Performance* (Washington, DC: Island Press, 2003, 2005) e Laszlo, C. *Sustainable Value: How the World's Leading Companies Are Doing Well by Doing Good* (Sheffield, UK: Greenleaf Publishing/Stanford, CA: Stanford University Press, 2008).

129 comentários de Jeffrey Immelt na conferência BSR, "Sustainability: Leadership Required", New York, 6 de novembro de 2008.

130 Ibid.

131 Em 2009, Mike Duke perguntou a seus empregados, "A sustentabilidade ficou ainda mais crítica, não é mesmo?" e seguiu dizendo que "queremos acelerar nossos esforços em sustentabilidade" – não é a linguagem de uma empresa que deseja retardar seus esforços verdes por causa da recessão.

132 V. notícias da Bloomberg de 6 de janeiro de 2010, em www.bloomberg.com/apps/news?pid=20601109&sid=aJEVrzt2t.8o&pos=10, acessado em 8 de janeiro de 2010.

133 Laszlo, 2005, 2008.

134 *Environmental Leader*, "IKEA Eliminates Incandescent Bulbs", 16 de junho de 2010; www.environmentalleader.com/2010/06/16/ikea-eliminates-incandescent-bulbs, acessado em 10 de janeiro de 2011.

135 Os preços da eletricidade na verdade caíram constantemente de 1985 a 2005 (em termos reais) e em 2008 ainda estavam abaixo dos níveis históricos (v. Figura 8.10: Average Retail Prices of Electricity no U.S. Energy Information Administration/Annual Energy Review de 2009; www.eia.doe.gov/emeu/aer/pdf/pages/sec8_38.pdf, acessado em 10 de janeiro de 2011).

136 "SUVs: The High Costs of Lax Fuel Economy Standards for American Families", Public Citizen, junho de 2003; www.citizen.org/documents/costs_of_suvs. pdf, acessado em 10 de janeiro de 2011.

137 Porter, M. e Kramer, M.R. "The Competitive Advantage of Corporate Philanthropy", *Harvard Business Review*, dezembro de 2002.

138 Cescau, P.J. "Foreword", in Laszlo, C. Sustainable Value: How the World's Leading Companies are Doing Well by Doing Good (Sheffield, UK: Greenleaf Publishing/Stanford, CA: Stanford University Press, 2008): 12.

139 Rappaport, A. "Shareholder Value and Corporate Purpose", adaptado de *Creating Shareholder Value: The New Standard for Business Performance* (New York: The Free Press, 1986).

140 Ibid.

141 De Wit and Meyer, 2004: 602.

142 Os autores agradecem a Gilbert Lenssen da Academy of Business in Society por chamar nossa atenção para o exemplo da ICI.

143 John Kay, falando em 2004 no colóquio EABIS, "The Challenge of Sustainable Growth: Integrating Societal Expectations in Business", coordenado por Vlerick Leuven Gent Management School na Bélgica em 27-28 de setembro de 2004.

144 *Financial Times*, 13 e 16 de março de 2009. Citado em Sathe, V. "Strategy for What Purpose?", in *The Drucker Difference* (New York: McGraw-Hill, 2010).

145 *The Economist*, 8 de maio de 2004: 64, citado em Sathe, 2010.

146 Freeman, R.E. *Strategic Management: A Stakeholder Approach* (Boston, MA: Pitman, 1984).

147 Citado em Freeman, R.E. e Reed, D.L. "Stockholders and Stakeholders: A New Perspective on Corporate Governance", *California Management Review* 25.3 (1983): 88-106.

148 Berle e Means, 1932, e Chester Barnard, 1939, citado em De Wit e Meyer, 2004: 616.

149 Ansoff, H.I. *Corporate Strategy* (New York: McGraw-Hill, 1965).

150 De Wit e Meyer, 2004: 616.

151 De Wit e Meyer, 2004: 604.

152 Clarkson, 1995, e Alkhafaji, 1989, citado em De Wit e Meyer, 2004: 604.

153 Wallace, J. "Value(s)-Based Management: Corporate Social Responsibility Meets Value-Based management", in *The Drucker Difference* (New York: McGraw-Hill, 2010).

154 Freeman, R.E. e Reed, D.L. "Stockholders and Stakeholders: A New Perspective on Corporate Governance", *California Management Review* 25.3 (1983): 88-106.

155 Freeman e Reed, 1983: 88-106, citado em De Wit e Meyer, 2004: 619.

156 Embora Freeman tenha previsto a necessidade de colapso nos tratamentos diferenciados para grupos de acionistas e stakeholders em uma única abordagem de gestão. "Questões envolvendo tanto interesses econômicos quanto políticos e bases de poder devem ser abordadas de forma integrada. Temas públicos, relações públicas e filantropia empresarial não podem mais servir como ferramentas adequadas de gestão." (De Wit e Meyer, 2004: 621).

157 Citado em Wallace, J. "Value(s)-Based Management: Corporate Social Responsibility Meets Value-Based Management", in *The Drucker Difference* (New York: McGraw-Hill, 2010).

A árvore do lucro: introdução à parte II

158 "SEC Charges Goldman Sachs with Fraud in Structuring and Marketing of CDO Tied to Subprime Mortgages" (SEC press release, 16 de abril de 2010); www. sec. gov/news/press/2010/2010-59.htm, acessado em 15 de maio de 2010.

Capítulo 3: O que um estrategista faria?

159 Chandler, A. *Strategy and Structure: Chapters in the History of the Industrial Enterprise* (Cambridge, MA: MIT Press, 1962). Reimpresso em *The Essential Alfred Chandler* (Cambridge, MA: Harvard Business Press, 1988): 174.

160 Ansoff, 1965.

161 Learned, E.P.; Christensen, C.R.; Andrews, K.R. e Guth, W.D. *Business Policy: Text and Cases* (Homewood, IL: Irwin, 1965).

162 Hambrick, D.C. e Frederickson, J.W. "Are you sure you have a strategy?". Academy of Management Executive 15.4 (novembro de 2001): 48-59.

163 M. Porter. *Competitive Strategy: Techniques for Analyzing Industries and Competitors* (New York: The Free Press, 1998).

164 Chandler 1962: 174.

165 Porter, M.E. *Competitive Strategy* (New York: Free Press, 1980). Ver, também ,*Competitive Advantage* (New York: The Free Press, 1985).

166 Buzzell, R.D. e Gale, B.T. *The PIMS Principles: Linking Strategy to Performance* (New York: Free Press/London: Collier Macmillan, 1987).

167 Treacy, M. e Wiersema, F. *The Discipline of Market Leaders* (New York: Basic Books, 1995, edição ampliada 10 de janeiro de 1997).

168 D'Aveni, R. *Hypercompetition: Managing the Dynamics of Strategic Maneuvering* (New York: The Free Press, 1994).

169 Brown, S.L. e Eisenhardt, K.M. *Competing on the Edge: Strategy as Structured Chaos* (Boston, MA: Harvard Business School Press, 1998).

170 Mintzberg, H. e Quinn, J.B. *The Strategy Process: Concepts, Context, Cases* (Englewood Cliffs, NJ: Prentice Hall, 3rd edn., 1996).

171 Brown e Eisenhardt, 1998.

172 Christensen, C.M. e Overdorf, M. "Meeting the Challenge of Disruptive Change", *Harvard Business Review*, março-abril de 2000. Ver, também, Christensen e Raynor, *The Innovator's Solution* (Boston, MA: Harvard Business School Press, 2003).

173 Christensen e Overdorf, 2000.

174 Mintzberg, H.; Ahlstrand, B. e Lampel, J. *Strategy Safari: A Guided Tour Through the Wilds of Strategic Management* (New York: The Free Press, 1998).

175 Ibid.

176 Mintzberg, H. e Lampel, J. "Reflecting on the Strategy Process", *Sloan Management Review*, primavera de 1999: 21-30.

177 Esta sugestão vem de uma conversa pessoal entre Henry Mintzberg e Nadya Zhexembayeva em 29 de junho de 2010.

178 Respostas de um a seis e o visual dos "hólons" foram retirados de um livro anterior de Chris Laszlo, *Sustainable Value: How the World's Leading Companies Are Doing Well by Doing Good* (Greenleaf Publishing and Stanford University

Press, 2008). Neste capítulo, cada uma das respostas é pesquisada e documentada em maior profundidade do que anteriormente.

179 Palmer, K.; Oates,W. e Portney,P. "Tightening Environmental Standards: The Benefit-Cost or the No-Cost Paradigm?". *Journal of Economic Perspectives* 4 (1995): 121.

180 Reinhardt, F. *Down to Earth: Applying Business Principles to Environmental Management* (Boston, MA: Harvard Business School Press, 2000): 5.

181 Sharma, S. e Aragon-Correa, J.A. "Corporate Environmental Stra-tegy and Competitive Advantage: A Review from the Past to the Future", in Sharma e Aragon-Correa (eds.), *Corporate Environmental Strategy and Competitive Advantage* (Cheltenham, UK: Edward Elgar Publishing, 2005): 1.

182 Walley, N. e Whitehead, B. "It's Not Easy Being Green", *Harvard Business Review*, maio-junho de 1994: 46-51.

183 Hoffman, A. *Competitive Environmental Strategy* (Washington, DC: Island Press, 2000): 134.

184 Epstein, M. *Making Sustainability Work: Best Practices in Managing and Measuring Corporate Social, Environmental and Economic Impact* (Sheffield, UK: Greenleaf Publishing/San Francisco: Berrett-Koehler, 2008): 113.

185 A visão de valor competitivo baseada em recursos é descrita no contexto da sustentabilidade em Marcus, A. "Research in Strategic Environmental Management", in Sharma, S. e Aragon-Correa, J. A. (eds.), *Corporate Environmental Strategy and Competitive Advantage* (Cheltenham, UK: Edward Elgar Publishing, 2005): cap. 2.

186 Porter, M. e van der Linde, C. "Green and Competitive: Ending the Stalemate", *Harvard Business Review*, setembro-outubro de 1995: 125.

187 Reinhardt, 2000: 79, e Laszlo, 2008: cap. 5.

188 De Wit e Meyer, 2004: 238.

189 Reinhardt 2000: 18.

190 Reinhardt, 2000: 17.

191 Freedonia, "Air Pollution Control in China to 2010" (a report of the Freedonia group, abril de 2007); www.freedoniagroup.com/Air-Pollution-Control-InChina.html, acessado em 11 janeiro de 2011.

192 Tait, C. "Clean Water: Most Precious Resource", *Vancouver Sun*, 16 de maio de 2010; www.vancouversun.com/business/Clean+water+Most+precious+resource/ 2963500/story.html, acessado em 21 de julho de 2010.

193 Prahalad, 2005.

194 World Resources Institute, The Next 4 Billion: Market Size and Business Strategy at the Base of the Pyramid (Washington, DC: WRI/IFC, 2007).

195 Veja o estudo de caso da Case Western University, "Shakti: Growing the Market While Changing Lives in Rural India", 22 de agosto de 2005; worldinquiry. case. edu/bankInnovationView.cfm?idArchive=362, acessado em 11 de janeiro de 2011.

196 Competitive Advantage, "Project Shakti: A Win Win Situation", 4 de junho de 2010; competitiveadvantage.thecompanymarketing.com/ comparative-advantage/project-shakti-a-win-win-situation, acessado em 21 de julho de 2010.

197 Laszlo, 2008: cap. 10.

198 Laszlo, 2008: 161.

199 Hand, J. e Lev, B. (eds.). *Intangible Assets: Values, Measures and Risks* (Oxford, UK: Oxford University Press, 2003).

200 Fortson, D. "BP Offers Barack Obama Clean-up Billions", *The Sunday Times*, 13 de junho de 2010; business.timesonline.co.uk/tol/business/industry_sectors/natural_resources/article7148985.ece, acessado em 11 de janeiro de 2011.

201 *MSNBC News*, "As spill costs mount, BP shares tumble anew"; www.msnbc.msn.com/id/37602159/ns/business-world_business, acessado em 10 de junho de 2010.

202 www.environmentalleader.com/?s=Advertising+Standards+Authoriy. Por exemplo, em 6 de maio de 2010, um artigo apareceu, intitulado "Renault Ad Banned Over Misleading Green Claims". Ver: www.environmentalleader.com/2010/05/06/renault-ad-banned-over-misleading-co2-claims, acessado em 11 de janeiro de 2011.

203 Nehrt, C. "Maintainability of First Mover Advantages when Environmental Regulations Differ between Countries", *Academy of Management Review* 23 (1998): 77-97 mostrou que as organizações que ultrapassam seus concorrentes em práticas ambientais avançadas e investimentos em tecnologias podem obter benefícios se a legislação ambiental afetando a firma e o cenário competitivo atingirem certas condições.

204 The U.S. Climate Action Partnership foi fundado em janeiro de 2007 (www.uscap.org, acessado em 11 de janeiro de 2011).

205 Sobre a liderança da DuPont em tecnologias de baixo carbono, ver Laszlo, 2008: cap. 5.

206 Reinhardt, 2000: 56.

207 *Chamber of Mines of South Africa*, "Position Statement: The Potential Impact of REACH Authorisation Requirements on Mining in Developing Countries"; www.bullion.org.za/Departments/SafetySusDevl/Downloads/REACHinfo/REACH%20position%20statement.pdf, acessado em 11 de janeiro de 2011.

208 Reinhardt, 2000: 106.

209 Fábricas de cimento convencionais estão entre as indústrias de maior emissão de carbono, contribuindo com cerca de 5% das emissões globais.

210 O visual é inspirado na Figura 10.4, "The Six Levels of Strategic Focus", publicada em Laszlo, 2008: 155.

211 A visão da vantagem competitiva baseada em recursos é descrita no contexto da sustentabilidade em Marcus, A. "Research in Strategic Environmental Management", in Sharma e Aragon-Correa (eds.). *Corporate Environmental Strategy and Competitive Advantage* (Cheltenham, UK: Edward Elgar Publishing, 2005): cap. 2.

212 Sharma e Aragon-Correa, "Corporate Environmental Strategy and Competitive Advantage: A Review from the Past to the Future", in Sharma e Aragon-Correa, 2005: cap. 1.

213 Ibid.

214 Ibid.

215 Porter, M. "America's Green Strategy", *Scientific American*, abril de 1991: 168.

216 Marcus, A. "Research in Strategic Environmental Management", in Sharma e Aragon-Correa, 2005: cap. 2.
217 Sharma e Vredenburg, citados em Sharma e Aragon-Correa, 2005: cap. 1.
218 Sharma e Aragon-Correa, 2005: cap. 1.
219 Resumido em Sharma e Vredenburg, citado em Sharma e Aragon-Correa, 2005: cap. 1.
220 C.K. Prahalad e G. Hamel, "The Core Competence of the Corporation", *Harvard Business Review*, maio-junho de 1990: 79-91.
221 Prahalad e Hamel, 1990: 84.
222 Winston, A. *Green Recovery: Get Lean, Get Smart, and Emerge from the Downturn on Top* (Boston, MA: Harvard Business School Press, 2009).
223 Marcus, 2005.
224 "The LifeStraw® Concept"; www.vestergaard-frandsen.com/lifestraw, acessado em 5 de junho de 2010.
225 Laszlo, 2005: 58.
226 A MotorTrend relatou em 2004 que "a versão de dois lugares foi a primeira a ser vendida em 1999, e o sedã Prius chegou logo depois. Cada um deles acelerou como carro econômico na década seguinte. Ambos utilizavam pneus duros e altamente eficientes que ofereciam aderência mínima e seguiam as irregularidades do pavimento com um zelo fundamentalista. Ambos os carros aceleravam e freavam de forma não linear quando a assistência do motor elétrico ligava e desligava". Frank Markus, "Road Test: 2004 Honda Civic Hybrid, 2004 Toyota Prius, 2004 Honda Insight, 2003 Toyota Prius", *Motor Trend*, Maio de 2004; www.motortrend.com/roadtests/alternative/112_0405_hybrid_car_comparison/index.html, acessado em 8 de março de 2010.
227 Reinhardt, 2000: 38.
228 Inovação movida pela sustentabilidade leva a novos processos e design de produtos, novos modelos de negócio e tecnologias que incorporem benefícios ambientais e sociais, como baixa intensividade de carbono, sem os custos adicionais ou o desempenho piorado.
229 Reinhardt, 2000: 17.
230 Piasecki, B. e Asmus, P. em *Search of Environmental Excellence: Moving Beyond Blame* (New York: Simon & Schuster, 1990).
231 O incidente Brent Spar de 1995 entre a Greenpeace e a Shell é um exemplo bem conhecido dessa relação antagônica entre os ambientalistas e os grandes negócios. Ela contrasta com as parcerias construtivas que agora existem entre grandes corporações como a Walmart e as ONGs como a WWF ou a Environmental Defense.
232 Reinhardt, 2000: 80.

Capítulo 4: Estratégias quentes para um mundo aquecido
233 De Wit e Meyer, 2004: 250.
234 De Wit e Meyer, 2004: 252.
235 Mintzberg, H. "Five Ps for Strategy", in Mintzberg, H. e Quinn, J.B. (eds.), *The Strategy Process* (Englewood Cliffs, NJ: Prentice-Hall International Editions, 1992): 12-19.

236 Porter, 1980.
237 Baden-Fuller e J. *Stopford, Rejuvenating the Mature Business* (London: Routledge, 1992); e C. Kim e R. Mauborgne, *Blue Ocean Strategy* (Boston, MA: Harvard Business Press, 1999) argumentam de formas diferente que as estratégias genéricas são limitantes porque não consideram as intersecções entre as três estratégias genéricas.
238 Porter, M.C. "What Is Strategy?". *Harvard Business Review*, novembro-dezembro, 1996: 64.
239 Ibid.
240 Chatterjee, S. "Core Objectives: Clarity in Designing Strategy", *California Management Review* 47:2 (inverno de 2005): 33-49.
241 Laszlo, 2008: cap. 6.
242 "Lexus Hybrid Interactive Guide: LS 600 h L"; www.lexus.com/ hybridbrochure/ ls_600h_l.html, acessado em 27 de julho de 2010.
243 J. Ewing, "BMW Inaugurates a Factory for Electric Cars", *The New York Times*, 5 de novembro de 2010.
244 Citado em um blog, "BMW To Make Electric Cars Pure Luxury", by Alice Winchester; www.tinygreenbubble.com/eco/environmental/item/1039-bmwto-make-electric-cars-pure-luxury, acessado em 8 de novembro de 2010.
245 Porter, 1985, citado em De Wit e Meyer, 2004: 264.
246 Iwata, E. "Small businesses take big steps into green practices", USA Today, 7 de dezembro de 2007; www.usatoday.com/money/smallbusiness/2007-12-02greenbiz_N.htm, acessado em 11 de janeiro de 2011.
247 Um setor do mercado definido pelo Roper ASW Green Gauge Report como o mais interessado em "verde" ou questões ambientais. Em 2007, esses clientes saltaram dramaticamente de apenas 9% para 30% do total da população de consumidores americanos e tendem a ser instruídos, ter rendas mais altas e influência sobre os consumidores.
248 Lifestyles of Health and Sustainability; www.lohas.com, acessado em 16 de janeiro de 2011.
249 www.culturalcreatives.org, acessado em 11 de janeiro de 2011.
250 C. Kim e R. Mauborgne, "Blue Ocean Strategy", *Harvard Business Review*, outubro de 2004: 2.
251 Kim e Mauborgne, 2004: 3.
252 C. Kim e R. Mauborgne. *Blue Ocean Strategy: How to Create Uncontested Market Space and Make the Competition Irrelevant* (Boston, MA: Harvard Business School Publishing, 2005): 12.
253 Kim e Mauborgne, 2005: 13.
254 Biello, D. "Pulling CO_2 from the Air: Promising Idea, Big Price Tag", Environment 360, 9 de outuro de 2009; e 360.yale.edu/content/feature.msp?id=2197, acessado em 11 de janeiro de 2011.
255 Comentário comunicado em um e-mail do professor Vijay Sathe, The Drucker School, em julho de 2010.
256 Kim e Mauborgne, 2005: 17.
257 Kim e Mauborgne, 2005: 7-8.

Notas 329

258 Yellow tail é uma marca da vinícola australiana Casella Wines.
259 Kim e Mauborgne, 2005: 49.
260 Para um estudo de caso da Universidade de Michigan sobre o programa da Cemex's Patrimonio Hoy, ver www.bus.umich.edu/BottomOfThePyramid/CEMEX.pdf, acessado em 11 de janeiro de 2011.
261 Kim e Mauborgne, 2005: 73.
262 Kim e Mauborgne, 2005: 124.
263 Conversas entre Renée Mauborgne e Chris Laszlo no campus da INSEAD em dezembro de 2005.
264 Christensen e Overdorf, 2000: 7.
265 V. IPCC Fourth Assessment Report, editado em 2007, disponível em www. ipcc.ch.
266 Christensen, C. *The Innovator's Dilemma* (New York: Collins Business Essentials, 1997): 7.
267 Morrison, C. "30 Electric Cars Companies Ready to Take Over the Road", GreenBeat, 10 de janeiro de 2008; green.venturebeat.com/2008/01/10/27-electric-cars-companies-ready-to-take-over-the-road, acessado em 24 de março de 2010.
268 Christensen, 1997: 235.
269 Preços de venda de 28 de março de 2010, do site dos fabricantes.
270 Christensen, 1997: 36.
271 A. Hoffman, Competitive Environmental Strategy (Washington, DC: Island Press, 2000): 163.

Capítulo 5: Sustentabilidade incorporada

272 Cooperrider, D.L.; Whitney, D. e Stavros, J.M. Appreciative Inquiry Handbook (San Francisco: Berrett-Koehler, 2008): 172.
273 Por favor, ver informações atualizadas sobre o Erste Group Bank em www.erstegroup.com.
274 good.bee, "Our Team"; www.goodbee.com/feed-back-contact/our-team/#section1, acessado em 14 de agosto de 2010.
275 "The Richline Group"; www.richlinegroup.com/responsible.html, acessado em 11 de janeiro de 2011.
276 www.greenworkscleaners.com, acessado em 11 de janeiro de 2011.
277 Citado em Winston, 2009: 68.
278 Para mais informações sobre o U.S. Presidential Green Chemistry Award de 2010 por favor, veja www.epa.gov/gcc/pubs/pgcc/past.html.
279 Dr. Charles P. Gerba, Bulk Soap Contamination, estudos não publicados, Universidade do Arizona, 2006, 2007.
280 GOJO Industries, Inc. Os autores gostariam de agradecer a Argerie Vasilakes, Nicole Koharik e David Searle por prover informações sobre a empresa.
281 Katakis, M. "Chevy Cruze Engines to Get Easy Change, Environmentally Friendly Oil Filter", *GM Authority*, 26 de maio de 2010; gmauthority.com/ blog/2010/05/chevy-cruze-engines-to-get-easy-change-environmentallyfriendly-oil-filter, acessado em 11 de janeiro de 2011.

282 Ver, por exemplo, "Rising to the Sustainability Challenge: Remarks by Sherri K. Stuewer, Vice President of Environmental Policy and Planning, Exxon Mobil Corporation, Business and Sustainability Conference, Washington, D.C., 17 de junho de 2009"; www.exxonmobil.com/corporate/news_speeches_20090617_sks.aspx, acessado em 11 de julho de 2010, no qual a sustentabilidade é descrita como ato equilibrador.

283 Para detalhes sobre os esforços de cidadania corporativa da Exxon-Mobil, ver www.exxonmobil.com/Corporate/community.aspx.

284 EMF significa campo eletromagnético e também é a abreviação de frequência eletromagnética.

285 Abell, D. "What Makes a Good Case?" *ECCHO: The Newsletter of European Case Clearing House* 17 (1997): 4-7.

286 Christensen, C. The Innovator's Dilemma (New York: Collins Business Essentials, 1997).

287 Prahalad, C.K. e Mashelkar, R.A. "Innovation's Holy Grail", *Harvard Business Review*, julho-agosto de 2010: 132-41.

288 Devemos este exemplo a Stuart Hart, em *Capitalism at the Crossroads: Next Generation Business Strategies for a Post-crisis World* (Upper Saddle River, NJ: Wharton School Publishing, 3ª ed, 2010): 118-20.

289 Hart, 2010: 120.

290 O website da empresa é www.burco.com, acessado em 11 de janeiro de 2011.

291 Hart, 2010: 40.

292 QuickMBA (www.quickmba.com/strategy/competitive-advantage, acessado em 5 de março de 2010) oferece uma definição sucinta: "Quando uma empresa sustenta lucros que excedem a média do seu mercado, a firma é reputada como tendo uma vantagem competitiva sobre seus rivais".

293 De Wit e Meyer, 2004: 231.

294 De Wit e Meyer, 2004: cap. 5.

295 Meadows, D.; Meadows, D.L.; Randers, J. e Behrens III, W.W. *Limits to Growth* (New York: New American Library, 1972).

296 Kohler, H. *Intermediate Economics: Theory and Applications* (Glenview, IL: Scott, Foresman & Company, 1982): 526.

297 Pigou, A.C. *The Economics of Welfare* (London: Macmillan, 4th edn., 1946).

298 Kearney, A.T. e WRI, "Rattling Supply Chains: The Effect of Environmental Trends on Input Costs for the Fast-Moving Consumer Goods Industry" (novembro de 2008); pdf.wri.org/rattling_supply_chains.pdf, acessado em 28 de maio de 2010.

299 Ver, por exemplo, um excelente livro sobre as capacidades de lado direito e esquerdo do cérebro nos negócios: Pink, D.H. *A Whole New Mind: Why Right-brainers will Rule the Future* (New York: Riverhead Books, 2005).

Capítulo 6: Competências quentes para um mundo aquecido

300 O fascinante mundo dos Criativos Culturais é explorado em Ray e Anderson, *The Cultural Creatives: How 50 Million People are Changing the World* (New York: Harmony Books, 2000).

301 Conduzimos uma busca avançada no Google por "tomada de decisão gerencial" em 25 de julho de 2010 e, em questão de 0,07 segundo, recebemos perto de 360.000 resultados.

302 en.wikipedia.org/wiki/Decision_making, acessado em 16 de julho de 16, 2010.

303 Boland, R.J. e Collopy, F. *Managing as Designing* (Stanford, CA: Stanford University Press, 2004).

304 Ibid.

305 Plambeck, E.L. e Denend, L. "The Greening of Walmart", *Stanford Social Innovation Review*, primavera de 2008: 53-57.

306 Scott, L. "Twenty First Century Leadership", Walmart, outubro de 24, 2005; walmartstores.com/sites/sustainabilityreport/2007/documents/21stCenturyLeadership.pdf, acessado em 16 de julho de 2010.

307 Plambeck e Denend, 2008.

308 Boland e Collopy, 2004.

309 Brown, T. *Change by Design* (New York: HarperCollins, 2009): 3.

310 Ibid.

311 William McDonough + Partners, "Design is the First Signal of Human Intention"; www.mcdonoughpartners.com/design_approach/philosophy, acessado em 16 de julho de 2010.

312 Pink, 2005: 70.

313 Brown, 2009: 18.

314 TED, "William McDonough on Cradle to Cradle Design", Fevereiro de 2005; www.ted.com/talks/lang/eng/william_mcdonough_on_cradle_to_cradle_ design.html, acessado em 16 de julho de 2010.

315 Media.Ford.Com, "Ford installs world's largest living roof on new truck plant", (press release de 5 de junho de 2003); media.ford.com/article_display.cfm?article_id=15555, acessado em 16 de julho de 2010.

316 TED, "William McDonough on Cradle to Cradle Design".

317 "Nestlé Boycott"; en.wikipedia.org/wiki/Nestlé_boycott, acessado em 11 de janeiro de 2011.

318 Nestlé S.A., Public Affairs, "The Nestlé Creating Shared Value Report" (março de 2008); www2.nestle.com/Common/NestleDocuments/Documents/ Reports/CSV reports/Global report 2007/Global_report_2007_English.pdf, acessado em 16 de julho de 2010.

319 Fulton, S.J. Thoughtless Acts? Observations on Intuitive Design (Watertown, MA: Chronicle Books, 2005).

320 T. Brown, "Strategy by Design", Fast Company, 1º de junho de 2005; www.fastcompany. com/magazine/95/design-strategy.html?page=0%2C1, acessado em 16 de julho de 2010.

321 Relatórios da GE "On the hunt for sunken treasure at GE"; www.gereports.com/on-the-hunt-for-sunken-treasure-at-ge, acessados em 17 de julho de 2010.

322 G. Hancock, "How GE's 'Treasure Hunts' discovered more than $110M in energy savings", 13 de maio de 2009; www.greenbiz.com/blog/2009/05/13/howges-treasure-hunts-discovered-more-110m-energy-saving, acessado em 17 de julho de 2010.

323 The Co-operative Bank, "Why we have ethical policies"; www.goodwithmoney.co.uk/why-do-we-need-ethical-policies, acessado em 17 de julho de 2010.

324 Walmart, "Associates' Personal Sustainability Projects" (2009 Global Sustainability Report); walmartstores.com/sites/sustainabilityreport/2009/s_ao_ psp.html, acessado em 17 de julho de 2010.

325 D. McLeod, "Waving the Wand", *Financial Mail*, 25 de novembro de 2005; www.wizzit.co.za/media/wavinghand.pdf, acessado em 17 de julho de 2010.

326 GE Ecomagination, "Ecomagination Challenge: Powering the Grid", challenge.ecomagination.com/ideas, acessado em 17 de julho de 2010.

327 J. Ridderstråle e K. Nordström. *Funky Business: Talent Makes Capital Dance* (Upper Saddle River, NJ: Financial Times Prentice-Hall, 2000): 97.

328 Para discussões mais profundas sobre o papel do significado nos negócios, ver Pink, 2005, assim como Brown, 2005.

329 Losada, M. e Heaphy, E. "The Role of Positivity and Connectivity in the Performance of Business Teams: A Nonlinear Dynamic Model", *American Behavioral Scientist* 47.6 (2004): 740-65.

330 Ibid.

331 Argyris, C. e Schön, D. *Organizational Learning: A Theory of Action Perspective* (Reading, MA: Addison-Wesley, 1978).

332 Senge, P.M. *The Fifth Discipline: The Art and Practice of the Learning Organization* (New York: Currency/Doubleday, 1990).

333 Boland e Collopy, 2004: 9.

334 Senge, 1990.

335 Vogt, E.E. Brown, J. e Isaacs, D. *The Art of Powerful Questions: Catalyzing Insight, Innovation and Action* (Mill Valley, CA: Whole Systems Associates, 2003).

336 TED, "Chip Conley: Measuring what Makes Life Worthwhile", fevereiro de 2010; www.ted.com/talks/chip_conley_measuring_what_makes_life_worthwhile. Html, acessado em 18 de julho de 2010.

337 T. Kinni, "The Art of Appreciative Inquiry", *Harvard Business School Working Knowledge for Business Leaders*, 22 de setembro de 2003; hbswk.hbs.edu/ archive/3684.html, acessado em 18 de julho de 2010.

338 Cooperrider, D. e Sekerka, L.E. "Elevation of Inquiry into the Appreciable World: Toward a Theory of Positive Organizational Change", in Cameron, K. Dutton, J. e Quinn, R. (eds.), *Positive Organizational Scholarship* (San Francisco: Berrett-Koehler, 2003): 229.

339 Cooperrider e Sekerka, 2003: 225-40.

340 Para uma discussão aprofundada sobre os estados positivos na vida organizacional, favor consultar Cameron, K.S. Dutton, J.E. e Quinn, R.E. *Positive Organizational Scholarship* (San Francisco: Berrett-Koehler, 2003): 225-40.

341 Losada e Heaphy, 2004.

342 Kinni, 2003.

Notas 333

343 Cooperrider, D.L.; Whitney, D.K. e Stavros, J.M. *Appreciative Inquiry Handbook* (San-Francisco: Berrett-Koehler, 2008).

344 Centro de Inovação da U.S. Dairy, "U.S. Dairy Sustainability Commitment", www.usdairy.com/Sustainability/Pages/Home.aspx, acessado em 18 de novembro de 2009.

345 Senge, P.; Roberts, C.; Ross, R.; Smith, B. e Kleiner, A. *The Fifth Discipline Fieldbook: Strategies and Tools for Building a Learning Organization* (New York: Currency/Doubleday, 1994).

346 Wheatley, M.J. *Leadership and the New Science: Learning about Organization from an Orderly Universe* (San Francisco: Berrett-Koehler, 1994).

Capítulo 7: Gerenciando a mudança: o retorno

347 Para essa citação e muito mais sobre a linha entre estratégia e execução, ver Martin, R.L. "The Execution Trap", *Harvard Business Review*, julho-agosto de 2010: 64-71.

348 Ibid.

349 Shapiro, A.L. "Coca-Cola Goes Green", Forbes.com, 29 de janeiro de 2010; www.forbes.com/2010/01/29/muhtar-kent-coca-cola-leadership-citizenshipsustainability.html, acessado em 20 de agosto de 2010.

350 Para assistir ao vídeo completo com essa citação, e mais entrevistas com Lee Scott, acesse o YouTube em: www.youtube.com/watch?v=MCeUET8mcVo (acessado em 12 de janeiro de 2011).

351 Deloitte, "Lifecycle Assessment: Where Is It in Your Sustainability Agenda?" (2009); artigo online, disponível em: www.deloitte.com/assets/ Dcom-United-States/Local%20Assets/Documents/us_es_LifecycleAssessment.pdf, acessado em 16 de fevereiro de 2011.

352 Willard, B. The Sustainability Advantage: Seven Business Case Benefits of a Triple Bottom Line (Gabriola Island, BC: New Society Publishers, 2002).

353 Para mais informações sobre o Índice de Sustentabilidade da Walmart, ver walmartstores. com/Sustainability/9292.aspx, acessado em 12 de janeiro de 2011.

354 Andriof, J.; Waddock, S.; Husted, B. e Rahman, S.S. *Unfolding Stakeholder Thinking 2: Relationships, Communication, Reporting and Performance* (Sheffield, UK: Greenleaf Publishing, 2003).

355 Walmart, "Sustainability"; walmartstores.com/Sustainability, acessado em 27 de julho de 2009.

356 www.henkel.com/sustainability/raw-materials-12101.htm, acessado em 12 de janeiro de 2011.

357 www.chinadaily.com.cn/business/2010-05/31/content_9911034.htm, acessado em 12 de janeiro de 2011.

358 Fleischer, D. "Green Teams: Engaging Employees in Sustainability", *Green-Biz Report*, novembro de 2009, p. 7; www.greenbiz.com/sites/default/files/ GreenBizReports-GreenTeams-final.pdf, acessado em 12 de janeiro de 2011.

359 National Environmental Education Foundation, "The Business Case for Environmental and Sustainability Employee Education", fevereiro de 2010, p. 9; neefusa.org/BusinessEnv/white_paper_feb2010.pdf, acessado em 12 de janeiro de 2011.

360 www.trimo.eu/company/sustainable-development, acessado em 12 de janeiro de 2011.
361 National Environmental Education Foundation, 2010.
362 www.greenbiz.com/sites/default/files/Generating%20Sustainable%20Value%20Through%20Employee-led%20Teams%20Final.pdf, acessado em 12 de janeiro de 2011.
363 Fleischer, 2009.
364 Saiba mais sobre o SOL Sustainability Consortium em www.solsustainability.org, acessado em 12 de janeiro de 2011.
365 Para mais informações sobre as incríveis realizações da E4S, favor visitar www.e4s.org, acessado em 12 de janeiro de 2011.
366 Para revisar o alcance total dos indicadores do Rabobank Group, favor visitar www. rabobank.com/content/csr/factfigures, acessado em 12 de janeiro de 2011.
367 Orientações completas sobre o GRI e muito mais podem ser encontradas em www. globalreporting. org, acessado em 12 de janeiro de 2011.
368 Para a auditoria, ver p. 29 do *MIT Sloan Management Review* de 2009: "The Business of Sustainability" at www.mitsmr-ezine.com/ busofsustainability/2009#pg1, acessado em 12 de janeiro de 2011.
369 Descubra o Sustainable Packaging Metrics em www.sustainablepackaging. org/content/?type=5&id=sustainable-packaging-metrics, acessado em 12 de janeiro de 2011.
370 Para ler o artigo completo, ver Collins e Porras, "Building Your Company's Vision", *Harvard Business Review* 74.5 (1996): 65-77.

Capítulo 8: Juntando tudo
371 Laszlo e Laugel, *Large Scale Organizational Change: An Executive's Guide* (Woburn, MA: Butterworth-Heinemann, 2000).
372 Epstein, 2008.

Frutos do Futuro: introdução à Parte IV
373 P. Senge, *The Necessary Revolution* (New York: Doubleday, 2008).
374 Pink, 2005.
375 Pink, 2005: 65-66.
376 Benyus, J. Biomimicry (2006; HarperCollins e-books, Kindle edition): Somos gratos a Janine Benyus por sugerir os exemplos e explicar os desafios de se reproduzir a fotossíntese.
377 Cooperrider, D.L. e Whitney, D. *Appreciative Inquiry: A Positive Revolution in Change* (San Francisco: Berrett-Koehler, 2005).

Capítulo 10: Questionamento de Sustentabilidade
378 Ver, por exemplo, o trabalho do vencedor do prêmio Nobel, o neurofisiologista Roger W. Sperry. Seu conceito de "causa descendente" sugere um processo pelo qual o todo exerce uma influência determinante sobre as partes. Como o trabalho de Sperry demonstra, esse é o tipo de influência que acontece no sistema nervoso

central, em que a consciência exibida pelo todo cerebral governa o comportamento das redes e sub-redes neuronais do cérebro.

379 Koestler, A. *The Ghost in the Machine* (Harmondsworth, UK: Penguin Books, reimpr., 1990).

380 McKibben, B. "Breaking the Growth Habit", um excerto da Scientific American do seu livro, *EAARTH: Making a Life on a Tough New Planet* (New York: Henry Holt & Company, 2010).

381 Nordhaus, T. e Shellenberger, M. *Breakthrough: From the Death of Environmentalism to the Politics of Possibility* (Boston, MA: Houghton Mifflin, 2007): 5-6.

382 Goodland R. e Daly, H. "Environmental Sustainability: Universal and Non-negotiable", *Ecological Applications* 6 (1996): 1,002-17.

383 Laszlo, E. *Worldshift 2012: Making Green Business, New Politics and Higher Consciousness Work Together* (Toronto: McArthur & Company, 2009): 88-89.

384 Nordhaus e Shellenberger, 2007: 28.

385 Commoner, B. "The Environmental Cost of Economic Growth", in *Population, Resources and the Environment* (Washington, DC: Government Printing Office, 1972): 339-63; Ehrlich, P.R. e Holdren, J.P. "Impact of Population Growth", *Science* 171 (1971): 1,212-17.

386 Somos gratos a Ray Anderson, fundador e diretor-presidente da Interface, Inc., por ser o primeiro a sugerir esta lógica.

387 Nordhaus e Shellenberger, 2007: 15.

388 Markowitz, G. e Rosner, D. *Deceit and Denial: The Deadly Politics of Industrial Pollution* (Berkeley, CA: University of California Press, 2002): 172.

389 Markowitz e Rosner, 2002: 173.

390 Markowitz e Rosner, 2002: 176.

391 Markowitz e Rosner, 2002: 178.

392 Markowitz e Rosner, 2002: 192.

393 Markowitz e Rosner, 2002: 204.

394 Markowitz e Rosner, 2002: 207.

395 Markowitz e Rosner, 2002: 214.

396 Markowitz e Rosner, 2002: 223.

397 Nordhaus e Shellenberger, 2007: 8.

398 Nordhaus e Shellenberger, 2007: 18.

399 Ver, também, Hoffman, A. e Bertels, S. "Who is Part of the Environmental Movement? Assessing Network Linkages between NGOs and Corporations", in T. Lyon (ed.). *Good Cop Bad Cop: Environmental NGOs and their Strategies Toward Business* (Washington, DC: Resources for the Future Press, 2010): 48-69; Hoffman, A."Shades of Green", *Stanford Social Innovation Review*, Spring, 2009: 40-49.

400 Ehrenfeld, J.R. *Sustainability by Design: A Subversive Strategy for Transforming Our Consumer Culture* (New Haven, CT: Yale University Press, 2008): xix.

401 Ehrenfeld, 2008: 24.

402 Senge, 2008: 169.

403 Laszlo, 2009: 75.

404 Gelbspan, R. *The Heat Is On* (New York: Perseus Publishing, 1998): 171.

405 McKibben, 2010.
406 Senge, 2008: 46.
407 Laszlo, C., 2000: cap. 3.
408 en.wikipedia.org/wiki/Gifford_Pinchot, acessado em 12 de janeiro de 2011.
409 Commoner, B. "Unraveling the DNA Myth", *Harper's Magazine*, fevereiro de 2002: 39-47.
410 Nordhaus e Shellenberger, 2007: 239.
411 "Genetically Modified Rice Crucial in Drought Battle", *Manila Bulletin Publishing Corporation*, 23 de julho de 2009; mb.com.ph/articles/212311/geneticallymodified-rice-crucial-drought-battle, acessado em 16 de fevereiro de 2011.
412 T. Nordhaus e M. Shellenberger, "The Death of Environmentalism: Global Warming Politics in a Post-Environmental World", citado em Nordhaus and Shellenberger 2007.
413 Ver, por exemplo, um artigo do International Center for Journalists; www.icfj.org/OurWork/MiddleEastNorthAfrica/ConferenceIran360/FinalReport/WhyNegativeNewsTurnsUsOn/tabid/872/Default.aspx, acessado em 12 de janeiro de 2011.
414 Brown, L. *Plan B 4.0: Mobilizing to Save Civilization* (New York: W.W. Norton & Company, ed. rev., 2009).
415 Kunstler, H. *The Long Emergency: Surviving the Converging Catastrophes of the 21st Century* (New York: Atlantic Monthly Press, 2005).
416 Para mais informações, ver Kotter, J.P. Leading Change (Boston, MA: Harvard Business School Press, 1996).
417 Kotter, J.P. "Leading Change: Why Transformation Efforts Fail", *Harvard Business Review*, março-abril de 1995: 60-61.
418 Cooperrider, D.L. e Sekerka, L.E. "Elevation of Inquiry into the Appreciable World: Toward a Theory of Positive Organizational Change", in K. Cameron, J. Dutton, e R. Quinn (eds.), *Positive Organizational Scholarship* (San Francisco: Berrett-Koehler, 2003): 233. Posfácio
419 David Cooperrider é professor da cátedra Fairmount Minerals de Empreendedorismo Social na Universidade Case Western Reserve, na Escola de Administração Weatherhead, Cleveland, Ohio, U.S.A. David é um pioneiro em novos horizontes com o método das Reuniões de Cúpula de IA – uma abordagem baseada em grandes grupos e redes integradas – para promover a inovação nos negócios e o design criativo.
420 Stavros, J.; Cooperrider, D. e Lynn Kelley, D. "SOAR: A New Approach to Strategic Planning", in P. Holman, T. Devane e S. Cady (eds.). *The Change Handbook* (San Francisco: Berrett-Koehler, 2007): cap. 38.

Sobre os Autores

Chris Laszlo, Ph.D., é o autor de *Sustainable Value: How the World's Leading Companies Are Doing Well by Doing Good* (Greenleaf Publishing and Stanford University Press, 2008), e de *The Sustainable Company: How to Create Lasting Value through Social and Environmental Performance* (Island Press, 2003). É professor associado na Escola de Administração Weatherhead, da Universidade Case Western Reserve, na qual é diretor de Pesquisas do Fowler Center for Sustainable Value. Também é cofundador e sócio-diretor da Sustainable Value Partners, LLC, firma especializada em serviços de consultoria em sustentabilidade e vantagem empresarial.

Chris@SustainableValuePartners.com

Nadya Zhexembayeva, Ph.D., é titular da cátedra da Coca-Cola Chair de Desenvolvimento Sustentável na Escola de Administração IEDC-Bled – escola de gestão empresarial sediada na Eslovênia, onde ela leciona liderança, design organizacional e estratégia sustentável. Atualmente, atua como Vice-presidente do Challenge: Future, um jovem think-tank global. É membro do Conselho Consultivo do Fowler Center for Sustainable Value, da Universidade Case Western Reserve, em Cleveland, Ohio. Também é sócia da Sustainable Value Partners, LLC.

Nadya.Zhexembayeva@iedc.si

Outras Obras Indicadas

Empresas Socialmente Sustentáveis
O Novo Desafio da Gestão Moderna

Autores: *Francisco Paulo de Melo Neto*
Jorgiana Melo Brennand

A responsabilidade social e a sustentabilidade juntas representam uma nova forma de gerenciar políticas e ações sociais.

É um modelo mais ousado e coerente, porque se baseia em premissas inovadoras.

Os resultados a serem alcançados já não mais dependem exclusivamente da capacidade de gestão social, mas, principalmente, da mobilização e do entendimento dos seus beneficiários.

São eles os principais protagonistas de um processo social transformador, cujas externalidades e desdobramentos culminam no segmento de uma nova sociedade: a Sociedade Sustentável.

Ela é composta de cidadãos com elevada autoestima, solidários, empreendedores e construtores do seu próprio futuro.

Este é o perfil e o conteúdo da obra ora apresentada. Citando conceitos, ações, exemplos e sugestões, os autores apresentam as possibilidades e o infinito universo das boas práticas das empresas socialmente sustentáveis.

Formato: 16 x 23 cm
Nº de Páginas: 184

Outras Obras Indicadas

Valor Sustentável
Como as empresas mais expressivas do mundo estão *obtendo bons resultados* pelo *empenho em iniciativas de cunho social*

Autor: *Chris Laszlo*

Entre as 100 maiores economias do mundo, 42 são empresas multinacionais. O fato de haver empresas economicamente mais fortes do que nações inteiras vêm chamando atenção de líderes e executivos para questões econômicas, ambientais e sociais que até então eram restritas aos chefes de Estado.

O grande valor desta obra está no fato de que não trata de abstrações e teorias sobre como deveriam ser as empresas, antes, mostra como são, e o que fazem as grandes empresas em busca do Valor Sustentável. Escrito de modo claro e direto é leitura fundamental para professores e alunos das diferentes disciplinas ligadas às organizações, mas principalmente para empresários, executivos e profissionais que acreditam que é possível obter lucro e ao mesmo tempo transformar a sociedade.

Formato: 16 x 23 cm
Nº de Páginas: 240

QUALITYMARK EDITORA

Entre em sintonia com o mundo

QualityPhone:

0800-0263311

Ligação gratuita

Qualitymark Editora
Rua Teixeira Júnior, 441 – São Cristóvão
20921-405 – Rio de Janeiro – RJ
Tels.: (21) 3094-8400/3295-9800
Fax: (21) 3295-9824
www.qualitymark.com.br
e-mail: quality@qualitymark.com.br

Dados Técnicos:

• Formato:	16 x 23 cm
• Mancha:	12 x 19 cm
• Fonte:	Bookman Old Style
• Corpo:	11
• Entrelinha:	13
• Total de Páginas:	368
• Lançamento:	Maio/2011
• Gráfica:	Sermograf